清華 开发者书库

Arduino Case in Action

Intelligent Home

Arduino项目开发

智能家居

李永华◎编著

Li Yonghua

U0913048

清華大學出版社

北京

内容简介

本书系统论述了 Arduino 开源硬件的架构、原理、开发方法及 18 个完整的项目设计案例。全书共 19 章，内容包括 Arduino 设计基础、智能饮水机项目设计、智能谷歌眼镜项目设计、远程遥控空调项目设计、百分百起床闹铃项目设计、手机支架提醒器项目设计、睡眠伴侣项目设计、绿植培养日记项目设计、环境温湿度自动调节器项目设计、室内智能环境助手项目设计、喂宠神器项目设计、智能小管家项目设计、智能晾衣架项目设计、智能微家居项目设计、睡眠监控闹钟项目设计、温湿度监测项目设计、智能植物管家项目设计、智能浇花装置项目设计、空调温度自动调节项目设计。

在内容组织上，全书侧重对创新产品的项目设计过程进行介绍，分别从需求分析、设计与实现等角度论述硬件电路、软件设计和传感器等，并剖析产品的功能、使用、电路连接和程序代码。

本书可作为高校电子信息类专业“开源硬件设计”“电子系统设计”“创新创业”等课程的教材，也可作为创客及智能硬件爱好者的参考用书，还可作为从事物联网、创新开发和设计专业人员的技术参考书。

本书封面贴有清华大学出版社防伪标签，无标签者不得销售。
版权所有，侵权必究。举报：010-62782989，beiqinquan@tup.tsinghua.edu.cn。

图书在版编目(CIP)数据

Arduino 项目开发：智能家居/李永华编著. —北京：清华大学出版社，2020.1(2024.1重印)
(清华开发者书库)
ISBN 978-7-302-53144-9

Ⅰ. ①A…　Ⅱ. ①李…　Ⅲ. ①单片微型计算机－程序设计　Ⅳ. ①TP368.1

中国版本图书馆 CIP 数据核字(2019)第 114462 号

责任编辑：盛东亮
封面设计：李召霞
责任校对：时翠兰
责任印制：宋　林

出版发行：清华大学出版社
网　　址：https://www.tup.com.cn，https://www.wqxuetang.com
地　　址：北京清华大学学研大厦 A 座　**邮　　编**：100084
社 总 机：010-83470000　**邮　　购**：010-62786544
投稿与读者服务：010-62776969，c-service@tup.tsinghua.edu.cn
质量反馈：010-62772015，zhiliang@tup.tsinghua.edu.cn
课件下载：https://www.tup.com.cn，010-83470236
印 装 者：三河市人民印务有限公司
经　　销：全国新华书店
开　　本：186mm×240mm　**印　　张**：23.75　**字　　数**：534 千字
版　　次：2020 年 1 月第 1 版　**印　　次**：2024 年 1 月第 3 次印刷
定　　价：89.00 元

产品编号：082665-01

前言

PREFACE

物联网、智能硬件和大数据技术给社会带来了巨大的冲击，个性化、定制化和智能化的硬件设备成为未来的发展趋势。“中国制造 2025”计划、德国的“工业 4.0”及美国的“工业互联网”都是将人、数据和机器连接起来，其本质是工业的深度信息化，为未来智能社会的发展提供制造技术基础。

在“大众创业，万众创新”的时代背景下，人才的培养方法和模式也应该满足当前的时代需求。依据当今信息社会的发展趋势，结合 Arduino 开源硬件的发展及智能硬件的发展要求，采取激励创新的工程教育方法，培养可以适应“中国制造 2025”计划的人才。因此，作者试图探索基于创新工程教育的基本方法，并将其提炼为适合我国国情、具有自身特色的创新实践教材。本书是对实际教学中应用智能硬件的创新工程教学经验的总结，包括具体的创新方法和开发案例，希望对教育教学及工业界有所帮助，起到抛砖引玉的作用。

本书的内容和素材主要来源于作者所在学校近几年承担的教育部和北京市的教育、教学改革项目和成果，也是北京邮电大学信息工程专业的同学创新产品的设计成果。书中系统地介绍了如何利用 Arduino 平台进行产品开发，包括相关的设计、实现与产品应用，主要内容包括 Arduino 设计基础及智能家居开发案例。

本书由北京邮电大学创新创业教育精品课程项目资助，得到了教育部电子信息类专业教学指导委员会、信息工程专业国家第一类特色专业建设项目、信息工程专业国家第二类特色专业建设项目、教育部 CDIO 工程教育模式研究与实践项目、教育部本科教学工程项目、信息工程专业北京市特色专业建设、北京市教育教学改革项目、北京邮电大学创新创业教育精品课程的大力支持。在此一并表示感谢！

为了便于读者高效学习，及时掌握 Arduino 开发方法，本书配套提供项目设计的硬件电路图、程序代码、实现过程中出现的问题及解决方法，可供读者举一反三，二次开发。

由于作者水平有限，书中不妥之处在所难免，衷心希望各位读者多提宝贵意见，以便作者进一步修改和完善。

李永华

于北京邮电大学

2019 年 3 月

目录

CONTENTS

第1章

Arduino 设计基础

1.1 开源硬件简介

电子电路是人类社会发展的重要成果，在早期的硬件设计和实现上都是公开的，包括电子设备、电器设备、计算机设备以及各种外围设备的设计原理图。大家认为公开是十分正常的事情，所以早期公开的设计图并不称为开源。1960 年左右，很多公司根据自身利益选择了闭源，由此出现了贸易壁垒、技术壁垒、专利版权等问题，以及不同公司之间的互相起诉现象。例如，国内外的 IT 公司之间由于知识产权而法庭相见的案例屡见不鲜。虽然这种做法在一定程度上有利于公司自身的利益，但不利于小公司或者个体创新者的发展。特别是在互联网进入 Web 2.0 的个性化时代后，更加需要开放、免费和开源的开发系统。

因此，在“大众创业，万众创新”的时代背景下，Web 2.0 时代的开发者开始思考是否可以重新对硬件进行开源。从最初很小的东西发展到现在，已经有 3D 打印机、开源的单片机系统等，电子爱好者、发烧友及广大的创客一直致力于开源的研究，推动开源的发展。一般认为，开源硬件是指采取与开源软件相同的方式设计的各种电子硬件的总称。也就是说，开源硬件是考虑对软件以外的领域进行开源，是开源文化的一部分。开源硬件可以自由传播硬件设计的各种详细信息，如电路图、材料清单和开发板布局数据。通常使用开源软件来驱动开源的硬件系统。本质上，共享逻辑设计、可编程的逻辑元件重构也是一种开源硬件，通过硬件描述语言代码实现电路图共享。硬件描述语言通常用于芯片系统、可编程逻辑阵列，或直接用在专用集成电路中，也称为硬件描述语言模块或 IP cores。

众所周知，Android 就是开源软件之一。开源硬件和开源软件类似，通过开源软件可以更好地理解开源硬件，就是在之前已有硬件的基础之上进行二次开发。二者也有差别，体现在复制成本上，开源软件的成本几乎是零，而开源硬件的复制成本较高。另外，开源硬件延伸着开源软件代码的定义，软件、电路原理图、材料清单、设计图等都使用开源许可协议，自由使用分享，完全以开源的方式去授权，避免了以往 DIY 分享的授权问题；同时，开源硬件把开源软件常用的 GPL、CC 等协议规范带到硬件分享领域，为开源硬件的发展提供了标准。

1.2 Arduino 开源硬件

本节主要介绍 Arduino 开源硬件的各种开发板和扩展板的使用方法、Arduino 开发板的特性以及 Arduino 开源硬件的总体情况，以便更好地应用 Arduino 开源硬件进行开发创作。

1.2.1 Arduino 开发板

Arduino 开发板是基于开放原始代码简化的 I/O 平台，并且使用类似 Java、C/C++语言的开发环境，可以快速使用 Arduino 语言与 Flash 或 Processing 软件，完成各种创新作品。Arduino 开发板可以使用各种电子元件，如传感器、显示设备、通信设备、控制设备或其他可用设备。

Arduino 开发板也可以独立使用，成为与其他软件沟通的平台，如 Flash、Processing、Max/MSP、VVVV 或其他互动软件。Arduino 开发板的种类很多，包括 Arduino UNO、YUN、DUE、Leonardo、Tre、Zero、Micro、Esplora、MEGA、Mini、NANO、Fio、Pro 及 LilyPad Arduino。随着开源硬件的发展，将会出现更多的开源产品。下面介绍几种典型的 Arduino 开发板。

Arduino UNO 是 Arduino USB 接口系列的常用版本，是 Arduino 平台的参考标准模板，如图 1-1 所示。Arduino UNO 的处理器核心是 ATmega328，具有 14 个数字 I/O 引脚(其中 6 个可作为 PWM 输出)、6 个模拟输入引脚、1 个 16MHz 晶体振荡器、1 个 USB 接口、1 个电源插座、1 个 ICSP 插头和 1 个复位按钮。

如图 1-2 所示，Arduino YUN 是一款基于 ATmega32U4 和 Atheros AR9331 的开发板。Atheros AR9331 可以运行基于 Linux 和 OpenWRT 的操作系统 Linino。这款单片机开发板具有内置的 Ethernet、WiFi、1 个 USB 接口、1 个 Micro 插槽、20 个数字 I/O 引脚(其中 7 个可以用于 PWM、12 个可以用于模数转换)、1 个 Micro USB 接口、1 个 ICSP 插头和 3 个复位开关。

图 1-1 Arduino UNO

图 1-2 Arduino YUN

如图 1-3 所示，Arduino DUE 是一块基于 Atmel SAM3X8E CPU 的开发板。它是第一块基于 32 位 ARM 核心的 Arduino 开发板，有 54 个数字 I/O 引脚(其中 12 个可用于 PWM 输出)、12 个模拟输入引脚、4 个 UART 硬件串口、84MHz 的时钟频率、1 个 USB OTG 接口、2 个数模转换、2 个 TWI、1 个电源插座、1 个 SPI 接口、1 个 JTAG 接口、1 个复位按键和 1 个擦写按键。

如图 1-4 所示，Arduino MEGA 2560 开发板也是采用 USB 接口的核心开发板，它的最大特点就是具有多达 54 个数字 I/O 引脚，特别适合需要大量 I/O 引脚的设计。Arduino MEGA 2560 开发板的处理器核心是 ATmega2560，具有 54 个数字 I/O 引脚(其中 16 个可作为 PWM 输出)、16 个模拟输入引脚、4 个 UART 接口、1 个 16MHz 晶体振荡器、1 个 USB 接口、1 个电源插座、1 个 ICSP 插头和 1 个复位按钮。Arduino MEGA 2560 开发板也能兼容为 Arduino UNO 设计的扩展板。目前，Arduino MEGA 2560 开发板已经发布了第 3 版。与前两版相比，第 3 版有以下新的特点。

图 1-3 Arduino DUE

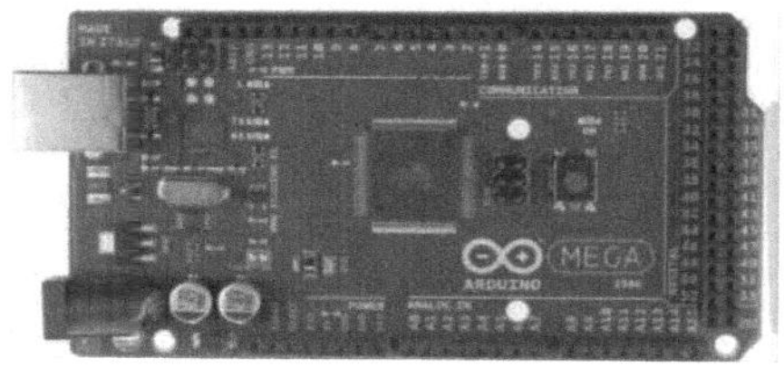

图 1-4 Arduino MEGA 2560

(1) 在 AREF 处增加了两个引脚 SDA 和 SCL，支持 I^2C 接口；增加 IOREF 和 1 个预留引脚，以便将来扩展板能够兼容 5V 和 3.3V 核心板；改进了复位电路设计；USB 接口芯片由 ATmega16U2 替代 ATmega8U2。

(2) 第 3 版可以通过三种方式供电：外部直流电源通过电源插座供电；电池连接电源连接器的 GND 和 VIN 引脚供电；USB 接口直接供电。而且，它能自动选择供电方式。

电源引脚说明如下。

VIN：当外部直流电源接入电源插座时，可以通过 VIN 向外部供电，也可以通过此引脚向 Arduino MEGA 2560 开发板直接供电；VIN 供电时将忽略从 USB 或者其他引脚接入的电源。

5V：通过稳压器或 USB 的 5V 电压，为 Arduino MEGA 2560 开发板上的 5V 芯片供电。

3.3V：通过稳压器产生的 3.3V 电压，最大驱动电流为 50mA。

GND：接地引脚。

如图 1-5 所示，Arduino Leonardo 是一款基于 ATmega32U4 的开发板。它有 20 个数字 I/O 引脚(其中 7 个可用作 PWM 输出、12 个可用作模拟输入)、1 个 16 MHz 晶体振荡器、1 个 Micro USB 连接、1 个电源插座、1 个 ICSP 头和 1 个复位按钮。具有支持微控制器所需的一切功能，只需通过 USB 电缆将其连至计算机，或者通过电源适配器、电池为其供电即可使用。

Leonardo 与先前的所有开发板都不同，ATmega32U4 具有内置式 USB 通信，从而无须二级处理器。这样，除了虚拟(CDC)串行/通信端口，Leonardo 还可以充当计算机的鼠标和键盘，它对开发板的性能也会产生影响。

如图 1-6 所示，Arduino Ethernet 是一款基于 ATmega328 的开发板。它有 14 个数字 I/O 引脚、6 个模拟输入、1 个 16MHz 晶体振荡器、1 个 RJ45 连接、1 个电源插座、1 个 ICSP 插头和 1 个复位按钮。引脚 10、11、12 和 13 只能用于连接以太网模块，不可他用。可用引脚只有 9 个，其中 4 个可用作 PWM 输出。

图 1-5 Arduino Leonardo

图 1-6 Arduino Ethernet

Arduino Ethernet 没有板载 USB 转串口驱动器芯片，但是有 1 个 WIZnet 以太网接口，该接口与以太网扩展板相同。板载 microSD 读卡器可用于存储文件，能够通过 SD 库进行访问。引脚 10 留作 WIZnet 接口，SD 卡的 SS 在引脚 4 上。引脚 6 串行编程头与 USB 串口适配器兼容，与 FTDI USB 电缆、SparkFun 和 Adafruit FTDI 式基本 USB 转串口分线板也兼容。它支持自动复位，从而无须按下开发板上的复位按钮即可上传程序代码。当插入 USB 转串口适配器时，Arduino Ethernet 由适配器供电。

Arduino Robot 是一款有轮子的 Arduino 开发板，如图 1-7 所示。Arduino Robot 有控制板和电机板，每个开发板上有 1 个处理器，共 2 个处理器。电机板控制电机，控制板读取传感器的数据并决定如何操作。每个开发板都是完整的 Arduino 开发板，用 Arduino IDE 进行编程。直流电机板和控制板都是基于 ATmega32U4 的开发板。Arduino Robot 将它的一些引脚映射到板载的传感器和制动器上。

图 1-7 Arduino Robot

Arduino Robot 编程的步骤与 Arduino Leonardo 类似，2 个处理器都有内置式 USB 通信，无须二级处理器，可以充当计算机的虚拟(CDC)串行/通信端口。Arduino Robot 有一系列预焊接连接器，所有连接器都标注在开发板上，通过 Arduino Robot 库映射到指定的端口上，从而可使用标准 Arduino 函数。在 5V 电压下，每个引脚都可以提供或接受最高 40mA 的电流。

如图 1-8 所示，Arduino NANO 是一款小巧、全面、基于 ATmega328 的开发板，与 Arduino Duemilanove 的功能类似，但封装不同，没有直流电源插座且采用 Mini-B USB 电缆。Arduino NANO 开发板上的 14 个数字引脚都可用作输入或输出，利用函数 pinMode()、digitalWrite()和 digitalRead()可以对它们操作。工作电压为 5V，每个引脚都可以提供或接受最高40mA 的电流，都有1 个 20～50kΩ 的内部上拉电阻器(默认情况下断开)。Arduino NANO 开发板有 8 个模拟输入，每个模拟输入都提供 10 位的分辨率(即 1024 个不同的数值)。默认情况下，它们的电压为 0～5V，可以利用函数 analogReference()改变其电压范围的上限值。模拟引脚 6 和 7 不能用作数字引脚。

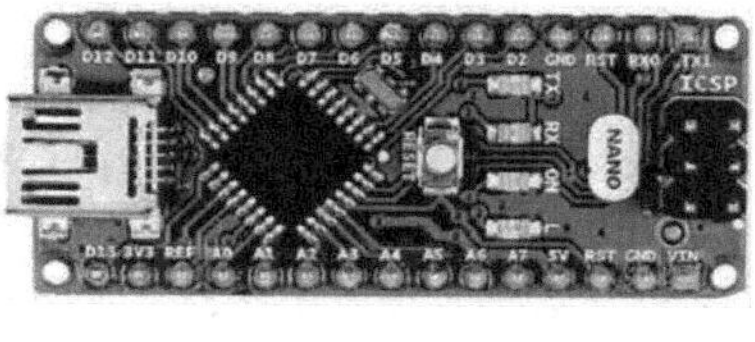

图 1-8 Arduino NANO

1.2.2 Arduino 扩展板

在 Arduino 开源硬件系列中，除了主要开发板之外，还有与之配合使用的各种扩展板，可以插到开发板上增加额外的功能。选择适合的扩展板，可以增强系统开发的功能。常见的扩展板有 Arduino Ethernet Shield、Arduino GSM Shield、Arduino Motor Shield、Arduino 9 Axes Motion Shield 等。

Arduino Ethernet Shield(以太网盾)如图 1-9 所示，有 1 个标准的有线 RJ45 连接，具有集成式线路变压器和以太网供电功能，可将 Arduino 开发板连接到互联网。它基于 WIZnet W5500 以太网芯片，提供网络(IP)堆栈，支持 TCP 和 UDP 协议，可以同时支持 8 个套接字连接，使用以太网库写入程序代码。

以太网扩展板利用贯穿扩展板的长绕线排与 Arduino 开发板连接，保持引脚布局完整无缺，以便其他扩展板可以堆叠其上。它有 1 个板载 micro-SD 卡槽，可用于存储文件，且与 Arduino UNO 开发板和 MEGA 开发板兼容，可通过 SD 库访问板载 micro-SD 读卡器。以太网扩展板带有 1 个供电(PoE)模块，可从传统的 5 类电缆获取电源。

Arduino GSM Shield 如图 1-10 所示，为了连接蜂窝网络，扩展板需要一张由网络运营商提供的 SIM 卡。它通过移动通信网将 Arduino 开发板连接到互联网，可拨打/接听语音电话和发送/接收 SMS 信息。

图 1-9 Arduino Ethernet Shield

图 1-10 Arduino GSM Shield

GSM Shield 采用 Quectel 的无线调制解调器 M10，利用 AT 命令与开发板通信。GSM Shield 利用数字引脚 2、3 与 M10 进行软件串行通信，引脚 2 连接 M10 的 TX 引脚，引脚 3 连接 M10 的 RX 引脚，调制解调器的 PWRKEY 引脚连接引脚 7。

M10 是一款四频 GSM/GPRS 调制解调器，其工作频率分别为 GSM850MHz、GSM900MHz、DCS1800MHz 和 PCS1900MHz。它通过 GPRS 连接支持 TCP/UDP 和 HTTP。其中 GPRS 数据下行链路和上行链路的最大传输速率为 85.6Kb/s。

Arduino Motor Shield 如图 1-11 所示，用于驱动电感负载（如继电器、螺线管、直流和步进电动机）的双全桥驱动器 L298。Arduino Motor Shield 可以驱动 2 个直流电机，并能独立控制每个电机的速度和方向。因此，它有 2 条独立的通道，即 A 和 B，每条通道使用 4 个开发板引脚驱动或感应电动机，所以 Arduino Motor Shield 使用的引脚共 8 个。它不仅可以单独驱动 2 个 DC 电机，也可以将它们合并起来驱动 1 个双极步进电机。

Arduino 9 Axes Motion Shield 如图 1-12 所示。它采用德国博世传感器技术有限公司推出的 BNO055 绝对方向传感器。这是一个使用系统级封装，集成三轴 14 位加速计、三轴 16 位陀螺仪、三轴地磁传感器，并运行 BSX3.0 FusionLib 软件的 32 位微控制器。BNO055 在三个垂直的轴上具有三维加速度、角速度和磁场强度数据。

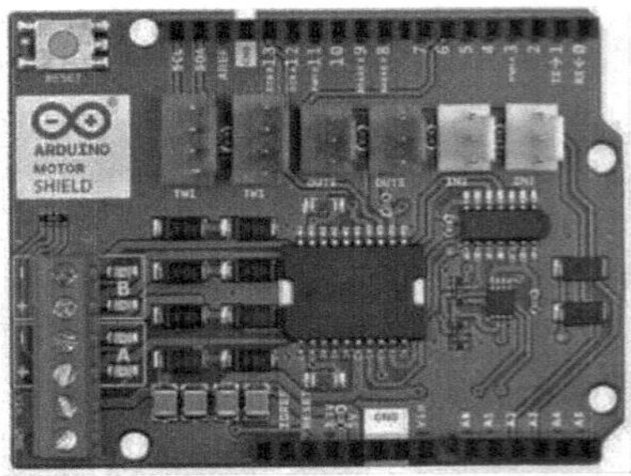

图 1-11　Arduino Motor Shield

图 1-12　Arduino 9 Axes Motion Shield

另外，它还提供传感器融合信号，如四元数、欧拉角、旋转矢量、线性加速度、重力矢量。结合智能中断引擎，可以基于慢动作或误动作识别、任何动作（斜率）检测、高 g 检测等项触发中断。

Arduino 9 Axes Motion Shield 兼容 UNO、YUN、Leonardo、Ethernet、MEGA 和 DUE 开发板。在使用 Arduino 9 Axes Motion Shield 时，要根据使用的开发板将中断桥和重置桥焊接在正确的位置。

1.3 Arduino 软件开发平台

本节主要介绍 Arduino 开发环境的特点及使用方法，包括 Arduino 开发环境的安装，以及简单的硬件系统与软件调试方法。

1.3.1 Arduino 平台特点

作为目前最流行的开源硬件开发平台，Arduino 具有非常多的优点，正是这些优点使得 Arduino 平台得以广泛地应用，包括：

(1) 开放源代码的电路图设计和程序开发界面，可免费下载，根据需求自己修改；Arduino 可使用 ICSP 线上烧录器，将 Bootloader 烧入新的 IC 芯片；也可依据官方电路图，简化 Arduino 模组，完成独立运作的微处理控制。

(2) 能够与传感器或各式各样的电子元件连接(如红外线、超声波、热敏电阻、光敏电阻、伺服电机等)；支持多样的互动程序，如 Flash、Max/Msp、VVVV、PD、C、Processing 等；使用低价格的微处理控制器；USB 接口无须外接电源；可提供 9V 直流电源输入以及多样化的 Arduino 扩展模块。

(3) 在应用方面，通过各种各样的传感器来感知环境、控制灯光、直流电机和其他装置来反馈并影响环境；可以方便地连接以太网扩展模块进行网络传输，使用蓝牙传输、WiFi 传输、无线摄像头控制等多种应用。

1.3.2 Arduino IDE 的安装

Arduino IDE 是 Arduino 开放源代码的集成开发环境。它的界面友好，语法简单且方便下载程序，这使得 Arduino 的程序开发变得非常便捷。作为一款开放源代码的软件，Arduino IDE 也是由 Java、Processing、AVR-GCC 等开放源代码的软件写成的。Arduino IDE 的另一个特点是跨平台的兼容性，适用于 Windows、Mac OS X 以及 Linux。2011 年 11 月 30 日，Arduino 官方正式发布了 Arduino 1.0 版本，可以下载不同操作系统的压缩包，也可以在 GitHub 上下载源代码重新编译自己的 Arduino IDE。安装过程如下：

(1) 从 Arduino 官网下载最新版本 IDE，下载界面如图 1-13 所示。在下载界面选择适合自己计算机操作系统的安装包。这里以 64 位 Windows 7 系统中的安装过程为例进行介绍。

(2) 双击 EXE 文件选择安装，弹出如图 1-14 所示的界面。单击“是”按钮，弹出如图 1-15 所示的界面。

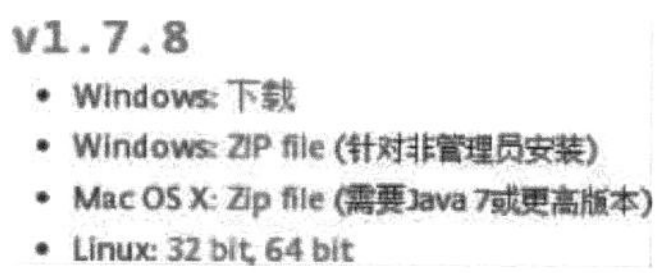

图 1-13 Arduino 下载界面

图 1-14 Arduino 安装界面

(3) 单击 I Agree 按钮同意协议，弹出如图 1-16 所示的界面。

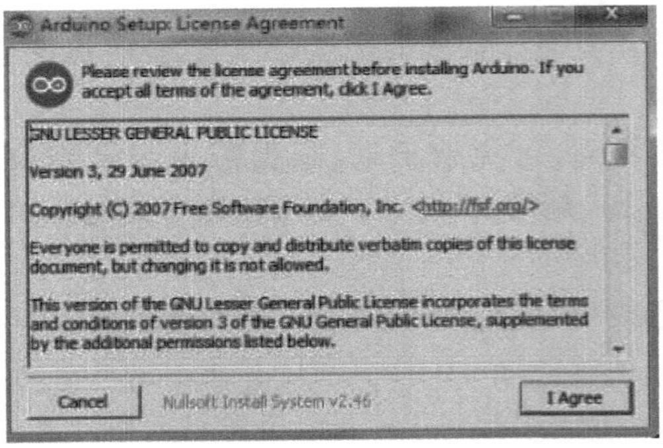

图 1-15　Arduino 协议界面

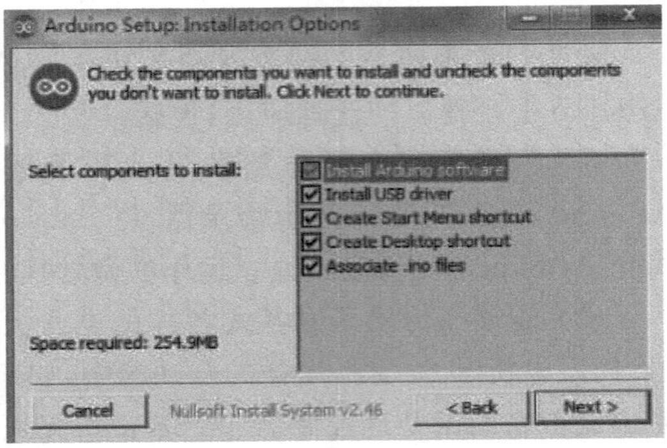

图 1-16　Arduino 选择安装组件

(4) 选择需要安装的组件，单击 Next 按钮，弹出如图 1-17 所示的界面。

(5) 选择安装位置，单击 Install 按钮，弹出如图 1-18 所示的界面。

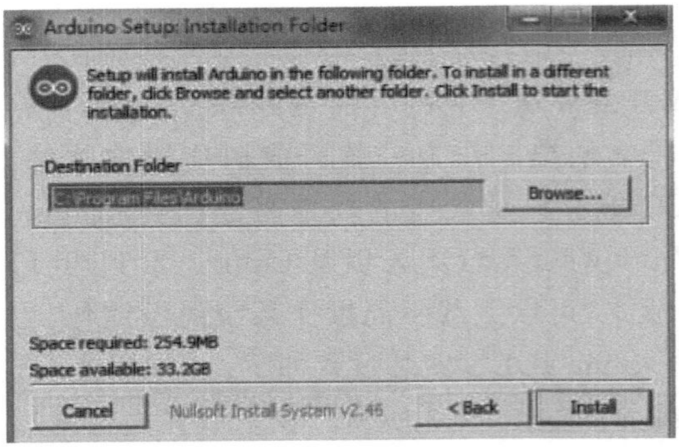

图 1-17　Arduino 选择安装位置

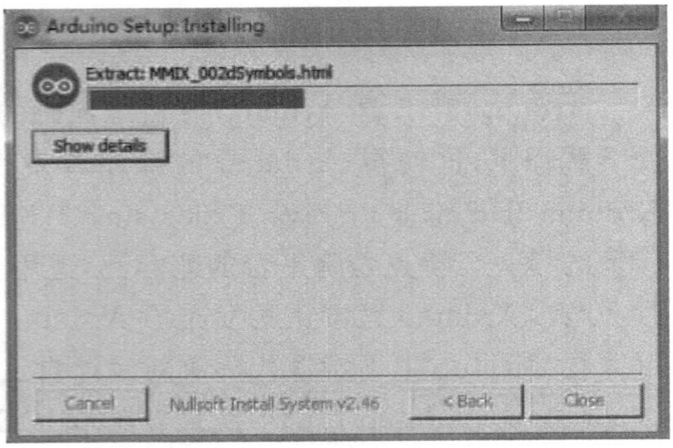

图 1-18　Arduino 安装过程

(6) 安装 USB 驱动，如图 1-19 所示。

图 1-19　Arduino 安装 USB 驱动

(7) 安装完成,如图 1-20 所示。

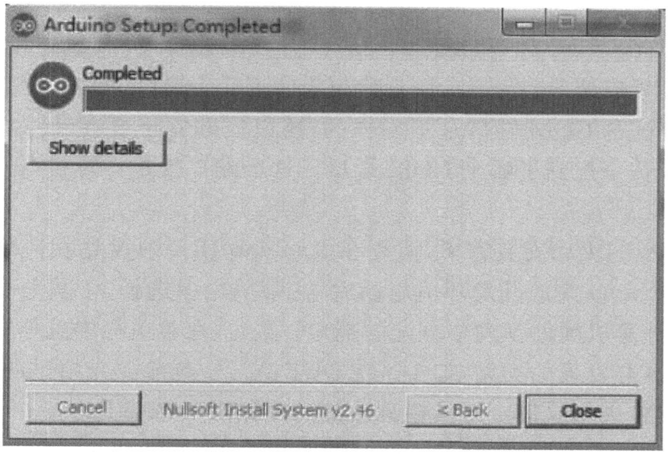

图 1-20 Arduino 安装完成

(8) 进入 Arduino IDE 开发界面,如图 1-21 所示。

图 1-21 Arduino IDE 开发界面

1.3.3 Arduino IDE 的使用

首次使用 Arduino IDE 时，需要将 Arduino 开发板通过 USB 线连接到计算机，计算机会为 Arduino 开发板安装驱动程序，并分配相应的 COM 端口，如 COM1、COM2 等。不同的计算机和系统分配的 COM 端口是不一样的，所以安装完毕要在计算机的硬件管理中查看 Arduino 开发板被分配到了哪个 COM 端口。这个端口就是计算机与 Arduino 开发板的通信端口。

Arduino 开发板的驱动安装完毕，需要在 Arduino IDE 中设置相应的端口和开发板类型。方法如下：Arduino 集成开发环境启动后，在菜单栏中选择"工具"→"端口"命令，进行端口设置，设置为计算机硬件管理中分配的端口；然后，在菜单栏中选择"工具"→"开发板"命令，选择 Arduino 开发板的类型，如 UNO、DUE、YUN 等前面介绍过的开发板。这样，计算机就可以与开发板进行通信。工具栏显示的功能如图 1-22 所示。

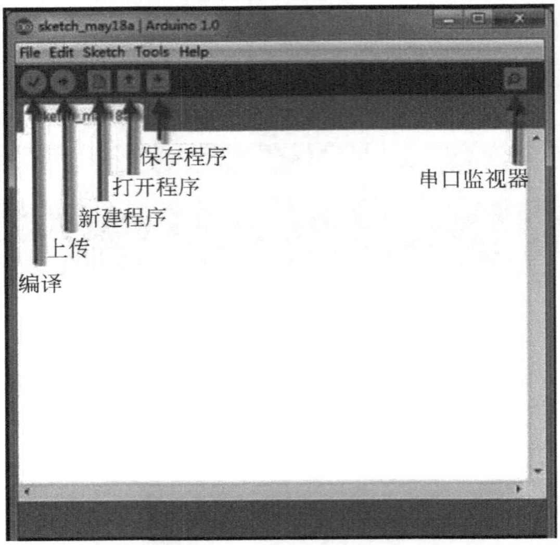

图 1-22 Arduino IDE 的工具栏功能

在 Arduino IDE 中带有很多种示例，包括基本的、数字的、模拟的、控制的、通信的、传感器的、字符串的、存储卡的、音频的、网络多种示例。下面介绍最简单、具有代表性的例子——Blink，以便于读者快速熟悉 Arduino IDE，进而开发出新的产品。

在菜单栏中选择"文件"→"示例"→01Basic→Blink 命令，这时在主编辑窗口会出现可以编辑的程序。这个 Blink 范例程序的功能是控制 LED 的亮灭。在 Arduino 编译环境中，是以 C/C++的风格来编写的。程序的前几行是注释行，介绍程序的作用及相关声明等；然后是变量的定义；最后是 Arduino 程序的两个函数，即 void setup()和 void loop()。void setup()中的代码会在导通电源时执行一次，void loop()中的代码会不断重复执行。由于在 Arduino UNO 开发板的引脚 13 上有 LED，所以定义整型变量 LED=13，用于函数的控制。

另外，程序中用了一些函数，pinMode()是设置引脚的作用为输入还是输出；delay()是设置延迟的时间，单位为毫秒(ms)；digitalWrite()是向 LED 变量写入相关的值，使得引脚 13 的 LED 电平发生变化，即 HIGH 或者 LOW，这样 LED 就会根据延迟时间交替地亮灭。

完成程序编辑之后，在工具栏中找到存盘按钮，将程序进行存盘。然后，在工具栏中找到上传按钮，单击该按钮将被编辑后的程序上传到 Arduino 开发板中，使得开发板按照修改后的程序运行。同时，还可以单击工具栏中的串口监视器，观察串口数据的传输情况。它是非常直观、高效的调试工具。

主编辑窗口中的程序如下：

```
/*
  Blink 例程,重复开关 LED 各 1s.
 */
//多数 Arduino 开发板的引脚 13 有 LED
//定义引脚名称
int led = 13;
//setup()程序运行一次
void setup() {
//初始化数字引脚为输出
  pinMode(led, OUTPUT);
}
//loop()程序不断重复运行
void loop() {
  digitalWrite(led, HIGH);                        //开 LED(高电平)
  delay(1000);                                    //等待 1s
  digitalWrite(led, LOW);                         //关 LED(低电平)
  delay(1000);                                    //等待 1s
}
```

当然，目前还有其他支持 Arduino 的开发环境，如 SonxunStudio。它是由松迅科技开发的集成开发环境，目前只支持 Windows 系统的 Arduino 系统开发，包括 Windows XP 以及 Windows 7，使用方法与 Arduino IDE 大同小异。由于本书篇幅的关系，这里不再赘述。

1.4 Arduino 编程语言

Arduino 编程语言是建立在 C/C++语言基础上的，即以 C/C++语言为基础，把 AVR 单片机(微控制器)相关的一些寄存器参数设置等进行函数化，以利于开发者更加快速地使用。其主要使用的函数包括数字 I/O 引脚操作函数、模拟 I/O 引脚操作函数、高级 I/O 引脚操作函数、时间函数、中断函数、串口通信函数和数学函数等。

1.4.1 Arduino 编程基础

关键字：if、if…else、for、switch、case、while、do…while、break、continue、return、goto。

语法符号：每条语句以“;”结尾，每段程序以“{}”括起来。

数据类型：boolean、char、int、unsigned int、long、unsigned long、float、double、string、array、void。

常量：HIGH 或者 LOW，表示数字 I/O 引脚的电平，HIGH 表示高电平(1)，LOW 表示低电平(0)；INPUT 或者 OUTPUT，表示数字 I/O 引脚的方向，INPUT 表示输入(高阻态)，OUTPUT 表示输出(AVR 能提供 5V 电压，40mA 电流)；TRUE 或者 FALSE，TRUE 表示真(1)，FALSE 表示假(0)。

程序结构：主要包括两部分，即 void setup()和 void loop()。其中，前者是声明变量及引脚名称(如 int val;int ledPin=13)，在程序开始时使用，初始化变量和引脚模式，调用库函数等[如 pinMode(ledPin,OUTPUT)]；后者用在函数 setup()之后，不断地循环执行，是 Arduino 的主体。

1.4.2 数字 I/O 引脚的操作函数

1. pinMode(pin,mode)

pinMode 函数用于配置引脚以及设置输出或输入模式，是一个无返回值函数。该函数有两个参数：pin 和 mode。pin 参数表示要配置的引脚；mode 参数表示设置该引脚的模式为 INPUT(输入)或 OUTPUT(输出)。

INPUT 用于读取信号，OUTPUT 用于输出控制信号。pin 的范围是数字引脚 0～13，也可以把模拟引脚(A0～A5)作为数字引脚使用，此时引脚 14 对应模拟引脚 0，引脚 19 对应模拟引脚 5。该函数一般会放在 setup()里，先设置再使用。

2. digitalWrite(pin,value)

该函数的作用是设置引脚的输出电压为高电平或低电平，也是一个无返回值的函数。

pin 参数表示所要设置的引脚；value 参数表示输出的电压为 HIGH(高电平)或 LOW(低电平)。

注意：使用前必须先用 pinMode 设置。

3. digitalRead(pin)

该函数在引脚设置为输入的情况下，可以获取引脚的电压情况：HIGH(高电平)或者 LOW(低电平)。

数字 I/O 引脚的操作函数使用例程如下：

```
int button = 9;                    //设置引脚 9 为按钮输入引脚
int LED = 13;                      //设置引脚 13 为 LED 输出引脚,内部连接开发板上的 LED
void setup()
{ pinMode(button,INPUT);           //设置为输入
```

```
pinMode(LED,OUTPUT);               //设置为输出
}
void loop()
{ if(digitalRead(button) == LOW)   //如果读取高电平
        digitalWrite(LED,HIGH);    //引脚 13 输出高电平
   else
        digitalWrite(LED,LOW);     //否则输出低电平
}
```

1.4.3 模拟 I/O 引脚的操作函数

1. analogReference(type)

该函数用于配置模拟引脚的参考电压。它有三种类型：DEFAULT 是默认模式，参考电压是 5V；INTERNAL 是低电压模式，使用片内基准电压源 2.56V；EXTERNAL 是扩展模式，通过 AREF 引脚获取参考电压。

注意：若不使用该函数，默认参考电压是 5V。若使用 AREF 作为参考电压，需接一个 5kΩ 的上拉电阻。

2. analogRead(pin)

该函数用于读取引脚的模拟量电压值，每读取一次需要用 100μs 的时间。参数 pin 表示所要获取模拟量电压值的引脚，返回为 int 型。它的精度为 10 位，返回值为 0～1023。

注意：函数参数 pin 的取值是 0～5，对应开发板上的模拟引脚 A0～A5。

3. analogWrite(pin,value)

该函数是通过 PWM(Pulse-Width Modulation，脉冲宽度调制)的方式在引脚上输出一个模拟量。图 1-23 所示为 PWM 输出的一般形式，也就是在一个脉冲的周期内高电平所占的比例。它主要应用于 LED 亮度控制、直流电机转速控制等方面。

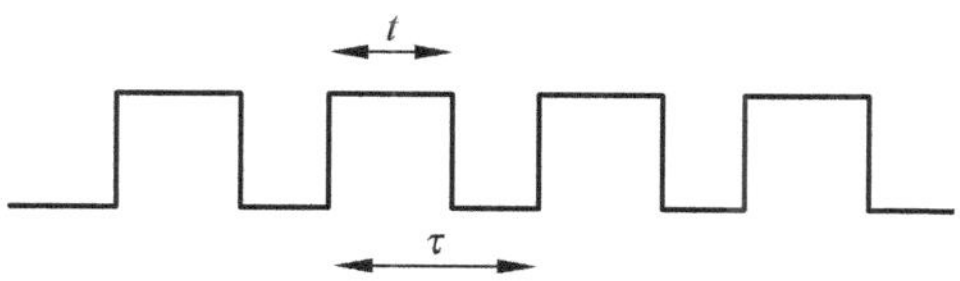

图 1-23 占空比的定义

注：PWM 波形的特点是波形频率恒定，占空比 D 可以改变。

Arduino 中 PWM 的频率约为 490Hz，Arduino UNO 开发板支持以下数字引脚(不是模拟输入引脚)作为 PWM 模拟输出：3、5、6、9、10、11。开发板带 PWM 输出的都有“～”号。

注意：PWM 输出位数为 8 位，即 0～255。

模拟 I/O 引脚的操作函数使用例程如下：

```
int sensor = A0;                   //引脚 A0 读取电位器
int LED = 11;                      //引脚 11 输出 LED
```

```
void setup()
{ Serial.begin(9600);
}
void loop()
{ int v;
  v = analogRead(sensor);
  Serial.println(v,DEC);        //可以观察读取的模拟量
  analogWrite(LED,v/4);         //读取值范围是0～1023,结果除以4才能得到0～255的区间值
}
```

1.4.4 高级I/O引脚的操作函数

函数PulseIn(pin,state,timeout)用于读取引脚脉冲的时间长度,脉冲可以是HIGH或者LOW。如果是HIGH,该函数先将引脚变为高电平,然后开始计时,直到变为低电平停止计时。返回脉冲持续的时间,单位为ms(毫秒),如果超时没有读到时间,则返回0。

例程说明:做一个按钮脉冲计时器,测量按钮的持续时间,看谁的反应最快,即谁按按钮时间最短,按钮接在引脚3。程序如下:

```
int button = 3;
int count;
void setup()
{
pinMode(button,INPUT);
}
void loop()
{ count = pulseIn(button,HIGH);
    if(count!= 0)
    { Serial.println(count,DEC);
      count = 0;
    }
}
```

1.4.5 时间函数

1. delay()

该函数是延时函数,参数是延时的时长,单位是ms。延时函数的典型例程是跑马灯的应用,使用Arduino开发板控制4个LED依次点亮。程序如下:

```
void setup()
{
pinMode(6,OUTPUT);              //定义为输出
pinMode(7,OUTPUT);
pinMode(8,OUTPUT);
pinMode(9,OUTPUT);
}
```

```
void loop()
{
int i;
for(i = 6;i <= 9;i++)              //依次循环 4 盏灯
{
digitalWrite(i,HIGH);              //点亮 LED
delay(1000);                       //持续 1s
digitalWrite(i,LOW);               //熄灭 LED
delay(1000);                       //持续 1s
}
}
```

2. delayMicroseconds()

delayMicroseconds()也是延时函数，单位是 μs(微秒)，1ms＝1000μs。该函数可以产生更短的延时。

3. millis()

millis()为计时函数。应用该函数可以获取单片机通电到现在运行的时间长度，单位是 ms。系统最长的记录时间为 9 小时 22 分，超出则从 0 开始。返回值是 unsigned long 型。

该函数适合作为定时器使用，不影响单片机的其他工作(而使用 delay()函数期间无法进行其他工作)。计时时间函数使用示例(延时 10s 后自动点亮 LED)程序如下：

```
int LED = 13;
unsigned long i,j;
void setup()
{
pinMode(LED,OUTPUT);
i = millis();                      //读入初始值
}
void loop()
{
j = millis();                      //不断读入当前时间值
    if((j - i)> 10000)             //如果延时超过 10s,点亮 LED
      {
      digitalWrite(LED,HIGH);
      }
   else digitalWrite(LED,LOW);
}
```

4. micros()

micros()也是计时函数。该函数返回开机到现在运行的时间长度，单位为 μs。返回值是 unsigned long 型，70min(分)溢出。程序如下：

```
unsigned long time;
void setup()
{
```

```
Serial.begin(9600);
}
void loop()
{
Serial.print("Time: ");
time = micros();                //读取当前的时间(μs)值
Serial.println(time);           //打印开机到目前运行的微秒值
delay(1000);                    //延时 1s
}
```

以下例程为跑马灯的另一种实现方式：

```
int LED = 13;
unsigned long i,j;
void setup()
{
pinMode(LED,OUTPUT);
i = micros();                   //读入初始值
}
void loop()
{
j = micros();                   //不断读入当前时间值
   if((j - i)> 1000000)         //如果延时超过 10s,点亮 LED
      {
      digitalWrite(LED,HIGH);
        }
   else digitalWrite(LED,LOW);
}
```

1.4.6 中断函数

如图 1-24 所示，你在看书，电话铃响，于是在书上做上记号，去接电话，与对方通话；门铃响了，有人敲门，然后让打电话的对方稍等一下，接着去开门，并在门旁与来访者交谈，谈话结束，关好门；回到电话机旁，继续通话，接完电话后再回来从做记号的地方接着看书。

同样的道理，在单片机中也存在中断概念，如图 1-25 所示。在计算机或者单片机中，中断是由于某个随机事件的发生，计算机暂停主程序的运行，转去执行另一程序(随机事件)，处理完毕又自动返回主程序继续运行的过程。也就是说，高优先级的任务中断了低优先级的任务。在计算机中，中断包括如下几部分。

中断源：引起中断的原因，或能发生中断申请的来源。

主程序：计算机现行运行的程序。

中断服务子程序：处理突发事件的程序。

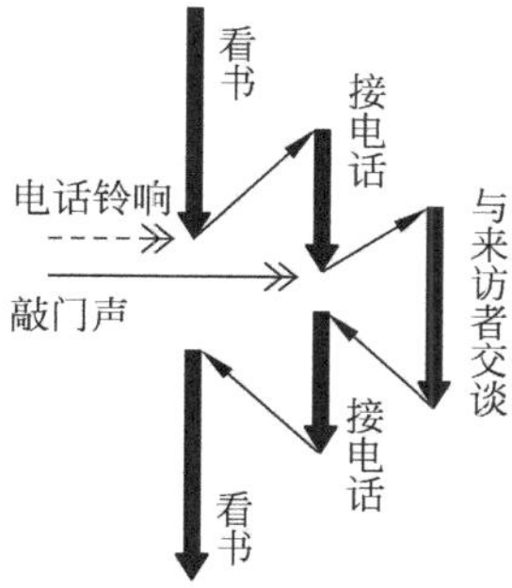

图 1-24 中断的概念

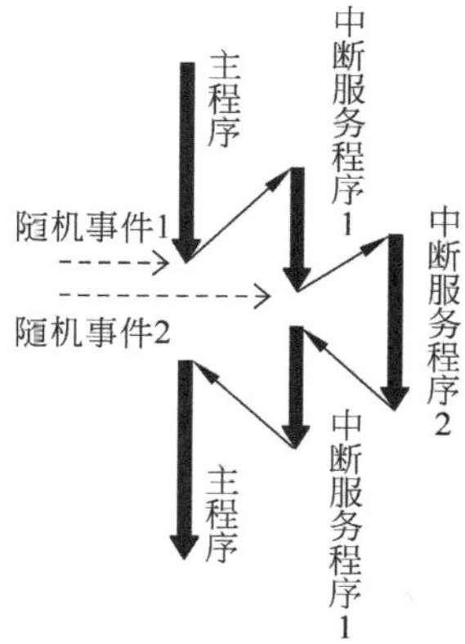

图 1-25 单片机中的中断

1. attachinterrupt(interrupt,function,mode)

该函数用于设置中断,有 3 个参数,分别表示中断源、中断处理函数和触发模式。中断源可选 0 或者 1,对应数字引脚 2 或者 3 号。中断处理函数是一段子程序,当中断发生时执行该子程序部分。触发模式有 4 种类型:LOW(低电平触发)、CHANGE(变化时触发)、RISING(低电平变为高电平触发)、FALLING(高电平变为低电平触发)。例程功能如下:

数字引脚 2 接按钮开关,引脚 4 接 LED1(红色),引脚 5 接 LED2(绿色)。在例程中,LED3 为板载的 LED,每秒闪烁一次。使用中断 0 控制 LED1,中断 1 控制 LED2。按下按钮,立即响应中断,由于中断响应速度快,LED3 不受影响,继续闪烁。使用不同的 4 个参数,例程 1 试验 LOW 和 CHANGE 参数,例程 2 试验 RISING 和 FALLING 参数。

例程 1:

```
volatile int state1 = LOW,state2 = LOW;
int LED1 = 4;
int LED2 = 5;
int LED3 = 13;                                  //使用板载的 LED
void setup()
{
  pinMode(LED1,OUTPUT);
  pinMode(LED2,OUTPUT);
  pinMode(LED3,OUTPUT);
  attachInterrupt(0,LED1_Change,LOW);           //低电平触发
  attachInterrupt(1,LED2_Change,CHANGE);        //任意电平变化触发
}
void loop()
{
  digitalWrite(LED3,HIGH);
  delay(500);
```

```
    digitalWrite(LED3,LOW);
    delay(500);
}
void LED1_Change()
{
    state1 = !state1;
    digitalWrite(LED1,state1);
    delay(100);
}
void LED2_Change()
{
   state2 = !state2;
   digitalWrite(LED2,state2);
   delay(100);
}
```

例程 2：

```
volatile int state1 = LOW,state2 = LOW;
int LED1 = 4;
int LED2 = 5;
int LED3 = 13;
void setup()
{
    pinMode(LED1,OUTPUT);
    pinMode(LED2,OUTPUT);
    pinMode(LED3,OUTPUT);
    attachInterrupt(0,LED1_Change,RISING);     //电平上升沿触发
    attachInterrupt(1,LED2_Change,FALLING);    //电平下降沿触发
}
void loop()
{
    digitalWrite(LED3,HIGH);
    delay(500);
    digitalWrite(LED3,LOW);
    delay(500);
}
void LED1_Change()
{
    state1 = !state1;
    digitalWrite(LED1,state1);
    delay(100);
}
void LED2_Change()
{
    state2 = !state2;
    digitalWrite(LED2,state2);
```

```
delay(100);
}
```

2. detachInterrupt(interrupt)

该函数用于取消中断，参数 interrupt 表示所要取消的中断源。

1.4.7　串口通信函数

串行通信接口(serial interface)使数据一位一位地顺序传送，其特点是通信线路简单，只要一对传输线就可以实现双向通信的接口，如图 1-26 所示。

图 1-26　串行通信接口

串行通信接口出现在 1980 年前后，数据传输率是 115～230kb/s。串行通信接口出现的初期是为了实现计算机外设的通信，初期串口一般用来连接鼠标和外置 Modem、老式摄像头和写字板等设备。

由于串行通信接口(COM)不支持热插拔及传输速率较低，因此目前部分新主板和大部分便携计算机已开始取消该接口，串口多用于工控和测量设备以及部分通信设备中，包括各种传感器采集装置、GPS 信号采集装置、多个单片机通信系统、门禁刷卡系统的数据传输、机械手控制和操纵面板控制直流电机等，特别是广泛应用于低速数据传输的工程应用。主要函数如下：

1. Serial.begin()

该函数用于设置串口的波特率，即数据的传输速率，指每秒传输的符号个数。一般的波特率有 9600、19200、57600、115200 等。例如：

```
Serial.begin(57600)
```

2. Serial.available()

该函数用来判断串口是否收到数据，函数的返回值为 int 型，不带参数。

3. Serial.read()

该函数不带参数，只将串口数据读入。返回值为串口数据，int 型。

4. Serial.print()

该函数向串口发送数据，可以发送变量，也可以发送字符串。例如：

```
Serial.print("today is good");
Serial.print(x,DEC);                    //以十进制发送变量 x
Serial.print(x,HEX);                    //以十六进制发送变量 x
```

5. Serial.println()

该函数与 Serial.print()类似，只是多了换行功能。

串口通信函数使用例程：

```
int x = 0;
void setup()
```

```
{ Serial.begin(9600);                         //波特率 9600
}
void loop()
{
  if(Serial.available())
      {   x = Serial.read();
          Serial.print("I have received:");
          Serial.println(x,DEC);              //输出并换行
      }
delay(200);
}
```

1.4.8 Arduino 的库函数

与 C 语言和 C++一样，Arduino 也有相关的库函数提供给开发者使用。这些库函数的使用，与 C 语言的头文件使用类似，需要＃include 语句，可将函数库加入 Arduino 的 IDE 编辑环境中，如＃include "Arduino.h"语句。

在 Arduino 开发中，主要库函数的类别如下：数学库主要包括数学计算；EEPROM 库函数用于向 EEPROM 中读写数据；Ethernet 库函数用于以太网的通信；LiquidCrystal 库函数用于液晶屏幕的显示操作；Firmata 库函数实现 Arduino 与计算机串口之间的编程协议；SD 库函数用于读写 SD 卡；Servo 库函数用于舵机的控制；Stepper 库函数用于步进电机控制；WiFi 库函数用于 WiFi 的控制和使用等。诸如此类的库函数非常多，还包括一些 Arduino 爱好者自己开发的库函数。例如下列数学库函数：

```
min(x,y);                                     //求两者最小值
max(x,y);                                     //求两者最大值
abs(x);                                       //求绝对值
sin(rad);                                     //求正弦值
cos(rad);                                     //求余弦值
tan(rad);                                     //求正切值
random(small,big);                            //求两者之间的随机数
```

举例如下：

数学库函数 random(small,big)，返回值为 long。

```
long x;
x = random(0,100);                            //可以生成从 0～100 以内的整数
```

1.5 Arduino 硬件设计平台

电子设计自动化(Electronic Design Automation，EDA)是 20 世纪 90 年代初，从计算机辅助设计(CAD)、计算机辅助制造(CAM)、计算机辅助测试(CAT)和计算机辅助工程

(CAE)的概念发展而来的。EDA设计工具的出现使电路设计的效率和可操作性都得到了大幅度的提升。本书针对Arduino平台的学习，主要介绍和使用Fritzing工具，并配以详细的示例操作说明。当然，很多软件也都支持Arduino平台的开发，在此不再一一罗列。

Fritzing是一款支持多国语言的电路设计软件，可以同时提供面包板、原理图、印制开发板(PCB)图三种视图设计，设计者可以采用任意一种视图进行电路设计，软件都会自动同步生成其他两种视图。此外，Fritzing软件还能用来生成制板厂生产所需用的greber文件、PDF、图片和CAD格式文件，这些都极大地普及和推广了Fritzing的使用。下面将具体对软件的使用说明进行介绍，有关Fritzing的安装和启动请参考相关的书籍或者网络。

1.5.1 Fritzing软件简介

1. 主界面

总体来说，Fritzing软件的主界面由两部分构成，如图1-27所示。一部分是图中左边框内的项目视图部分，用于显示设计者开发的电路，包含面包板图、原理图和PCB三种视图；另一部分是图中右边框内的工具栏部分，包含软件的元件库、指示栏、导航栏、撤销历史栏和层次栏等子工具栏，是设计者主要操作和使用的地方。

图1-27　Fritzing主界面

2. 项目视图

设计者可以在项目视图中自由选择面包板、原理图或 PCB 视图进行开发，也可以利用项目视图框中的视图切换器快捷轻松地在这三种视图中进行切换。如图 1-27 中右侧中部框图部分所示。此外还可以利用工具栏中的导航栏进行快速切换，这将在工具栏部分进行详细说明。下面分别给出这三种视图的操作界面，按从上到下的顺序依次是面包板视图、原理图视图和 PCB 视图，分别如图 1-28～图 1-30 所示。

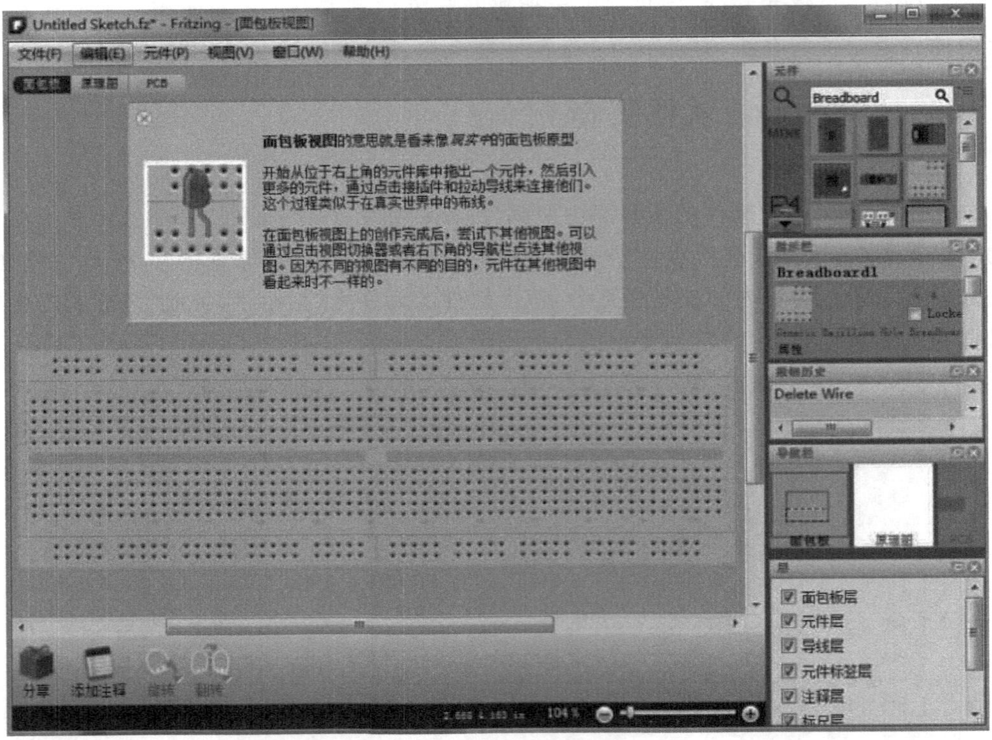

图 1-28　Fritzing 面包板视图

细心的读者可能会发现，在这三种视图中操作可选项和工具栏中对应的分栏内容都只有细微的变化。而且，由于 Fritzing 的三个视图是默认同步生成的，在本书中，首先以面包板为模板对软件的共性部分进行介绍，然后再对原理图、PCB 图与面包板视图之间的差异部分进行补充。之所以选择面包板视图作为模板，是为了方便 Arduino 硬件设计者从电路原理图过渡到实际电路，尽量减少可能出现的连线和引脚连接错误。

3. 工具栏

用户可以根据自己的兴趣爱好选择工具栏显示的各种窗口，单击窗口下拉菜单，然后选中希望出现在右边工具栏的分栏；也可以将这些分栏设置成单独的浮窗。为了方便初学者迅速掌握 Fritzing 软件，本书将详细介绍各个工具栏的作用。

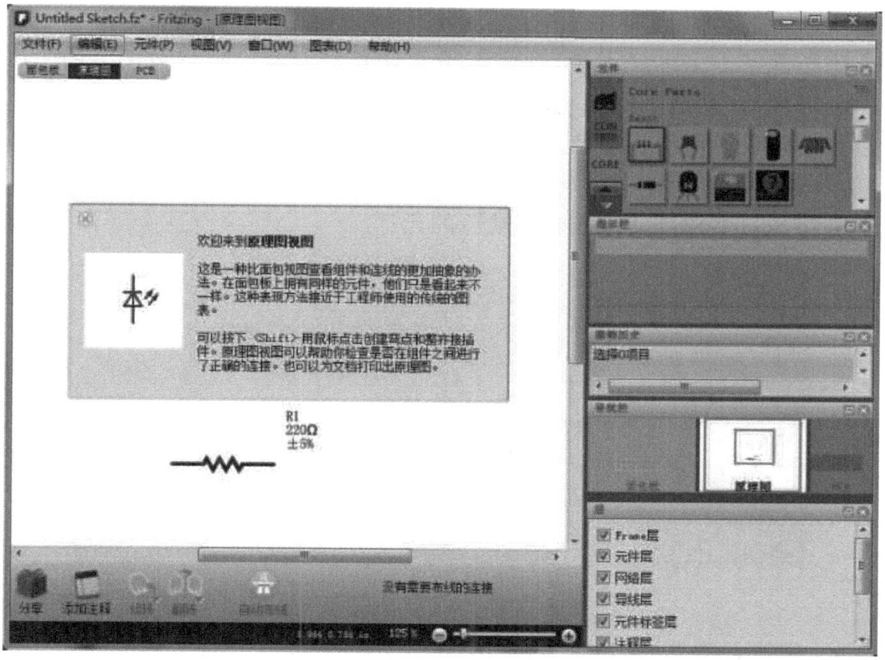

图 1-29 Fritzing 原理图视图

图 1-30 Fritzing PCB 视图

1）元件库

元件库中包含了许多电子元件，这些电子元件是按容器分类盛放的。Fritzing 软件一共包含 8 个元件库，分别是 Fritzing 的核心库、设计者自定义的库和其他 6 个库。这 8 个库是设计者进行电路设计前所必须掌握的，下面进行详细的介绍。

（1）MINE。MINE 元件库是设计者自定义元件放置的容器。如图 1-31 所示，设计者可以在这部分添加一些常用元件或软件缺少的元件。

图 1-31　MINE 元件库

（2）Arduino。Arduino 元件库主要放置与 Arduino 相关的开发板，是 Arduino 设计者需要特别关心的元件库。这个元件库中包含 9 种 Arduino 开发板，分别是 Arduino、Arduino UNO R3、Arduino MEGA、Arduino Mini、Arduino NANO、Arduino Pro Mini 3.3V、Arduino Fio、Arduino LilyPad、Arduino Ethernet Shield，如图 1-32 所示。

图 1-32　Arduino 元件库

（3）Parallax。Parallax 元件库中主要包含 Parallax 的微控制器 Propeller 40 和 8 款 BASIC Stamp 微控制器开发板，如图 1-33 所示。该系列微控制器是由美国 Parallax 公司开发的，这些微控制器与其他微控制器的区别主要是在 ROM 内存中内建了一套小型、特有的 BASIC 编程语言直译器 PBASIC，为 BASIC 语言的设计者降低了嵌入式设计的门槛。

（4）Picaxe。Picaxe 元件库中主要包括 Picaxe 系列的低价位单片机、电可擦只读存储器、实时时钟控制器、串行接口、舵机驱动等元件，如图 1-34 所示。Picaxe 系列芯片也是基于 BASIC 语言，设计者可以迅速掌握。

图 1-33　Parallax 元件车

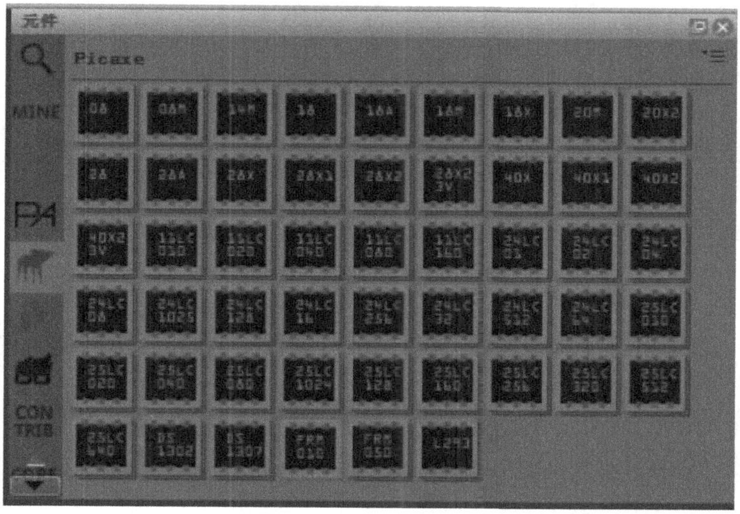

图 1-34　Picaxe 元件库

(5) SparkFun。SparkFun 也是 Arduino 设计者重点关注的元件库，其中包含了许多 Arduino 的扩展板。此外，这个元件库中还包含了一些传感器和 LilyPad 系列的相关元件，如图 1-35 所示。

(6) Snootlab。Snootlab 元件库包含 4 块开发板，分别是 Arduino 的 LCD 扩展板、SD 卡扩展板、接线柱扩展板和舵机的扩展驱动板，如图 1-36 所示。

(7) Ccntributed Parts。Contributed Parts 元件库包含带开关电位表盘、开关、LED、反相施密特触发器和放大器等，如图 1-37 所示。

(8) Ccre。Core 元件库包含许多平常会用到的基本元件，如 LED、电阻、电容、电感、晶体管等，还有常见的输入元件、输出元件、集成电路元件、电源、连接、微控制器等。此外，Core 元件库中还包含面包板视图、原理图视图和 PCB 视图的格式以及工具(主要包含笔记和尺子)的选择，如图 1-38 所示。

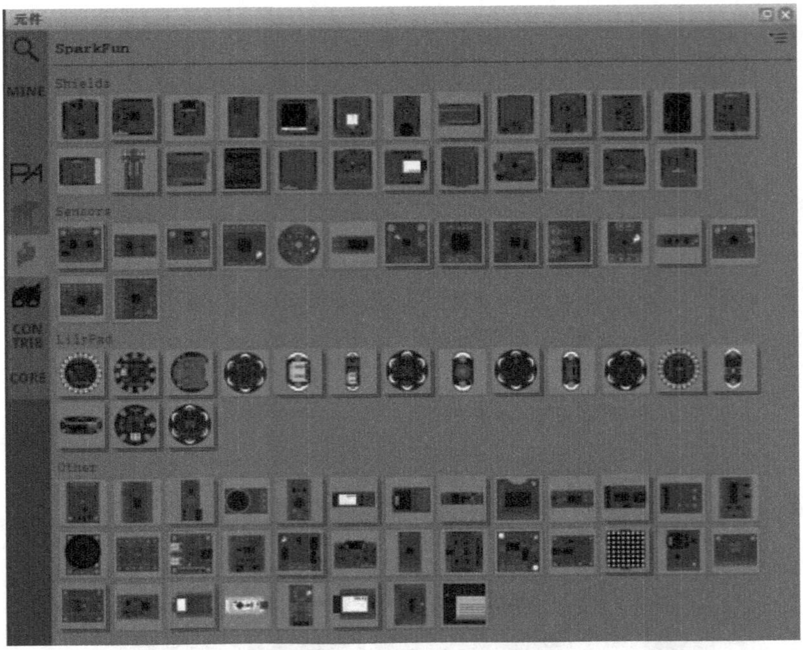

图 1-35　SparkFun 元件库

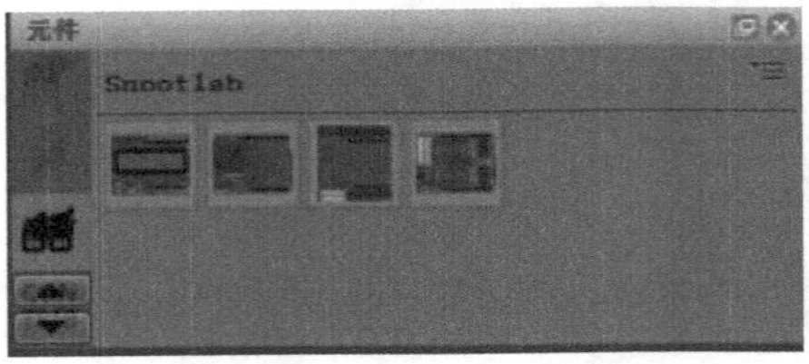

图 1-36　Snootlab 元件库

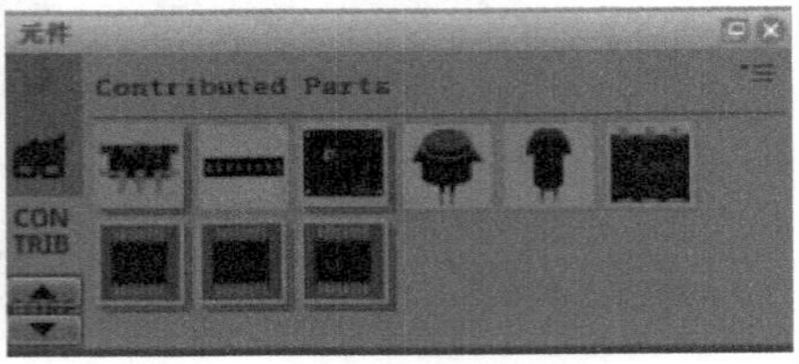

图 1-37　Contributed Parts 元件库

图 1-38　Core 元件库

2）指示栏

指示栏会给出元件库或项目视图中鼠标所选定元件的详细信息，包括该元件的名称、标签，以及在三种视图下的形态、类型、属性和连接数等。设计者可以根据这些信息加深对元件的理解，或者检验所选定的元件是否是自己所需要的，甚至能在项目视图中选定相关元件后直接在指示栏中修改元件的某些基本属性，如图 1-39 所示。

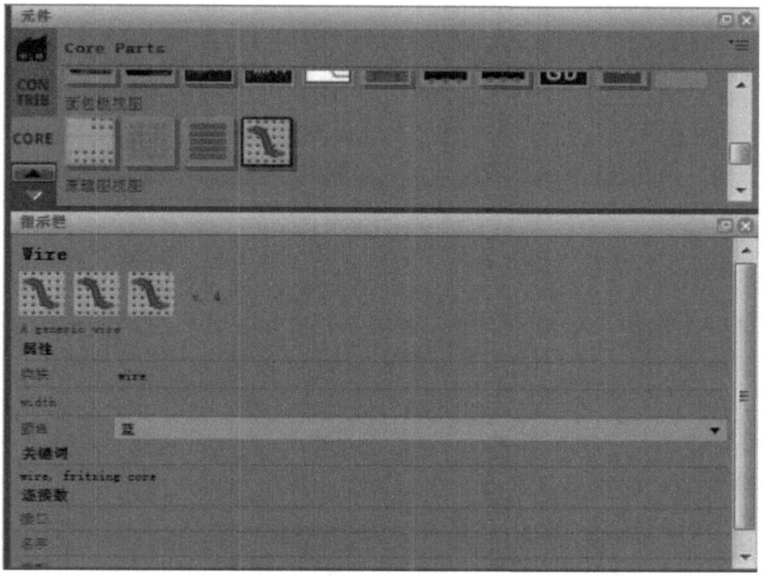

图 1-39　指示栏

3）撤销历史栏

撤销历史栏中详细记录了设计步骤，并将这些步骤按照时间的先后顺序依次进行排列，先显示最近发生的步骤，如图 1-40 所示。设计者可以利用这些记录步骤回到之前的任一设计状态，这为开发工作带来了极大的便利。

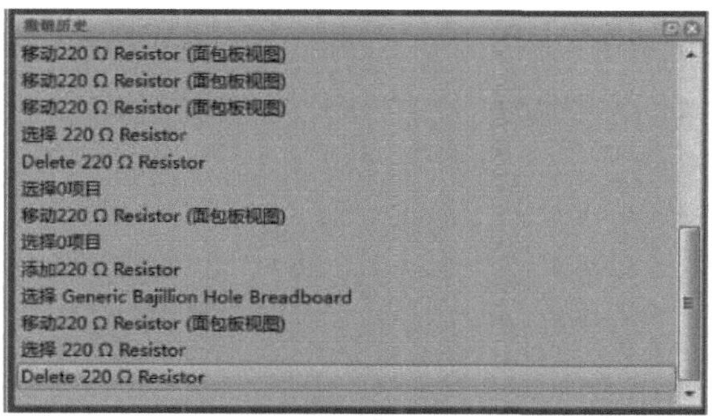

图 1-40　撤销历史栏

4）导航栏

导航栏中提供了对面包板视图、原理图视图和 PCB 视图的预览。设计者可以在导航栏中任意选定三种视图中的某一视图进行查看，如图 1-41 所示。

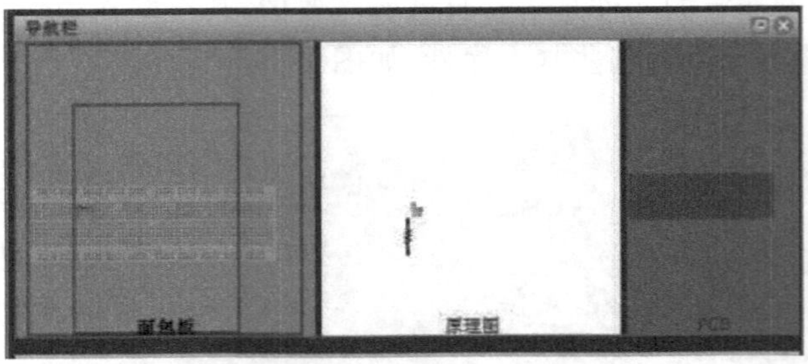

图 1-41　导航栏

5）层

不同的视图有不同的层结构。详细了解层结构有助于读者进一步理解这三种视图和提升设计者对它们的操作能力。下面将依次给出面包板视图、原理图视图、PCB 视图的层结构。

（1）面包板视图的层结构。从图 1-42 中可以看出，面包板视图一共包含 6 层，设计者可以通过选中层结构前边的矩形复选框在项目视图中显示相应的层。

图 1-42　面包板视图的层结构

（2）原理图视图的层结构。从图 1-43 中可以看出，原理图视图一共包含 7 层。

图 1-43　原理图视图的层结构

(3) PCB视图的层结构。PCB视图是层结构最多的视图。从图1-44中可以看出，PCB视图具有15层结构。由于篇幅有限，本书不再对这些层结构进行详解。

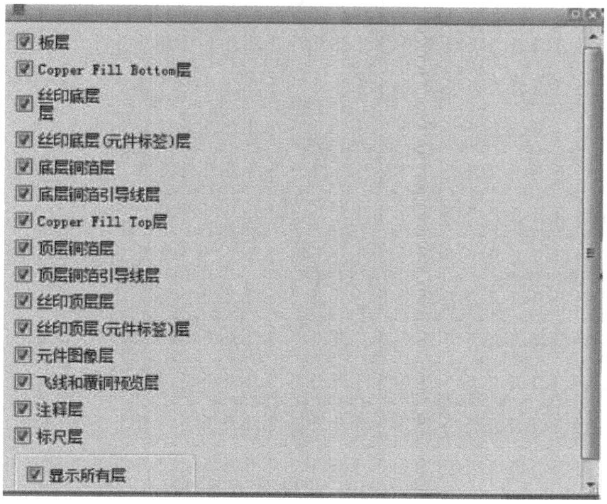

图1-44 PCB视图的层结构

1.5.2 Fritzing使用方法

1. 查看元件库已有元件

设计者在查看元件库中的元件时，既可以选择按图标形式查看，也可以选择按列表形式查看，其界面分别如图1-45和图1-46所示。

图1-45 元件图标形式

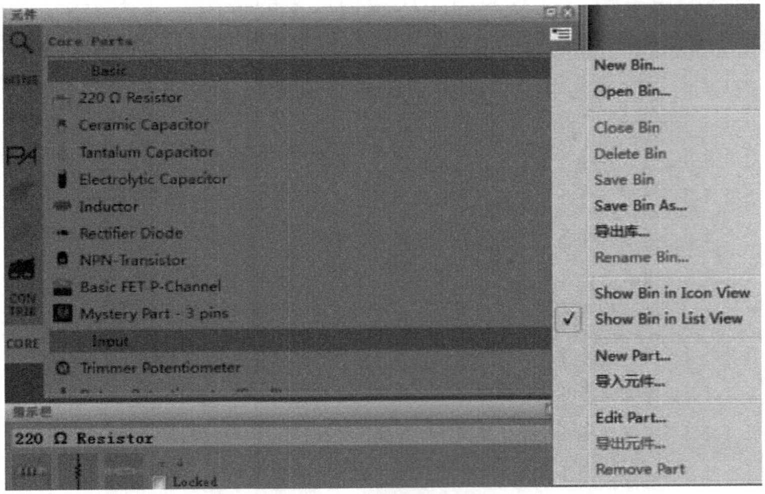

图 1-46　元件列表形式

设计者可以直接在对应的元件库中寻找所需要的元件，但由于 Fritzing 所带的库和元件数目都相对比较多，所以在有些情况下，设计者很难确定元件所在的具体位置。这时设计者就可以利用元件库中自带的搜索功能，从库中找出所需要的元件，这个方法能极大地提升工作效率。在此，举一个简单的例子进行说明。例如，设计者要寻找 Arduino UNO 开发板，那么，在搜索栏输入 Arduino UNO 开发板，按下 Enter 键，就会自动显示相应的搜索结果，如图 1-47 所示。

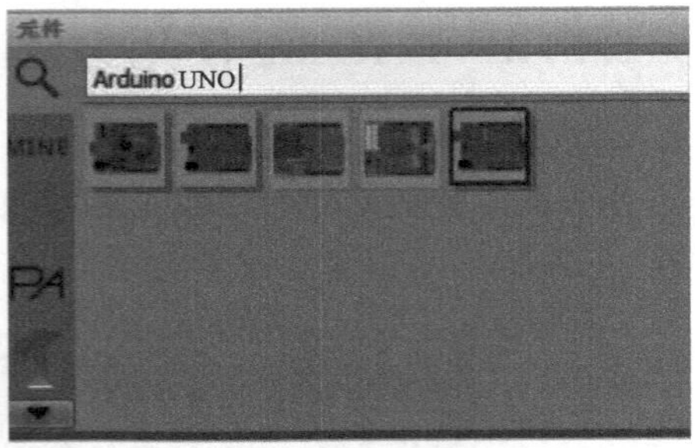

图 1-47　查找元件

2. 添加新元件到元件库

1）从头开始添加新元件

设计者可以通过选择“元件”→“新建”命令进入添加新元件的界面，如图 1-48 所示；也可以通过单击元件库右侧的 New Part 选项进入该界面，如图 1-49 所示。无论采用哪一种方式，最终进入的新元件编辑界面都如图 1-50 所示。

设计者可在新元件的添加界面填写相关信息，如新元件的名称、属性、连接等，并导入相应的视图图片。尤其要注意添加连接，然后单击“保存”按钮，便能创建新的元件。但是在开发过程中，建议设计者尽量在已有的库元件基础上进行修改创建用户需要的新元件，这样可以减少工作量，提高开发效率。

2）从已有元件添加新元件

关于如何基于已有的元件添加新元件，下面举两个简单的例子进行说明。

(1) 针对 ICs、电阻、引脚等标准元件。例如，现在设计者需要一个 2.2kΩ 的电阻，可是

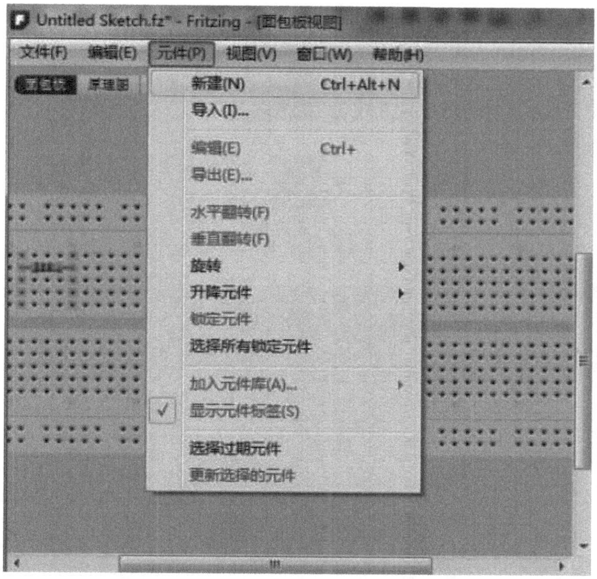

图 1-48　添加新元件(方式 1)

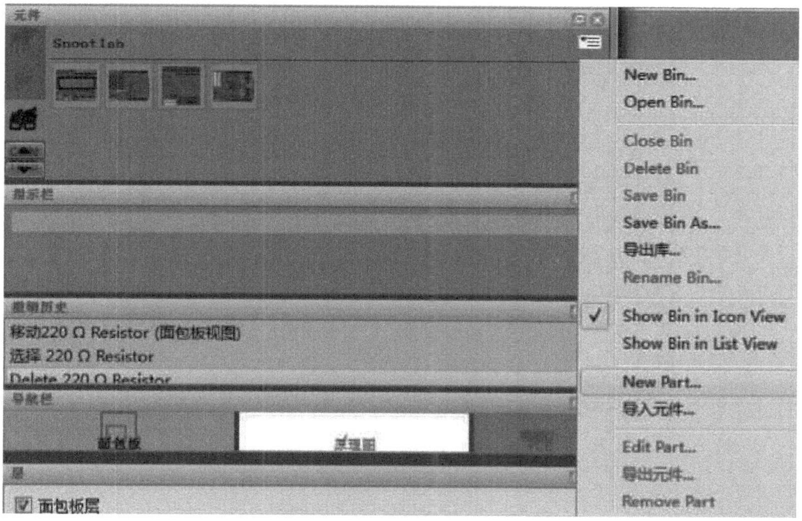

图 1-49　添加新元件(方式 2)

在 Core 元件库中只有 220Ω 的标准电阻,这时,创建新电阻最简单的方法就是先将 220Ω 的通用电阻添加到面包板上,然后选定该电阻,直接在右边的指示栏中将电阻值修改为 2.2kΩ,如图 1-51 所示。

除此之外,选定元件后,也可以选择"元件"→"编辑"命令完成元件参数的修改,如

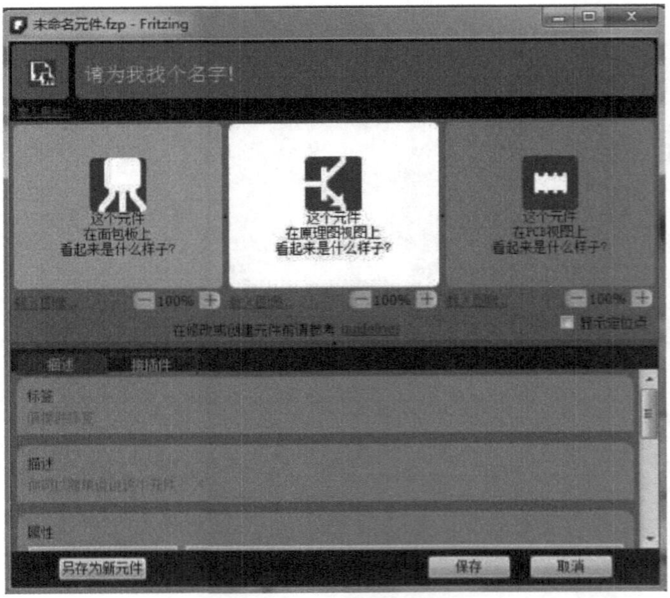

图 1-50　新元件添加界面

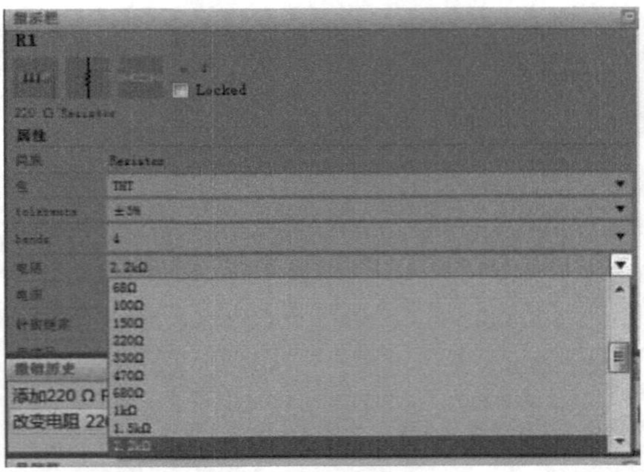

图 1-51　修改元件属性

图 1-52 所示。

然后进入元件编辑界面，如图 1-53 所示。

将 resistance 相应的数值改为 2200Ω，单击“另存为新元件”按钮，即可成功创建一个 2200Ω 的电阻，如图 1-54 所示。

此外，选定元件后，右击元件，在弹出的快捷菜单中选择“编辑”命令，也可进入元件编辑界面，如图 1-55 所示。

图 1-52 修改元件参数

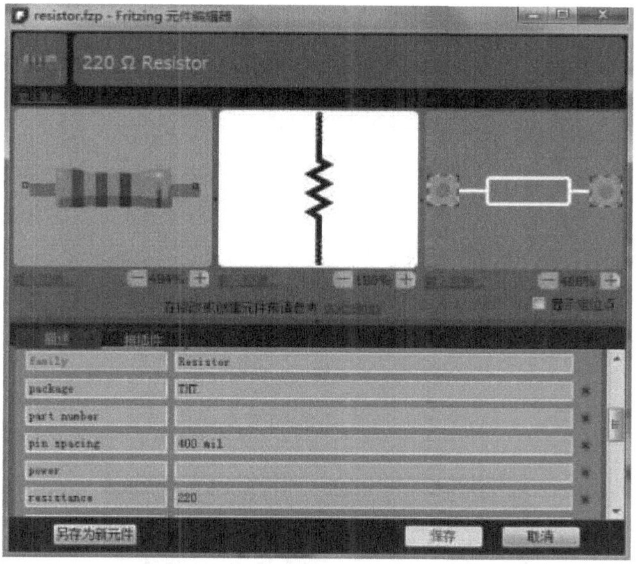

图 1-53 元件编辑界面

基于其他标准添加新元件的操作都与此类似，如改变引脚数、修改接口数目等，在此不再赘述。

(2) 相对复杂的元件。完成了基本元件的介绍后，下面介绍一个相对复杂的例子。在这个例子中，要添加一个自定义元件——SparkFun T5403 气压仪，如图 1-56 所示。

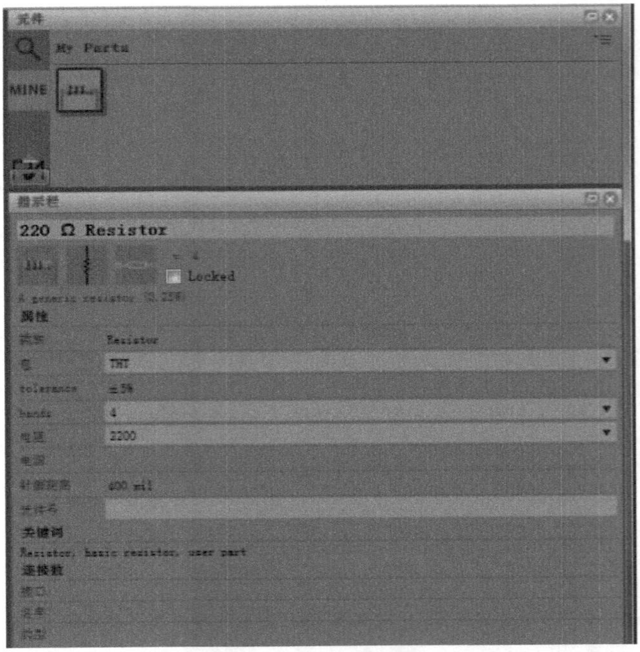

图 1-54　创建新元件

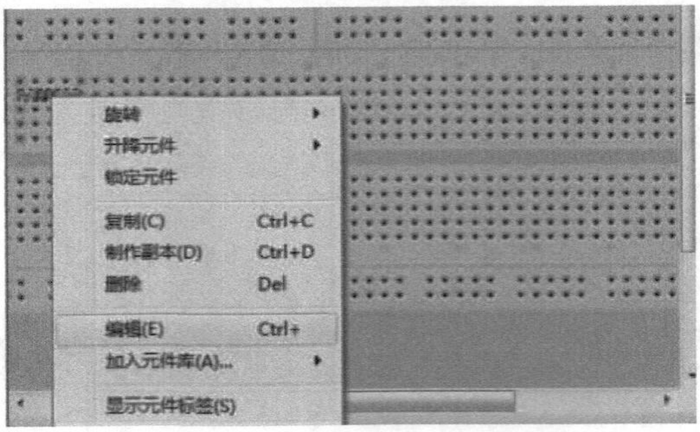

图 1-55　元件编辑界面

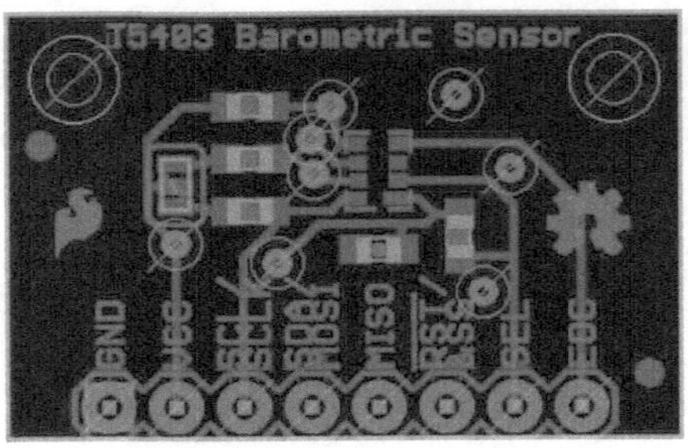

图 1-56　SparkFun T5403 PCB 图

在元件库中寻找该元件，在搜索框中输入 T5403，如图 1-57 所示。

图 1-57　SparkFun T5403 搜寻图

若没有发现该元件，则可以在该元件所在的库中寻找是否有类似的元件(根据名称容易得知，SparkFun T5403 是 SparkFun 系列的元件)，如图 1-58 所示。

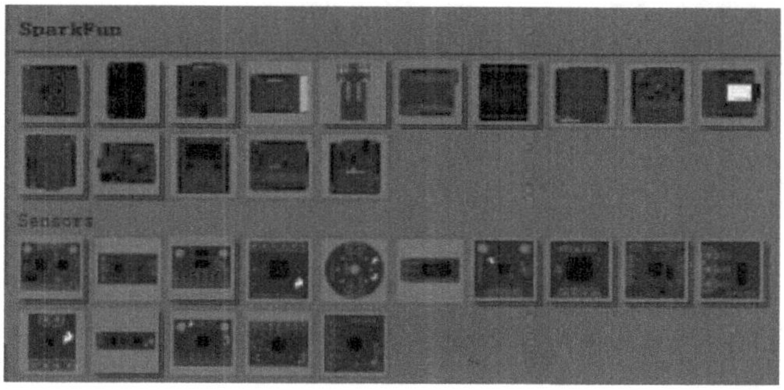

图 1-58　SparkFun 系列元件

若发现还是没有与自定义元件相类似的，则可以选择从标准的集成电路 ICs 开始，选择 Core 元件库，找到 ICs 栏，将 IC 元件添加到面包板中，如图 1-59 和图 1-60 所示。

图 1-59　Core ICs

选定该 IC 元件，在指示栏中查看该元件的属性。将元件的名字命名为自定义元件的名字 T5403 Barometer Breakout，并将引脚数修改成所需要的数量。在本例中，需要的引脚数为 8，如图 1-61 所示。

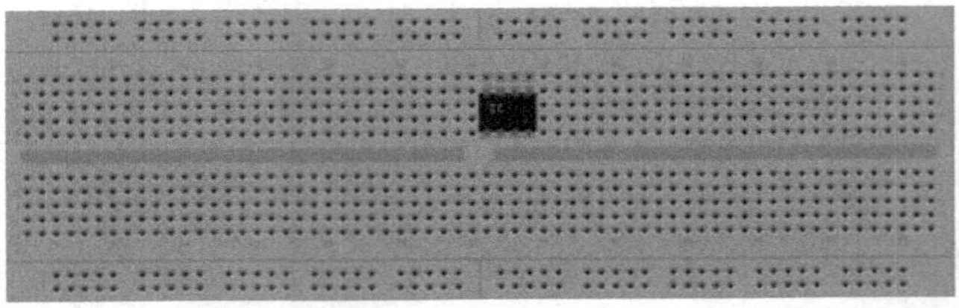

图 1-60　添加 ICs 到面包板

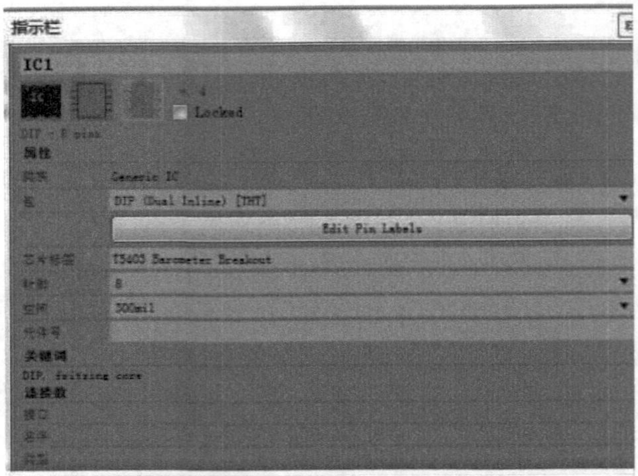

(a) 元件名称修改

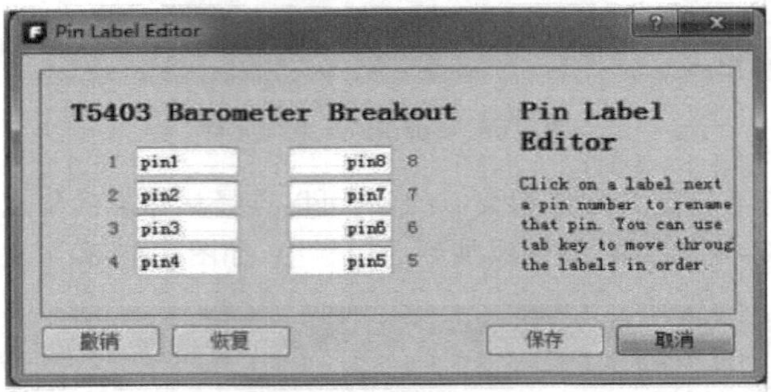

(b) 引脚数量修改

图 1-61　自定义元件的参数修改

修改之后，面包板上的元件如图 1-62 所示。

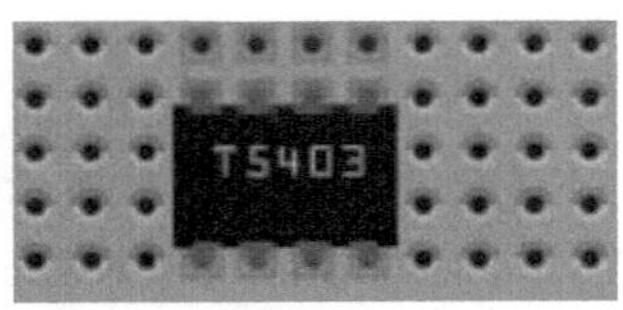

图 1-62　T5403 Barometer Breakout

右击面包板视图中的 IC 元件，在弹出的快捷菜单中选择“编辑”命令，会出现如图 1-63 所示的编辑窗口。设计者需要根据自定义元件的特性修改图中的 6 个部分，分别是元件图标、面包板视图、原理图视图、PCB 视图、描述和接插件。这部分的修改大都是细节性的问题，在此不再赘述，读者可参考下面的链接进行深入学习：https://learn.sparkfun.com/tutorials/make-your-own-fritzing-parts。

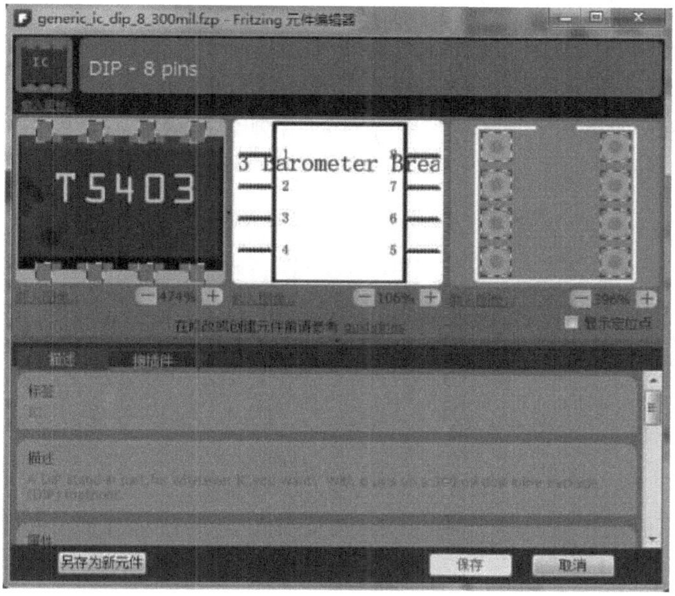

图 1-63 T5403 Barometer Breakout 编辑窗口

3. 添加新元件库

设计者不仅可以创建自定义的新元件，也可以根据需求创建自定义的元件库，并对元件库进行管理。在设计电路结构前，可以将所需的电路元件列一张清单，并将所需要的元件都添加到自定义库中，为后续的电路设计提高效率。添加新元件库时，只需选择图 1-46 所示的元件栏中 New Bin 命令，便会出现如图 1-64 所示的界面。

如图 1-64 所示，给自定义元件库命名为 Arduino Project，单击 OK 按钮，新的元件库便成功创建，如图 1-65 所示。

图 1-64 添加新元件库

图 1-65 成功创建新元件库

4. 添加或删除元件

下面主要介绍如何将元件库中的元件添加到面包板视图中。当需要添加某个元件时，可以先在元件库相应的子库中寻找所需要的元件，然后在目标元件的图标上单击选定元件，拖动至面包板上的目的位置，松开鼠标左键即可将元件插入面包板。需要特别注意的是，在放置元件时，一定要确保元件的引脚已经成功插入面包板。如果插入成功，则元件引脚所在的连线会显示绿色；如果插入不成功，则元件的引脚会显示红色。如图 1-66 所示，左边表示添加成功，右边表示添加失败。

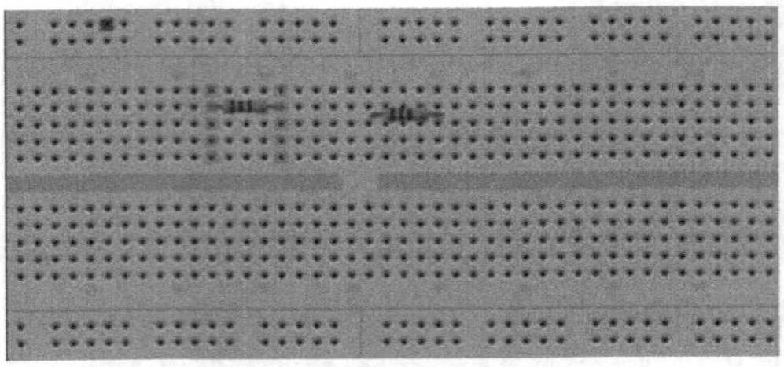

图 1-66　引脚状态图

如果在放置元件的过程中操作有误，则直接单击选定目标元件，然后再单击 Delete 按钮，即可将元件从视图上删除。

5. 添加元件间连线

(1) 添加元件间的连线是用 Fritzing 绘制电路图必不可少的过程，接下来将对连线的方法给出详细的介绍。连线的时候将想要连接的引脚拖动到要连接的目的引脚后松开即可。这里需要注意的是，只有当连接线段的两端都显示绿色时(图 1-67 中左边)，才代表导线连接成功；若连线的两端显示红色(图 1-67 中右边)，则表示连接出现问题。

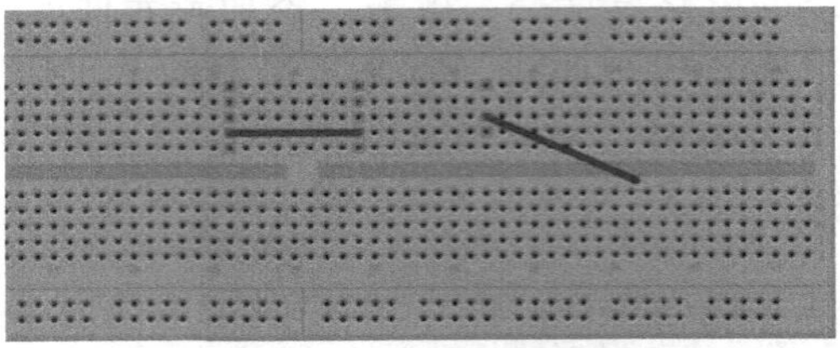

图 1-67　连线状态图

(2) 为了使电路更清晰明了，还能根据自己的需求在导线上设置拐点，使导线根据设计者的喜好而改变连线角度和方向。具体方法如下：光标处即为拐点处，设计者能自由拖动光标来移动拐点的位置。此外，设计者也可以先选定导线，然后将鼠标光标放在想设置的拐点处，右击，在弹出的快捷菜单中选择“添加拐点”命令即可，如图 1-68 所示。

(3) 在连线的过程中可更改导线的颜色，不同的颜色将帮助设计者更好地掌握绘制的电路。具体的修改方法为选定要更改颜色的导线，然后右击，从弹出的快捷菜单中选择“连线颜色”命令，如图 1-69 所示。

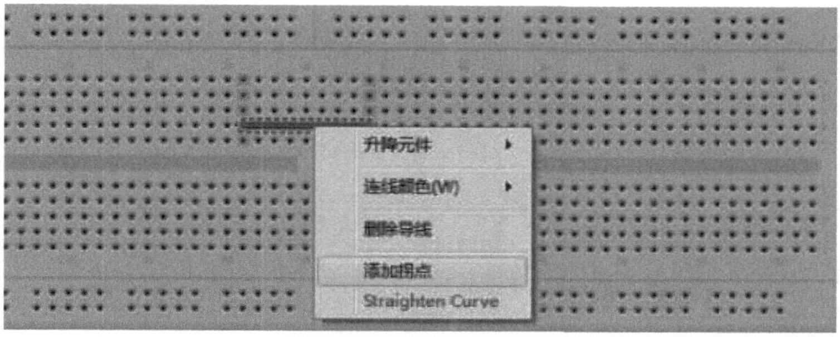

图 1-68 拐点添加图

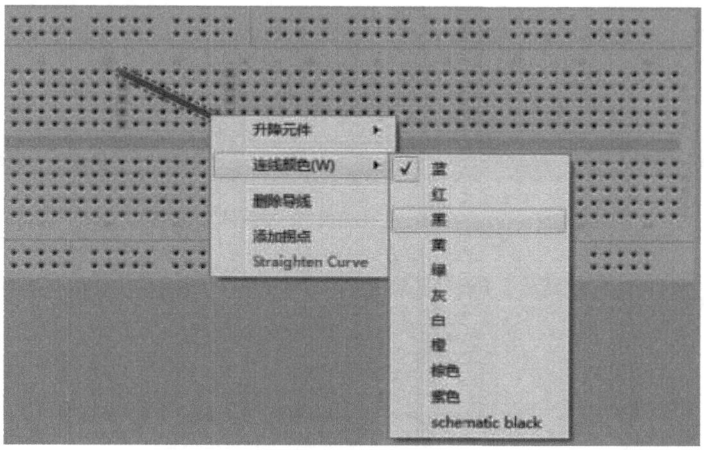

图 1-69 导线颜色修改图

1.5.3 Arduino 电路设计

本节将通过一个具体示例系统地介绍如何利用 Fritzing 软件绘制一幅完整的 Arduino 电路图，即用 Arduino 主板控制 LED 的亮灭。整体效果如图 1-70 所示。

下面介绍 Arduino Blink 例程的电路图详细设计步骤。

首先打开软件并新建一个项目，具体操作为单击软件的运行图标，在软件的主界面选择“文件”→“新建”命令，如图 1-71 所示。

完成项目新建后，先保存该项目。选择“文件”→“另存为”命令，出现如图 1-72 所示的界面，在该对话框中输入保存的文件名和路径，然后单击“保存”按钮，即可完成对新建项目的保存。

一般来说，在绘制电路前，设计者应该先对开发环境进行设置。这里的开发环境主要指设计者选择使用的面包板型号、原理图和 PCB 视图的各种类型。因为本书以面包板视图为重点，并在 Core 元件库中选好开发所用的面包板类型和尺寸，如图 1-73 所示。

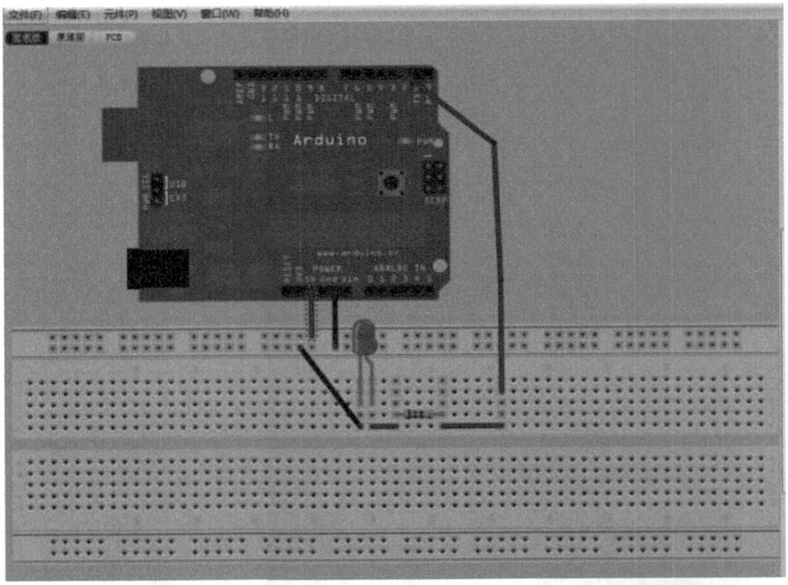

图 1-70　Arduino Blink 示例整体效果图

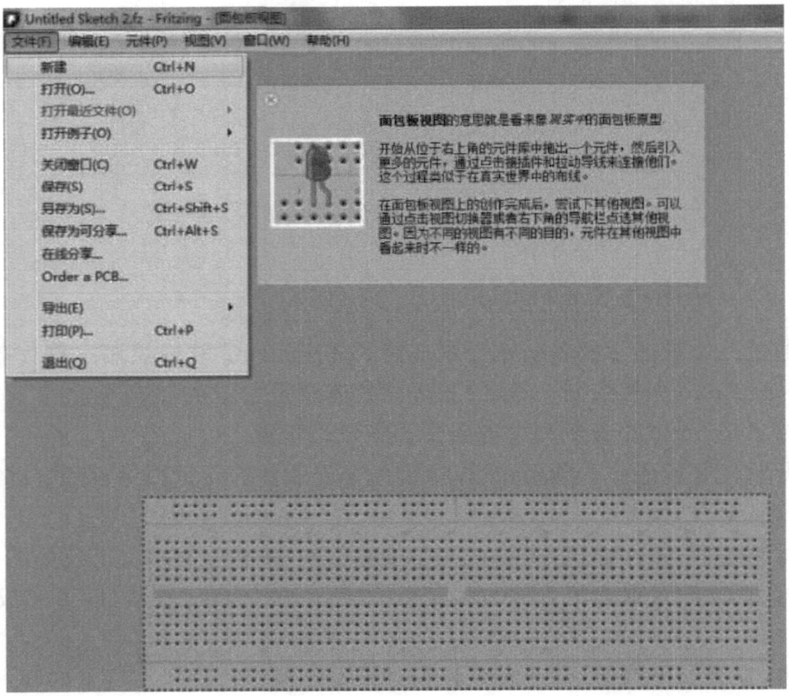

图 1-71　新建项目

图 1-72　保存项目

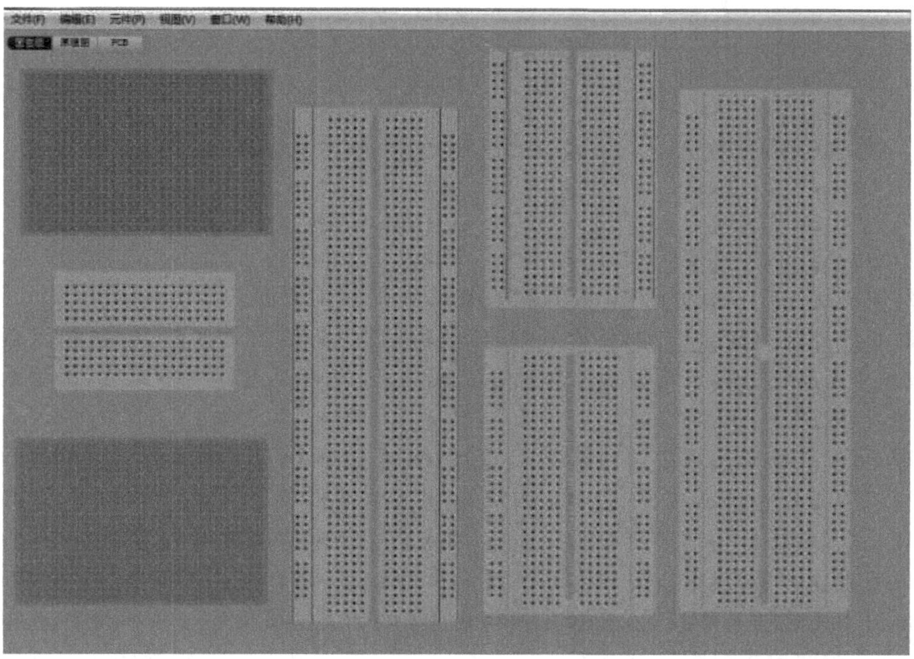

图 1-73　面包板类型和尺寸

由于本例中所需的元件数较少，因此此处省去建立自定义元件库的步骤，直接先将所有的元件都放置在面包板上，如图 1-74 所示。在本例中，需要 1 块 Arduino 开发板、1 个 LED 和 1 个 220Ω 的电阻。

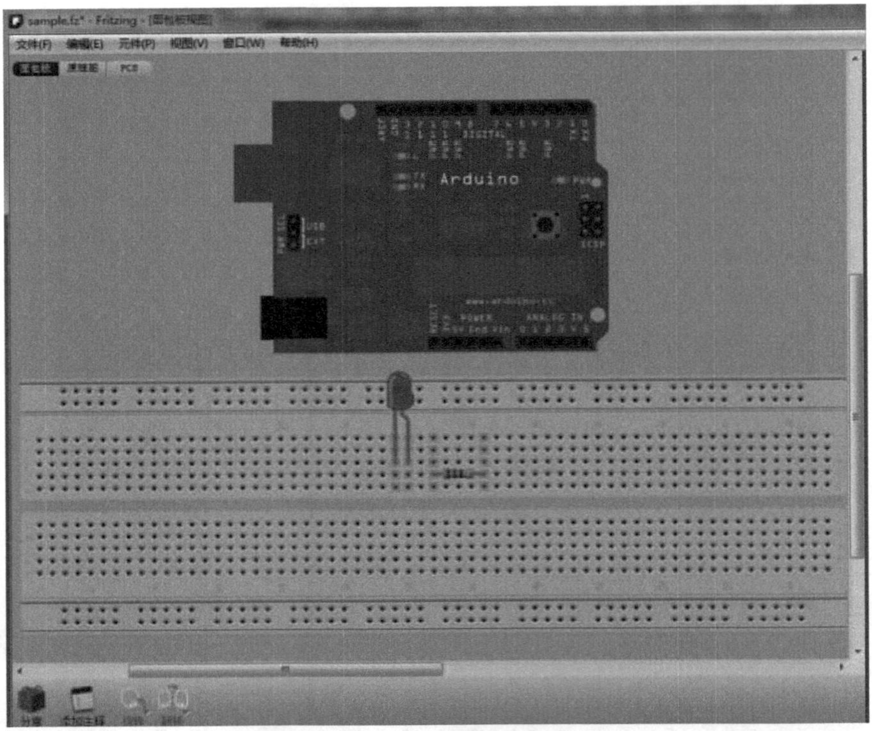

图 1-74　元件的放置

然后进行连线，即可得到最终的效果图，如图 1-75 所示。

在编辑视图中切换到原理图，会看到如图 1-76 所示的界面。

此时布线还没有完成，开发者可以单击编辑视图下方的自动布线，但要注意自动布线后，检查是否所有的元件全部完成。对没有完成的，开发者要进行手动布线，即手动连接引脚间的连线，如图 1-77 所示。

同理，可以在编辑视图中切换到 PCB 视图，观察 PCB 视图下的电路。此时也要注意编辑视图窗口下方是否提示布线未完成，如果是，开发者可以单击下面的"自动布线"按钮进行布线处理，也可以自己手动进行布线。这里，将直接给出最终的效果图，如图 1-78 所示。

完成所有操作后，就可以修改电路中各元件的属性。在本例中不需要修改任何值，在此略过这部分。完成所有步骤后，根据需求导出所需要的文档或文件。在本例中，将以导出一个 PDF 格式的面包板视图为例对该流程进行说明。首先确保将编辑视图切换到面包板视图，然后选择"文件"→"导出"→"作为图像"→PDF 命令，如图 1-79 所示。输出的最终 PDF 格式文件如图 1-80 所示。

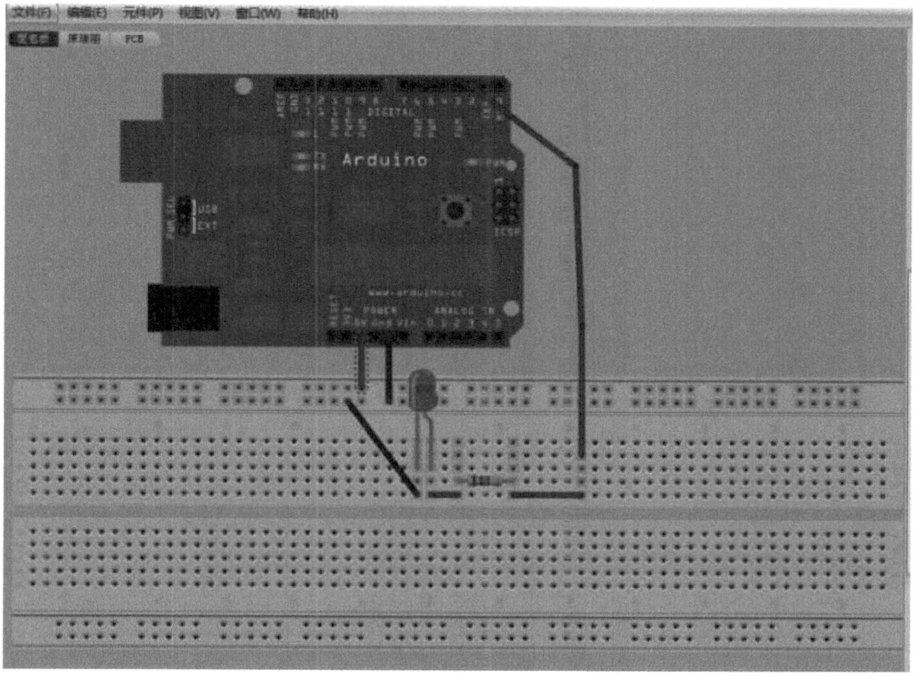

图 1-75 元件连线图

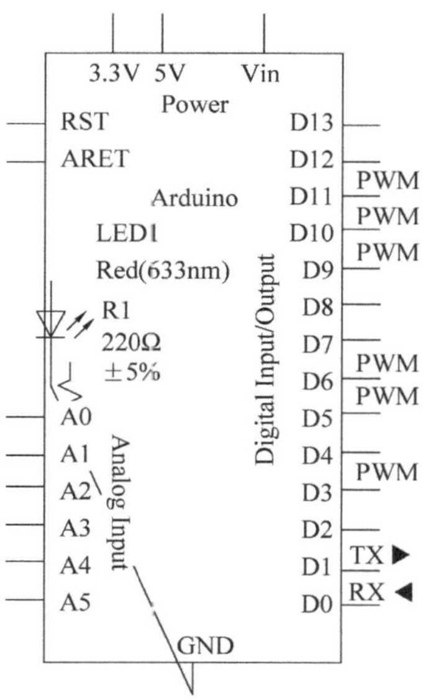

图 1-76 原理图界面

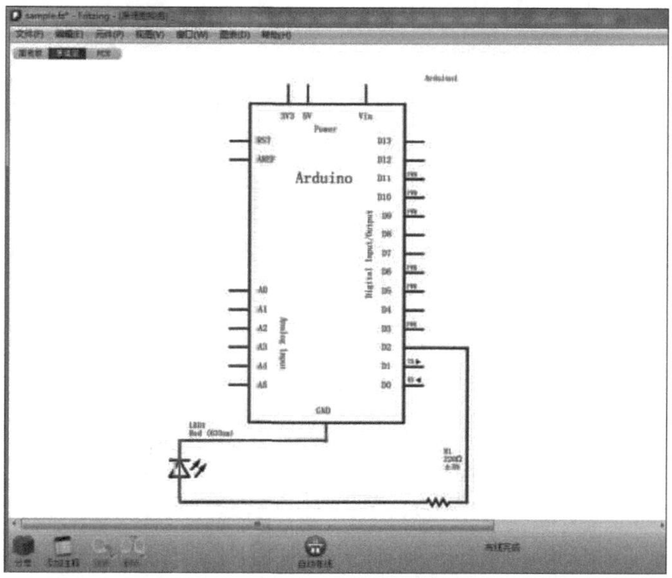

图 1-77 原理图自动布线图

图 1-78 PCB 视图效果图

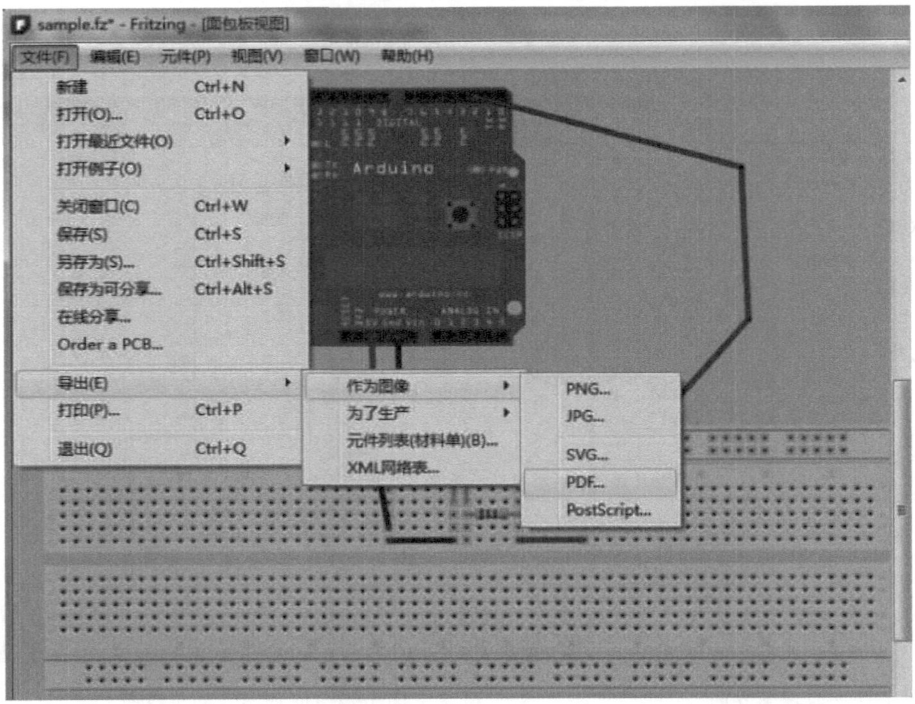

图 1-79 PDF 图的生成步骤

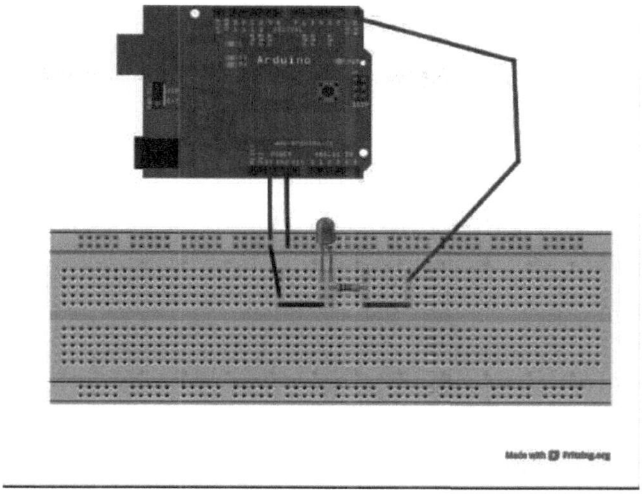

图 1-80 面包板的 PDF 图

1.5.4 Arduino 开发平台样例与编程

Fritzing 软件不但能很好地支持 Arduino 的电路设计，而且提供了对 Arduino 样例电路的支持，如图 1-81 所示。用户可以选择“文件”→“打开例子”命令，然后选择相应的 Arduino，如此层层推进，最终选择想打开的样例电路。

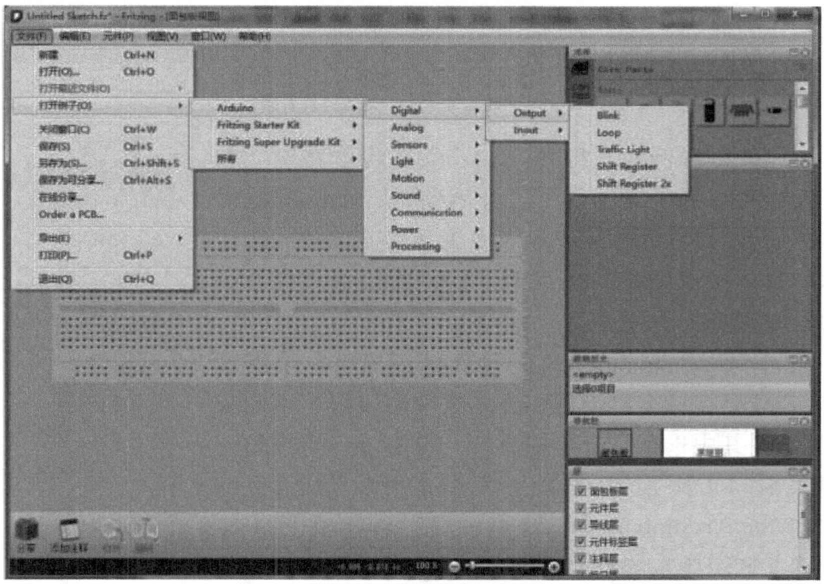

图 1-81 Fritzing 支持 Arduino 样例电路

这里以 Arduino 数字化中的交通灯为例进行说明。选择“元件”→“打开例子”→Arduino→Digital→Output→Traffic Light 命令，就能在 Fritzing 软件的编辑视图中得到如图 1-82 所示的 Arduino 样例电路。需要注意的是，不管在哪种视图下进行操作，打开的样例电路都会将编辑视图切换到面包板视图。如果想要获得相应的原理图视图或 PCB 视图，则可以在打开的样例电路中从面包板视图中切换到目标视图。

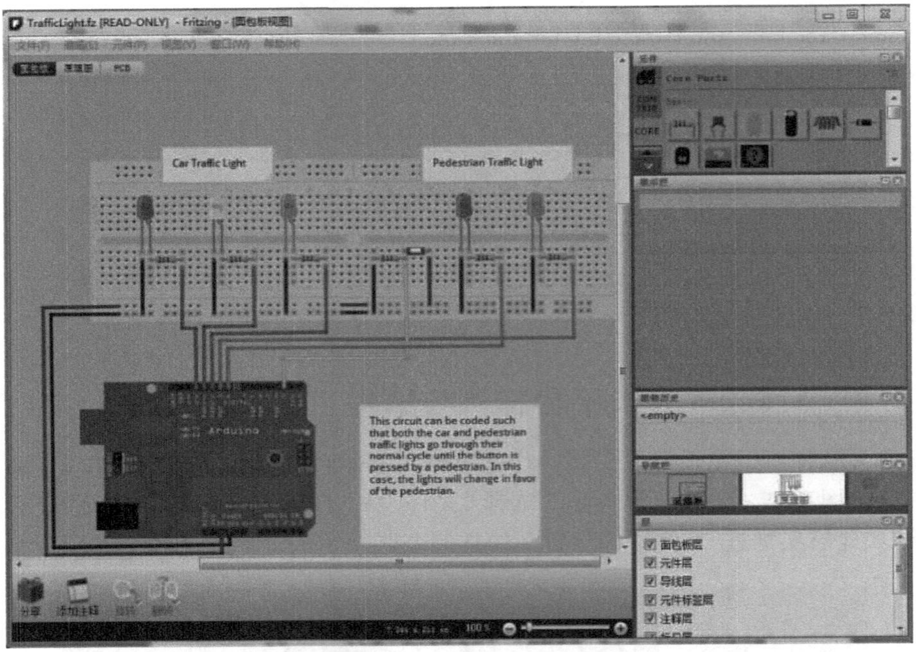

图 1-82　Arduino 交通灯样例

除了对 Arduino 样例的支持外，Fritzing 还将电路设计和编程脚本放置在了一起。对于每个设计电路，Fritzing 都提供了一个编程界面，用户可以在编程界面中编写将要下载到微控制器的脚本。具体操作如图 1-83 所示，选择“窗口”→“打开编程窗口”命令，即可进入编程界面，如图 1-84 所示。

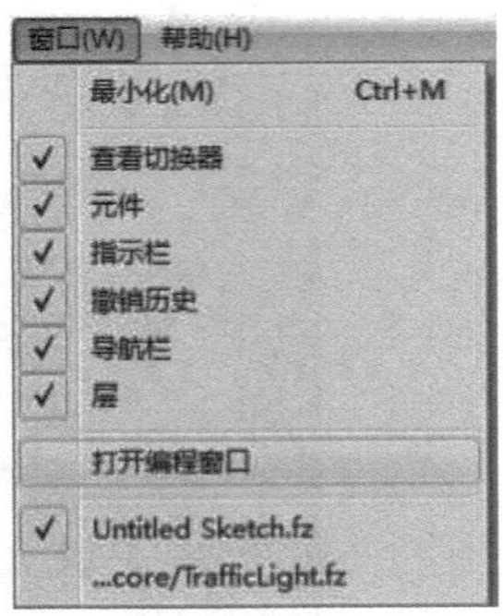

图 1-83　编程界面进入步骤

从图 1-84 中可以发现，虽然每个设计电路只有一个编程界面，但设计者可以在一个界面创造许多编程窗口编写不同版本的脚本，从而在其中选择最合适的脚本。单击“新建”按钮即可创建新编程窗口。而且，从编程界面中也可以看出，目前 Fritzing 主要支持 Arduino 和 Picaxe 两种脚本语言，如图 1-85 所示。设计者在选定脚本的编程语言后，就只能编写该语言的脚本，并将脚本保存成相应类型的文件格式。同理，选定编程语言后，设计者也只能打开同种类型的脚本。

图 1-84 编程界面

选定脚本语言后，设计者还应该选择串行端口。从 Fritzing 界面可以看出，该软件一共有两个默认端口，分别是 COM1 和 LPT1，如图 1-86 所示。当设计者将相应的微控制器连接到 USB 端口时，软件里会增加一个新的设备端口，然后可以根据自己的需求选择相应的端口。

图 1-85 支持编程语言

图 1-86 支持端口

值得注意的是，虽然 Fritzing 提供了脚本编写器，但是它并没有内置编译器，所以设计者必须自行安装额外的编程软件将编写的脚本转换成可执行文件。但是，Fritzing 提供了和编程软件交互的方法，设计者可以通过单击图 1-84 所示的“程序”按钮获取相应的可执行文件信息，所有这些内容都将显示在下面的控制端。

第 2 章

智能饮水机项目设计①

本项目基于 Arduino 开发板搭建智能饮水机管理系统，通过制冷、加热操作，对温度进行状态管理。

2.1 功能及总体设计

本项目实现了自动把杯子装满水或者指定水量、预约制冷、预约加热的功能，由绿色 LED 和黄色 LED 分别作为指示灯，并且实时显示水温数据。

要实现上述功能需将作品分成五部分进行设计，即水杯感应部分、杯高测量部分、出水部分、制冷加热部分和手机控制部分。水杯感应部分选用简单且精度高的 LM386 压力感应模块，将其固定在底座上，用来实时监测水杯是否放置或者被中途拿走；杯高测量部分由超声波传感器 HC-SR04、直流电机和丝杆套装组成，程序控制直流电机转动，转轴带动丝杆转动，从而带动超声波传感器垂直上下移动；出水部分选用 HC-SR04 超声波模块，固定在支架顶部用来测量水面高度，以上三部分均由 Arduino 开发板控制；手机控制部分开发了 APP；制冷加热部分使用 DS18B20 温度传感器和两个 LED，由手机和 Arduino 开发板共同控制。

1. 整体框架图

整体框架如图 2-1 所示。

2. 系统流程图

系统包括两个独立的流程，取水流程如图 2-2 所示，制冷加热流程如图 2-3 所示。

当压力感应模块检测到杯子后，开始测量高度，直流电机带动固定于丝杆平台的超声波模块上下垂直移动，检测杯子上沿位置，计算出高度。然后检测蓝牙串口是否有指定水量的数据（数据为 float 类型，含义为杯容量的几分之几），若有则改变制定出水量，若没有则不用改，采用设定好的值。出水时位于顶部的超声波模块不断测量到水面的距离，检测是否达到指定水量。

① 本章根据谭凯林的项目设计整理而成。

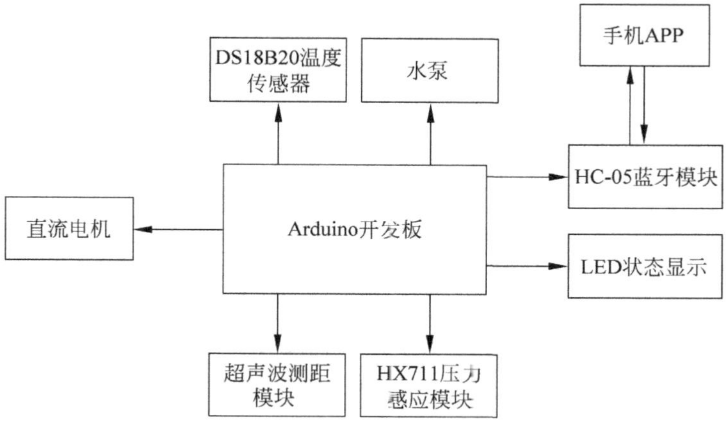

图 2-1 整体框架图

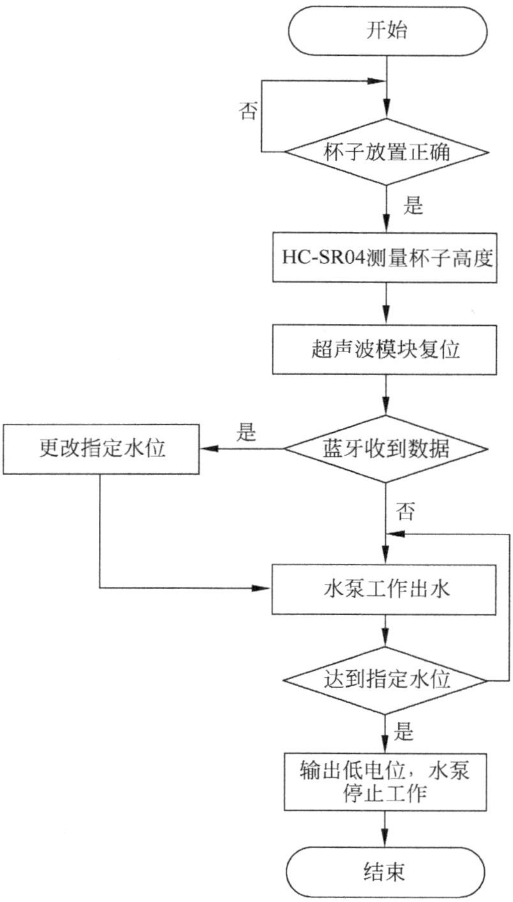

图 2-2 取水流程图

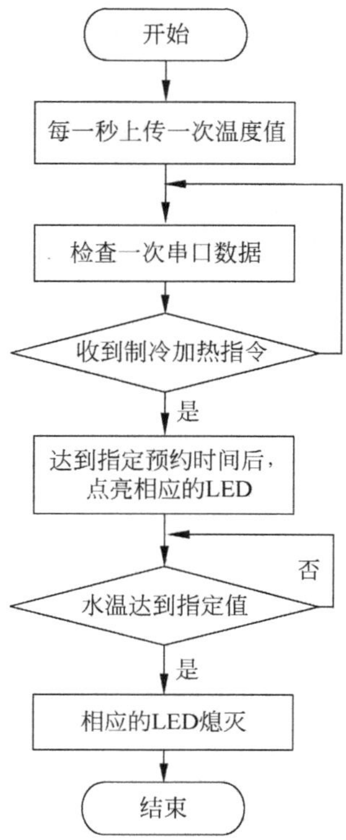

图 2-3 加热制冷流程图

测温模块实时把水温数据通过蓝牙传输到手机端，同时也不断检测蓝牙是否收到预约制冷、加热的指令，若收到则达到指定时间后点亮相应的LED(红灯为加热状态，绿灯为制冷状态)，然后不断检测水温是否达到指定温度。当制冷完成，相应的LED熄灭；加热完成后相应的LED熄灭。

3. 总电路图

总电路如图2-4所示，引脚连接如表2-1所示(补充：直流电机1正负极连接直流电机驱动模块的OUT1、OUT2接口；水泵正负极连接继电器的COM、NC接口)。电路图左边从上到下依次为HC-05蓝牙模块、HX711压力感应模块、继电器、DS18B20温度测量模块；上方为HC-SR04超声波测距模块1和超声波测距模块2；右边为直流电机驱动模块和直流电机1，直流电机用于带动丝杆转动；下方为水泵的直流电机2；图中左侧LED用来显示加热状态，图中右侧LED用来显示制冷状态。

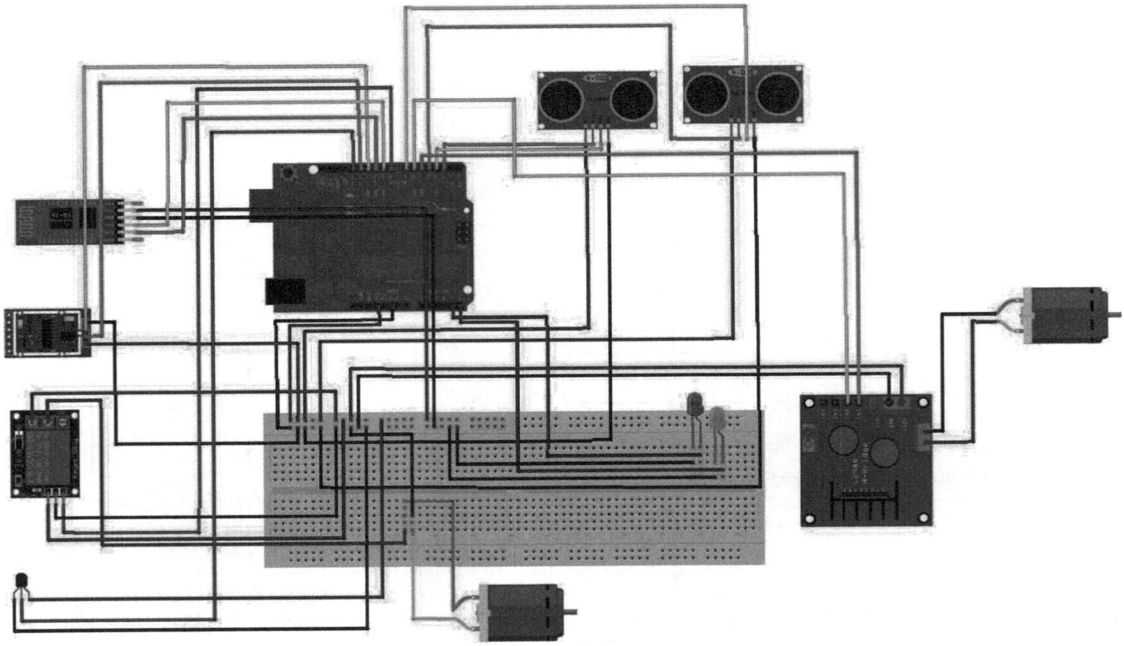

图2-4 总电路图

表2-1 引脚连接表

元件及引脚名		Arduino开发板引脚
HC-05蓝牙模块	RX	9
	TX	10
	VCC	5V
	GND	GND

续表

元件及引脚名		Arduino 开发板引脚
HX711 压力感应模块	DT	11
	SCK	12
	VCC	5V
	GND	GND
继电器	IN	8
	VCC	VCC
	GND	GND
DS18B20 温度测量模块	DQ	13
	VCC	5V
	GND	GND
超声波测距模块 1	Trig	2
	Echo	3
	VCC	5V
	GND	GND
超声波测距模块 2	Trig	4
	Echo	7
	VCC	5V
	GND	GND
直流电机驱动模块	IN1	5
	IN2	6
	+5V	5V
	GND	GND
绿色 LED	正极	A4
	负极	GND
红色 LED	正极	A5
	负极	GND

2.2　模块介绍

本项目主要包括饮水机智能出水模块、预约制冷、加热模块和手机 APP 模块。下面分别给出各模块的功能介绍及相关代码。

2.2.1　饮水机智能出水模块

本部分内容包括智能出水模块的功能介绍及相关代码。

1. 功能介绍

本部分的主要功能是检测杯子是否正确放置、测量杯高、装入适量的水(大约为杯子高度的 80%),另外,通过蓝牙接收手机 APP 的指令,从而装入使用者的需求水量,电路如

图 2-5 所示。

杯高测量部分由超声波传感器 HC-SR04、直流电机和丝杆套装组成，当感应到水杯后，程序控制直流电机转动，转轴带动丝杆转动，从而带动固定于丝杆平台上的超声波传感器垂直向上移动，一旦检测到与杯子的距离大于 10cm，就代表着超声波模块刚好与杯子上沿水平。因为超声波模块的初始位置与杯底的垂直高度差一定，所以可以得到：

图 2-5 水杯检测模块

杯高 = 初始垂直高度差 + 超声波模块垂直移动高度

垂直移动高度 = 超声波模块移动速度 * 移动时间

当完成杯子高度的测量后，直流电机反转相同的时间使超声波模块复位，杯高测量部分如图 2-6 所示。

出水部分选用了 HC-SR04 超声波模块，将其固定于支架顶部用来测量水面高度，小型水泵用于抽水。在出水之前会检查串口是否收到指定水量的指令，若未收到，则最终水面高度为杯子高度的 80%；若收到，则根据指令(数据为 float 类型，含义为杯容量的几分之几)改为指定高度。因为超声波模块到杯子底部的垂直距离一定，所以可以得到：

实时的水面高度=超声波模块到杯底的垂直高度−超声波模块到水面的距离

一旦水面高度到达指定水量对应的水位，就停止出水。至此一次出水过程完成，水面测量部分如图 2-7 所示。

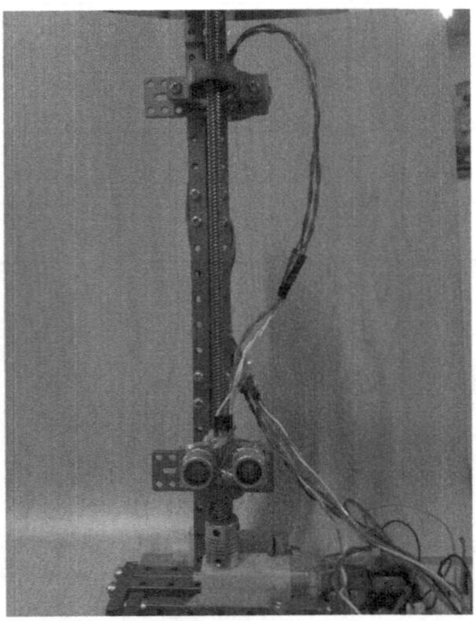

图 2-6 杯高测量部分

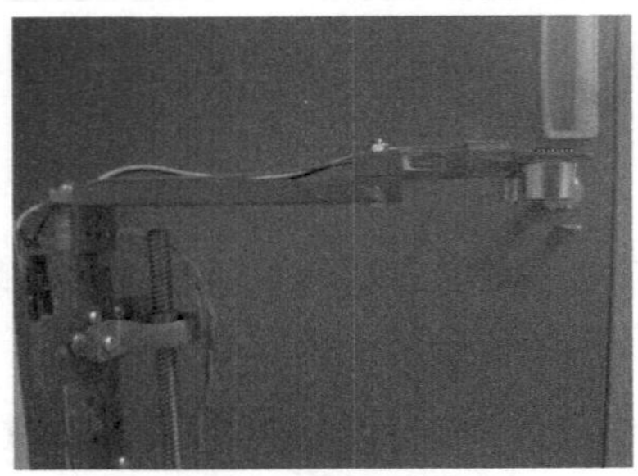

图 2-7 水面测量部分

2. 相关代码

```
//带注释的代码行为预约制冷、加热模块要用到的代码
```

```
#include <Arduino.h>
#include <OneWire.h>
#include <DallasTemperature.h>
//库文件 OneWire、DallasTemperature 用于 DS18B20 温度传感器
#include "chaoshengbo.h"//实现超声波 1 对水杯的测距
#include"yaliganying.h"
//实现感应压力,采用了平均处理
#include"yaliganyingtwo.h"
//实现感应压力,未采用平均处理
#include <TimerOne.h>
#include <SoftwareSerial.h>
#define ONE_WIRE_BUS 13
SoftwareSerial mySerial(9, 10);
//将引脚 9、10 定义为软串口,代表 RX、TX
chaoshengbo chaoshengbo1;            //超声波模块 1 测距
chaoshengbo chaoshengbo2;            //超声波模块 2 测距
yaliganying yaliganying1;            //高精度的压力感应测量
yaliganyingtwo yaliganying2;         //快速的压力感应测量
char h = 'H';
char c = 'C';
char q = 'Q';                        //检测取水指令的标识
int INT_one = 5;
int INT_two = 6;                     //引脚 5、6 控制直流电机驱动模块
int Pump = 8;                        //通过继电器控制水泵
int counter1 = 0;
int counter2 = 0;
int h_time = 0;
int c_time = 0;
double cm1;
double time_begin;                   //杯高测量的开始时间
double time_end;                     //杯高测量的结束时间
double shijiancha;                   //时间差
double Cup_height = 50;              //指定水位的初始值设为 50cm
double qushuiliang;                  //取水量
double T;
void setup()
{
  Serial.begin(9600);
  mySerial.begin(38400);             //与手机端蓝牙通信的波特率为 38400
  pinMode(INT_one, OUTPUT);
  pinMode(INT_two, OUTPUT);          //控制直流电机驱动模块
  pinMode(Pump, OUTPUT);             //控制水泵
  analogWrite(A5, 0);                //控制红色 LED
  analogWrite(A4, 0);                //控制绿色 LED
  digitalWrite(Pump, LOW);           //设置水泵初始状态为不工作
  Timer1.initialize(1000000);
  Timer1.attachInterrupt(Things);
```

```
    yaliganying1.weight();          //进行第一次水杯检测
    while (sum < 10)
    {
      yaliganying1.weight();
    }
    //当感应到一定压力,即杯子放入,开始下一步
    Serial.println("cupalready");
  }
  void loop()
  {
    wherestart://标记一个位置,用于出现异常情况时重置
    yaliganying1.weight();
    while (sum < 10)
    {
      yaliganying1.weight();
    }
    Serial.println(sum);
    /* 每次 loop 循环前再次检测杯子是否放置正确,防止杯子还未注水就被拿走,而饮水机出水 */
     while (Cup_height < 34 - cm1)
    {
      Waterheight();
      delay(50);
      Serial.println(cm1);
      //Temperature1.cewendu();
    }
    /* 在每次测量杯子高度之前再次检测水面高度是否满足条件,避免一次出水成功后杯子未拿走,
  而再次测量杯子的高度 */
    yaliganying1.weight();
    while (sum < 10)
    {
      yaliganying1.weight();
    }
    /* 再次测量水杯是否放置正确,装满的杯子拿走后,检测下一次杯子的放置 */
    chaoshengbo1.Distance(2, 3);     //超声波模块第一次测量
    time_begin = millis();
    //杯高测量的开始时间
    analogWrite(INT_two, 255);
    analogWrite(INT_one, 0);         //直流电机 1 启动转动
    while (cm < 10)
    {
      yaliganying1.weight();
      if(sum > 10){}
      else
      {
          time_end = millis();
          shijiancha = time_end - time_begin;
          //得到测距时电机 1 转动的时间
```

```
        Serial.print("shijianchawei");
        analogWrite(INT_two, 0);
        analogWrite(INT_one, 255);
        time_begin = millis();
        while (millis() - time_begin < shijiancha - 100)
        {
        }
        analogWrite(INT_two, 255);
        Serial.println(shijiancha);
        goto wherestart;
    }
    //while 中的 if 语句用来检测在测量高度的时候,杯子是否被拿走
    chaoshengbo1.Distance(2, 3);
    Serial.println(cm);
  }
  //当超声波模块水平高度超过上沿就跳出循环
  analogWrite(INT_one, 255);         //直流电机 1 停止转动
  time_end = millis();               //杯高测量的结束时间
  shijiancha = time_end - time_begin; //直流电机 1 持续转动的时间
  //得到测距时直流电机持续转动的时间
  Serial.print("shijianchawei");
  analogWrite(INT_two, 0);           //直流电机反转复位
  time_begin = millis();
  while (millis() - time_begin < shijiancha - 100)
  {
  }
  analogWrite(INT_two, 255);         //直流电机 1 反转同样的时间停止
  Serial.println(shijiancha);
  Cup_height = shijiancha * 0.0014 + 7;
//算出杯的高度,超声波模块上升速度为 0.0014cm/ms,模块初始高度离杯底为 7cm
  Serial.println("get cup high");
  Serial.print("hight");
  Serial.println(Cup_height);
  if (mySerial.peek() == q)
  {
    qushuiliang = mySerial.parseFloat();
    Cup_height = Cup_height * qushuiliang;
    Serial.println(Cup_height);
  }
  /* 此时检测蓝牙串口上是否有'Q'开头的指令,然后读取后面的 float 类型数据,含义为杯容量的
几分之几, 然后更改相应的 Cup_height */
  analogWrite(INT_one, 255);
  Waterheight();                     //高精度的超声波测距,超声波模块 2 开始测量水的高度
  Serial.println(cm1);               //打印初始顶部距水面距离
  Serial.println("beginmeasurewaterhignt");
  Serial.println("begininputwater");
  digitalWrite(Pump, HIGH);
```

```
  //开始注水
  yaliganying2.weight();
  while (Cup_height > 34 - cm1)     //杯底到超声波模块 2 的距离为 34cm
  {
    Waterheight();
    delay(50);                      //保证每次测距时间足够长,保证数据的有效性
    Serial.println(sum1);
    yaliganying2.weight();
    if(sum1 > 10){}
    else
    {
        digitalWrite(Pump, LOW);
        goto wherestart;            //如果杯子被拿走回到该位置
    }
    //实时检测杯子是否还在底座上,防止注水时被拿走
  }
  //达到指定高度停止注水
  digitalWrite(Pump, LOW);          //水泵停止工作
  Serial.println("upputdown");
}
double Waterheight()
{
  cm1 = 0;
  for(int i = 0;i < 20;i++)
  {
    chaoshengbo1.Distance(4,7);
    delay(10);
    cm1 = cm1 + cm;
  }
  cm1 = cm1/20;
  return cm1;
  }
//该函数也可以完成超声波测距,但进行了降噪处理,取 20 次测距的平均值,工作速度较慢
//以下为低精度测距的头文件,即每次只取一次测距结果
#include < Arduino.h >
double cm;
class chaoshengbo
{
  public:
  double Distance(int TrigPin,int EchoPin);
};
double chaoshengbo::Distance(int TrigPin,int EchoPin)
{
//const int TrigPin = 2;
//const int EchoPin = 3;
//double cm;
pinMode(TrigPin, OUTPUT);
```

```
pinMode(EchoPin, INPUT);
digitalWrite(TrigPin, LOW);        //低电平发一个短时间脉冲
delayMicroseconds(2);
digitalWrite(TrigPin, HIGH);
delayMicroseconds(10);
digitalWrite(TrigPin, LOW);
cm = pulseIn(EchoPin, HIGH) / 58.00;  //将回波时间换算成 cm
return cm;
}
//高精度压力感应测量,取 10 次平均值
#include<Arduino.h>
#include <HX711.h>                  //用于测距的头文件
double sum;
class yaliganying
{
  public:
  static double weight();
};
double yaliganying::weight()
{
HX711 hx(11,12);
sum = 0; //为了减小误差,一次取出 10 个数,求平均值
for (int i = 0; i < 10; i++)        //循环次数越多,精度越高,当然耗费的时间也越长
sum += hx.read();                   //累加
sum = (sum + 1051000)/4120;
return sum;
}
//低精度的压力感应测量,每次只取一次重量结果
#include<Arduino.h>
#include <HX711.h>
double sum1;
class yaliganyingtwo
{
  public:
  static double weight();
};
double yaliganyingtwo::weight()
{
HX711 hx(11,12);                    //数据所接引脚
sum1 = hx.read();
sum1 = (sum1 + 105100)/412;
return sum1;
}
```

2.2.2 预约制冷、加热模块

本部分内容包括预约制冷、加热模块的功能介绍及相关代码。

1. 功能介绍

本模块主要实现实时上传水温、预约制冷加热功能。每一秒上传一次温度到手机APP,然后实时检测串口是否接收到预约制冷或者加热的指令(指令内容为一段时间,单位为秒(s),表示从此时算起,经过该时间长度后开始加热或者制冷)。制冷指令表示为 char 类型'C',加热指令为 char 类型'H'。读取到指令中延迟时间的数值,经过该时间后点亮相应的 LED(制冷为红灯,加热为绿灯),表示进入加热或者制冷状态,当达到要求的温度后,相应的 LED 熄灭,表示加热或者制冷完成。元件包括 HC-05 温度模块、DS18B20 温度测量模块、Arduino 开发板和导线若干,电路如图 2-8 所示。

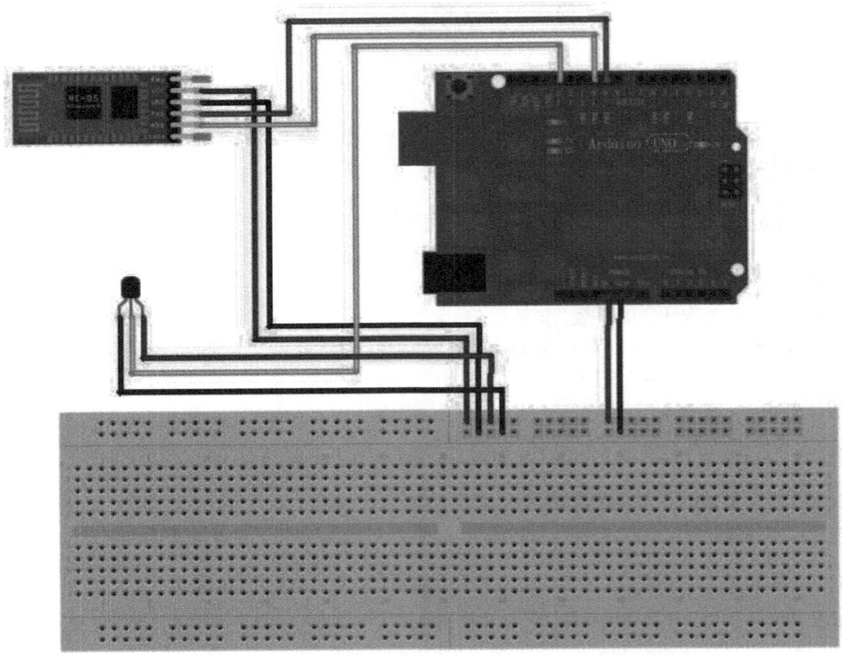

图 2-8 预约制冷加热部分连线图

2. 相关代码

```
#include<Arduino.h>
#include<OneWire.h>
#include<DallasTemperature.h>  //库文件 OneWire、DallasTemperature 用于测温模块
#include "chaoshengbo.h"
#include"yaliganying.h"
#include"yaliganyingtwo.h"
#include<TimerOne.h>           //定时做多件事,独立于 loop 函数中的进程
#include<SoftwareSerial.h>
#define ONE_WIRE_BUS 13
SoftwareSerial mySerial(9, 10);  //将引脚 9、10 定义为软串口 RX、TX
```

```
chaoshengbo chaoshengbo1;
chaoshengbo chaoshengbo2;
yaliganying yaliganying1;
yaliganyingtwo yaliganying2;
char h = 'H';                          //检测预约加热指令的标识字符
char c = 'C';                          //检测预约制冷指令的标识字符
char q = 'Q';
int INT_one = 5;
int INT_two = 6;
int Pump = 8;
int counter1 = 0;                      //用于加热延时的计时器
int counter2 = 0;                      //用于制冷延时的计时器
int h_time = 0;
int c_time = 0;
double cm1;
double time_begin;
double time_end;
double shijiancha;
double Cup_height = 50;
double qushuiliang;
double T;                              //实时水温
void setup()
{
  Serial.begin(9600);
  mySerial.begin(38400);               //蓝牙通信的波特率为 38400
  pinMode(INT_one, OUTPUT);
  pinMode(INT_two, OUTPUT);
  pinMode(Pump, OUTPUT);
  analogWrite(A5, 0);
  analogWrite(A4, 0);
  digitalWrite(Pump, LOW);
  Timer1.initialize(1000000);          //初始化设置外部独立的循环进程为 1s 循环一次
  Timer1.attachInterrupt(Things); //每次循环需要执行的事件
  yaliganying1.weight();
  while (sum < 10)
  {
    yaliganying1.weight();
  }
  Serial.println("cupalready");
}
void loop()
{}//loop()中均为出水部分要用到的代码
void Things()
{
  CeWen();
  JiaRe();
  ZhiLeng();
}
```

```
//事件中包括三个函数,分别为测温、加热、制冷
//测量温度
void CeWen()
{
  OneWire oneWire(ONE_WIRE_BUS);               //定义一个总线
  DallasTemperature sensors(&oneWire);         //初始库
  sensors.begin();
  //Serial.print("Requesting temperatures...");
  sensors.requestTemperatures();               //发送命令获取温度
  //Serial.println("DONE");
  T = sensors.getTempCByIndex(0);              //将实时温度赋值给 T
  mySerial.println(T);
  union xxx
  {
    char c[4];
    float f;
  } y;
  y.f = sensors.getTempCByIndex(0);            //将温度值由 char 类型变为 float 类型
}
//预约加热
void JiaRe()
{
  if (mySerial.peek() == h || counter1 != 0)//检测串口中是否有"h"开头的加热指令,但"h"不被
                                            //删除
  {
    Serial.print(mySerial.peek());
    if (mySerial. read() == h)                 //将"h"删掉
    {
      h_time = mySerial.parseInt();            //读取指令中的 int 型数值,即预约时间
      Serial.println( "加热");
      counter1 += 1;                           //开始计时
    }
    else
      counter1 += 1;                           //计时
  }
  Serial.println( counter1);
  if (counter1 == h_time && counter1 != 0) //到达指定时间
  {
    analogWrite(A5, 255);                      //点亮绿色 LED
    counter1 = 0;                              //计时归零
    h_time = 0 ;                               //预约时间归零
  }
  if(T>26.5)
  analogWrite(A5, 0);                          //达到指定温度,绿色 LED 熄灭
}
//预约制冷
void ZhiLeng()
{
  if (mySerial.peek() == c || counter2 != 0) //检测串口中是否有"Q"开头的加热指令,但"h"不
                                              //被删除
```

```
    {
      Serial.print(mySerial.peek());
      if (mySerial. read() == c)          //将"Q"删掉
      {
        h_time = mySerial.parseInt();     //读取指令中的 int 类型数值,即预约时间
        Serial.println( "制冷");
        counter2 += 1;                    //开始计时
      }
      else
        counter2 += 1;                    //计时
    }
    Serial.println( counter2);
    if (counter2 == h_time && counter2 != 0) //到达指定时间
    {
      analogWrite(A4, 255);               //点亮红色 LED
      counter2 = 0;                       //计数归零
      h_time = 0 ;                        //预约时间归零
    }
    if(T<25)
    analogWrite(A4, 0);                   //达到指定温度,LED 熄灭
}
```

2.2.3 手机 APP 模块

本部分内容包括手机 APP 模块的功能介绍、开发方式及相关代码。

1. 功能介绍

手机 APP 的主要功能是实时显示水温和发送预约制冷、加热的指令,数据传输由蓝牙完成,操作界面如图 2-9 所示。启动 APP 后,点击配对蓝牙,调出手机蓝牙配对界面,选择要配对的蓝牙设备。点击已配对蓝牙列表,选择要连接的蓝牙设备。此时,标签文本会显示为实时的水温。点击预约制冷按钮后,会发送一段字符:'C'一输入框字符(输入框规定字符为正整数,含义为时间,单位为秒(s)),点击预约加热按钮后;会发送一段字符:'H'+输入框字符(输入框规定字符为正整数,含义为时间,单位为秒(s));点击取水量按钮,会发送一段字符:'Q'+输入框字符(输入框规定字符为0~1 的小数,含义为杯高的倍数)。

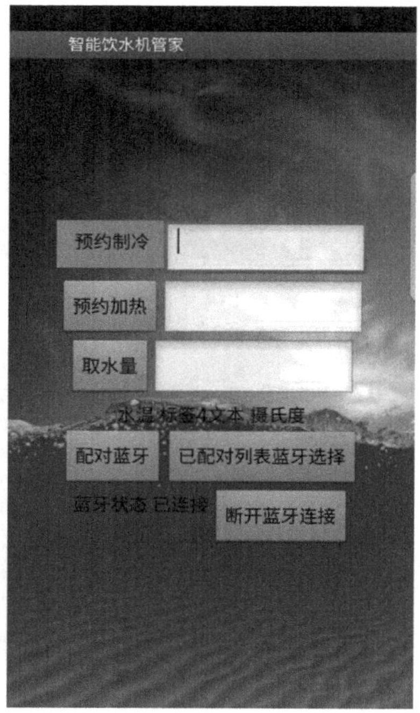

图 2-9 手机 APP 操作界面图

2. 开发方式

APP Inventor 组件设计界面如图 2-10 所示,左侧是各种组件,中间为 APP 操作界面。首先要创建一个

项目，可以有多个屏幕。设计外观和功能时，只需把组件拖到该区域。左侧区域是本项目所用到的各种组件，单击组件可以进行参数设置，例如外观、背景等。

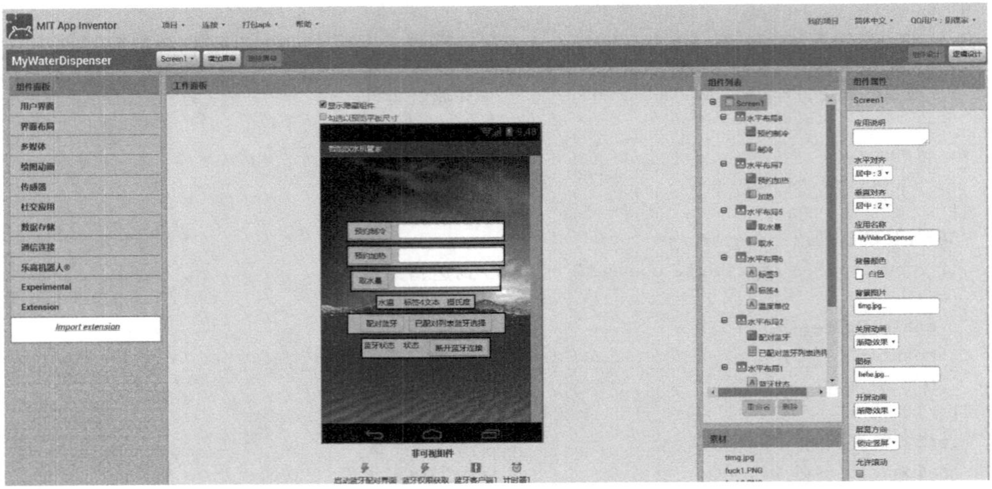

图 2-10 APP Inventor 组件设计界面

APP Inventor 逻辑设计界面如图 2-11 所示，左侧是封装好可以调用的各种逻辑块，以积木的形式设计。每个组件有十几甚至几十种逻辑块可调用。本项目采用了蓝牙块，命名为蓝牙客户端 1，蓝牙客户端可调用逻辑块表(原本共有几十个)如图 2-12 所示。在进行逻辑设计时，需要把各组件以正确的逻辑拼接在一起完成程序，最后打包成 apk 在手机上下载使用，完整项目逻辑设计如图 2-13 所示。

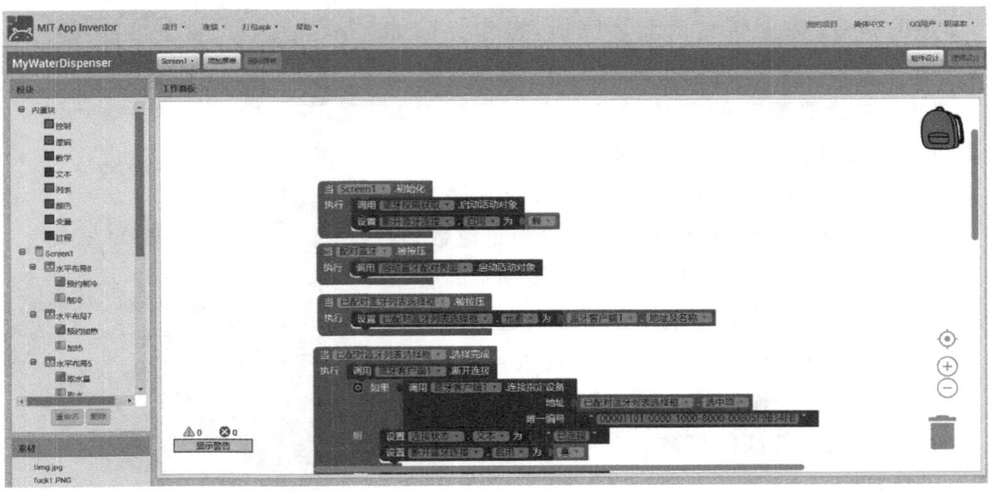

图 2-11 APP Inventor 逻辑设计界面

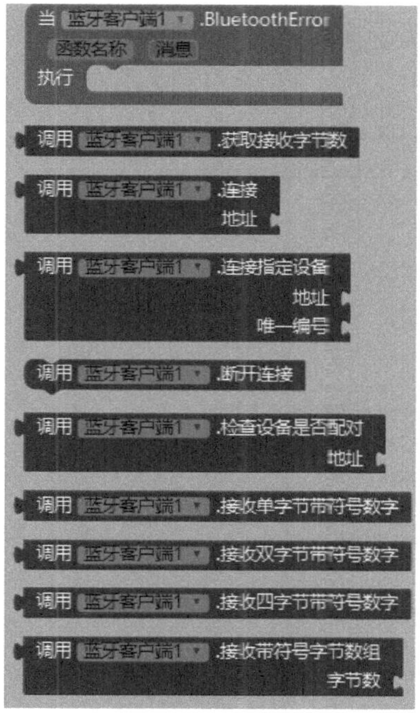

图 2-12　蓝牙客户端可调用逻辑块

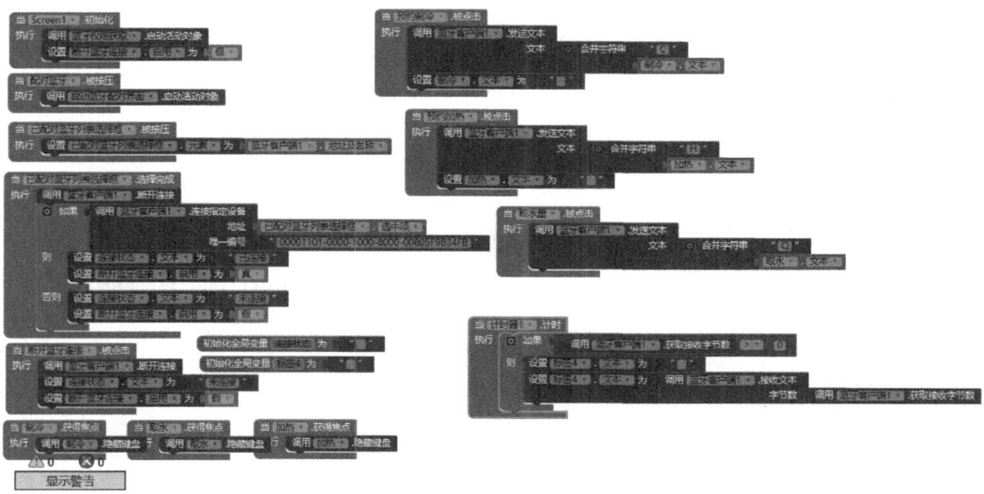

图 2-13　项目整体逻辑设计图

3. 相关代码

```
//以下代码经过 apk 安装包反编译后得到
About.java
```

```
package qrx.bt.c;
import android.app.Activity;
import android.os.Bundle;
public class About extends Activity {
        protected void onCreate(Bundle savedInstanceState) {
        super.onCreate(savedInstanceState);
        setContentView(0x7f030000);
    }
}
BuleToothCActivity.h
package qrx.bt.c;
import android.app.Activity;
import android.hardware.SensorEventListener;
import android.bluetooth.BluetoothDevice;
import android.widget.Button;
import android.view.View;
import android.widget.ImageButton;
import android.os.Handler;
import android.bluetooth.BluetoothAdapter;
import android.hardware.SensorManager;
import android.widget.CheckBox;
import android.hardware.Sensor;
import android.content.Intent;
import android.widget.Toast;
import android.os.Bundle;
import android.view.Window;
import android.widget.CompoundButton;
import android.view.Menu;
import android.view.KeyEvent;
import android.app.AlertDialog;
import android.content.DialogInterface;
import android.view.MenuItem;
import android.hardware.SensorEvent;
public class BlueToothCActivity extends Activity implements SensorEventListener
{
    public static final int MESSAGE_TOAST = 0x5;
    private static final int REQUEST_CONNECT_DEVICE = 0x1;
    private static final int REQUEST_ENABLE_BT = 0x0;
    public static final String TOAST = "toast";
    private Button bluetoothbtn;
    private Button button1;
    private Button button2;
    private Button button3;
    private Button button4;
    private Button button5;
    private Button button6;
    private Button button7;
```

```
private Button button8;
private Button button9;
private byte[ ] byte1;
private byte[ ] byte2;
private byte[ ] byte3;
private byte[ ] byte4;
private byte[ ] byte5;
private byte[ ] byte6;
private byte[ ] byte7;
private byte[ ] byte8;
private byte[ ] byte9;
private byte[ ] bytedown;
private byte[ ] bytef;
private byte[ ] byteleft;
private byte[ ] byteright;
private byte[ ] byteup;
private View.OnTouchListener clickListener;
public static BluetoothDevice device;
private ImageButton downbtn;
private final Handler handler;
private ImageButton leftbtn;
BluetoothAdapter mBluetoothAdapter;
private BluetoothService mBluetoothService;
private ImageButton rightbtn;
private SensorManager sensorManager;
static float sensorValueX;
static float sensorValueY;
private CheckBox sensorbtn;
private ImageButton stopbtn;
private ImageButton upbtn;
static Boolean Isconnect = Boolean.valueOf(false);
static {
}
public void onCreate(Bundle savedInstanceState) {
    super.onCreate(savedInstanceState);
    setContentView(0x7f030004);
    getWindow().setFeatureInt(0x7, 0x7f030001);
    sensorManager = (SensorManager)getSystemService("sensor");
    button1 = (Button)findViewById(0x7f050017);
    button2 = (Button)findViewById(0x7f050018);
    button3 = (Button)findViewById(0x7f050019);
    button4 = (Button)findViewById(0x7f05001a);
    button5 = (Button)findViewById(0x7f05001b);
    button6 = (Button)findViewById(0x7f05001c);
    button7 = (Button)findViewById(0x7f05001d);
    button8 = (Button)findViewById(0x7f05001e);
    button9 = (Button)findViewById(0x7f05001f);
```

```
        leftbtn = (ImageButton)findViewById(0x7f05000d);
        rightbtn = (ImageButton)findViewById(0x7f05000f);
        upbtn = (ImageButton)findViewById(0x7f05000b);
        downbtn = (ImageButton)findViewById(0x7f050012);
        stopbtn = (ImageButton)findViewById(0x7f05000e);
        sensorbtn = (CheckBox)findViewById(0x7f050015);
        bluetoothbtn = (Button)findViewById(0x7f050016);
        button1.setOnTouchListener(clickListener);
        button2.setOnTouchListener(clickListener);
        button3.setOnTouchListener(clickListener);
        button4.setOnTouchListener(clickListener);
        button5.setOnTouchListener(clickListener);
        button6.setOnTouchListener(clickListener);
        button7.setOnTouchListener(clickListener);
        button8.setOnTouchListener(clickListener);
        button9.setOnTouchListener(clickListener);
        rightbtn.setOnTouchListener(clickListener);
        leftbtn.setOnTouchListener(clickListener);
        upbtn.setOnTouchListener(clickListener);
        downbtn.setOnTouchListener(clickListener);
        stopbtn.setOnTouchListener(clickListener);
         sensorbtn.setOnCheckedChangeListener(new CompoundButton.OnCheckedChangeListener
(this) {
            3(BlueToothCActivity p1) {
            }
            public void onCheckedChanged(CompoundButton buttonView, boolean isChecked) {
            }
        });
        sensorbtn.setClickable(false);
        bluetoothbtn.setOnClickListener(new View.OnClickListener(this) {

            4(BlueToothCActivity p1) {
            }
            public void onClick(View v) {
                Intent serverIntent = new Intent(this$0, DeviceListActivity.class);
                startActivityForResult(serverIntent, 0x1);
            }
        });
        mBluetoothAdapter = BluetoothAdapter.getDefaultAdapter();
        if(mBluetoothAdapter == null) {
             Toast.makeText(this, "\u60a8\u7684\u624b\u673a\u4e0d\u652f\u6301\u84dd\
u7259", 0x1).show();
        }
        if(!mBluetoothAdapter.isEnabled()) {
            Intent enableBtIntent = new Intent("android.bluetooth.adapter.action.REQUEST_
ENABLE");
            startActivityForResult(enableBtIntent, 0x0);
```

```
            return;
        }
        mBluetoothService = new BluetoothService(this, handler);
    }
    protected void onActivityResult(int requestCode, int resultCode, Intent data) {
    }
    public void onSensorChanged(SensorEvent e) {
        sensorValueX = e.values[0x0];
        sensorValueY = e.values[0x1];
    }
    public boolean onCreateOptionsMenu(Menu menu) {
        menu.add(0x1, 0x1, 0x1, "\u5173\u4e8e");
        return super.onCreateOptionsMenu(menu);
    }
    public boolean onOptionsItemSelected(MenuItem item) {
        Intent intent = new Intent();
        intent.setClass(this, About.class);
        startActivity(intent);
        return super.onOptionsItemSelected(item);
    }
    public void onAccuracyChanged(Sensor sensor, int accuracy) {
    }
    public boolean onKeyDown(int keyCode, KeyEvent event) {
        if((keyCode == 0x4) && (event.getRepeatCount() == 0)) {
            AlertDialog isExit = new AlertDialog.Builder(this).create();
            isExit.setTitle("\u7cfb\u7edf\u63d0\u793a");
            isExit.setMessage("\u786e\u5b9a\u8981\u9000\u51fa\u5417\uff1f");
            isExit.setIcon(0x108008a);
              BlueToothCActivity.5 listener = new DialogInterface.OnClickListener(this,
isExit) {
                5(BlueToothCActivity p1, AlertDialog p2) {
                }
                public void onClick(DialogInterface dialog, int which) {
                    switch(which) {
                        case -1:
                        {
                            mBluetoothAdapter.disable();
                            System.exit(0x0);
                            finish();
                            return;
                        }
                        case -2:
                        {
                            isExit.cancel();
                            break;
                        }
                    }
```

```
                }
            };
            isExit.setButton("\u786e\u5b9a", listener);
            isExit.setButton2("\u53d6\u6d88", listener);
            isExit.show();
        }
        return false;
    }
    protected void onDestroy() {
        super.onDestroy();
        Isconnect = Boolean.valueOf(false);
        if(sensorManager != null) {
            sensorManager.unregisterListener(this);
        }
    }
}
BuleToothService.java
package qrx.bt.c;
import java.io.InputStream;
import java.io.OutputStream;
import android.bluetooth.BluetoothSocket;
import java.io.IOException;
import android.bluetooth.BluetoothDevice;
import java.util.UUID;
import java.io.PrintStream;
import android.os.Handler;
import android.os.Message;
import android.os.Bundle;
import android.bluetooth.BluetoothAdapter;
import android.content.Context;
public class BluetoothService {
    private BluetoothService.ConnectThread connectThread;
    public static BluetoothService.ConnectedThread connectedThread;
    private final BluetoothAdapter mAdapter;
    private final Handler mHandler;
    private static final UUID MY_UUID = UUID.fromString("00001101-0000-1000-8000-
00805F9B34FB");
    static {
    }
    public static String ReadMsg = "00";
    private static String BufferRead = "00";
    public BluetoothService(Context context, Handler handler) {
        mAdapter = BluetoothAdapter.getDefaultAdapter();
        mHandler = handler;
    }
    public void connect(BluetoothDevice device) {
        if(connectedThread != null) {
```

```
            connectedThread.cancel();
            connectedThread = 0x0;
        }
        connectThread = new BluetoothService ConnectThread(this, device);
        connectThread.start();
    }
    public void cancelThread() {
        if(connectedThread != null) {
            connectedThread.cancel();
            connectedThread = 0x0;
        }
    }
    class ConnectThread extends Thread {
        private final BluetoothDevice mmDevice;
        private final BluetoothSocket mmSocket;

        public ConnectThread(BluetoothService p1, BluetoothDevice device) {
            BluetoothSocket tmp = 0x0;
            mmDevice = device;
            try {
                tmp = device.createRfcommSocketToServiceRecord(access $ 0());
            } catch(IOException localIOException1) {
            }
            mmSocket = tmp;
        }
        public void run() {
            System.out.println("ConnectThread\u7ebf\u7a0b\u542f\u52a8");
            try {
                mmSocket.connect();
                System.out.println("mmSocket.connect()");
                Message msg = mHandler.obtainMessage(0x5);
                Bundle bundle = new Bundle();
                bundle.putString("toast", "\u8fde\u63a5\u6210\u529f");
                msg.setData(bundle);
                mHandler.sendMessage(msg);
            } catch(IOException connectException) {
                try {
                    mmSocket.close();
                    return;
                } catch(IOException localIOException1) {
                    return;
                }
                 BluetoothService.connectedThread = new BluetoothService.ConnectedThread
(this $ 0, mmSocket);
                BluetoothService.connectedThread.start();
            }
        }
```

```
    }
}
BulidConfig.java
package qrx.bt.c;
public final class BuildConfig {
    public static final boolean DEBUG = true;
}
DeviceList.Activity.java
package qrx.bt.c;
import android.app.Activity;
import android.bluetooth.BluetoothAdapter;
import android.widget.AdapterView;
import android.widget.ArrayAdapter;
import android.content.BroadcastReceiver;
import java.util.List;
import android.util.Log;
import android.view.View;
import android.os.Bundle;
import android.widget.Button;
import android.widget.ListView;
import android.widget.ListAdapter;
import android.content.IntentFilter;
import java.util.Set;
import android.bluetooth.BluetoothDevice;
import java.util.Iterator;
import android.content.res.Resources;
public class DeviceListActivity extends Activity {
    private static final boolean D = true;
    private static final String TAG = "DeviceListActivity";
    private BluetoothAdapter mBtAdapter;
    private AdapterView.OnItemClickListener mDeviceClickListener;
    private ArrayAdapter<String> mNewDevicesArrayAdapter<String>;
    private ArrayAdapter<String> mPairedDevicesArrayAdapter<String>;
    private final BroadcastReceiver mReceiver;
    List<String> newlstDevices;
    public static String EXTRA_DEVICE_ADDRESS = "device_address";
    static {
    }
    protected void onCreate(Bundle savedInstanceState) {
        super.onCreate(savedInstanceState);
        requestWindowFeature(0x5);
        setContentView(0x7f030002);
        setResult(0x0);
        Button scanButton = (Button)findViewById(0x7f050008);
        scanButton.setOnClickListener(new View.OnClickListener(this) {
            3(DeviceListActivity p1) {
            }
```

```
                public void onClick(View v) {
                    v.setVisibility(0x8);
                }
            });
            newlstDevices.clear();
            mPairedDevicesArrayAdapter = new ArrayAdapter(this, 0x7f030003);
            mNewDevicesArrayAdapter = new ArrayAdapter(this, 0x7f030003, newlstDevices);
            ListView pairedListView = (ListView)findViewById(0x7f050005);
            pairedListView.setAdapter(mPairedDevicesArrayAdapter);
            pairedListView.setOnItemClickListener(mDeviceClickListener);
            ListView newDevicesListView = (ListView)findViewById(0x7f050007);
            newDevicesListView.setAdapter(mNewDevicesArrayAdapter);
            newDevicesListView.setOnItemClickListener(mDeviceClickListener);
            IntentFilter filter = new IntentFilter("android.bluetooth.device.action.FOUND");
            registerReceiver(mReceiver, filter);
            IntentFilter filter = new IntentFilter("android.bluetooth.adapter.action.DISCOVERY_
FINISHED");
            registerReceiver(mReceiver, filter);
            mBtAdapter = BluetoothAdapter.getDefaultAdapter();
            Set<BluetoothDevice> pairedDevices = mBtAdapter.getBondedDevices();
            if(pairedDevices.size() > 0) {
                findViewById(0x7f050004).setVisibility(0x0);
                if(!pairedDevices.iterator().hasNext()) {
                }
                BluetoothDevice device = (BluetoothDevice)pairedDevices.iterator().next();
                return;
                mPairedDevicesArrayAdapter.add("\n" + device.getAddress());
            }
            String noDevices = getResources().getText(0x7f040002).toString();
            mPairedDevicesArrayAdapter.add(noDevices);
        }
        protected void onDestroy() {
            super.onDestroy();
            if(mBtAdapter != null) {
                mBtAdapter.cancelDiscovery();
            }
            unregisterReceiver(mReceiver);
        }
        private void doDiscovery() {
            Log.d("DeviceListActivity", "doDiscovery()");
            setProgressBarIndeterminateVisibility(true);
            setTitle(0x7f040004);
            findViewById(0x7f050006).setVisibility(0x0);
            if(mBtAdapter.isDiscovering()) {
                mBtAdapter.cancelDiscovery();
            }
            mBtAdapter.startDiscovery();
        }
```

```
}
R.java
package qrx.bt.c;
public final class R {
}
SuppressLint.java
package android.annotation;
import java.lang.annotation.Annotation;
public interface abstract annotation class SuppressLint implements Annotation
{
    public abstract String[] value();
}
TargetApi.java
package android.annotation;
import java.lang.annotation.Annotation;
public interface abstract annotation class TargetApi implements Annotation {
    public abstract int value();
}
```

2.3 产品展示

产品整体外观的正视图如图 2-14 所示，侧视图如图 2-15 所示，俯视图如图 2-16 所示。整个产品以一块方形塑料板为底座，组装铁支架、压力感应底座、面包板、直流电机驱动模块、继电器、水泵和 Arduino 开发板均用热熔胶固定于塑料板上，超声波模块 2、直流电机和丝杆均固定于组装铁支架上。取水时，只需把杯子放在压力感应底座上。导线接口处均做了防水处理，必要时会用盒子把右边部分电路盖上。

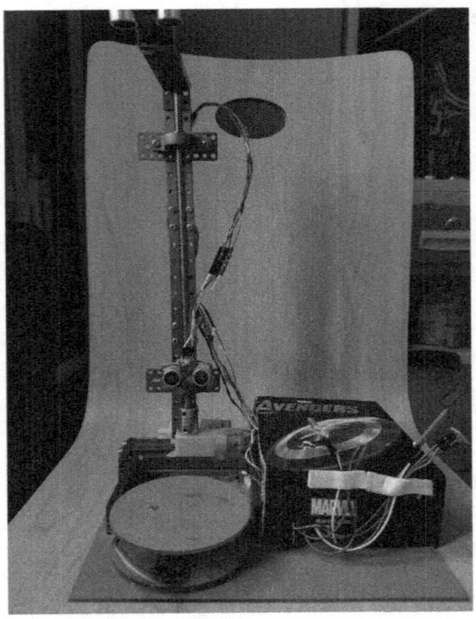

图 2-14　产品整体外观的正视图

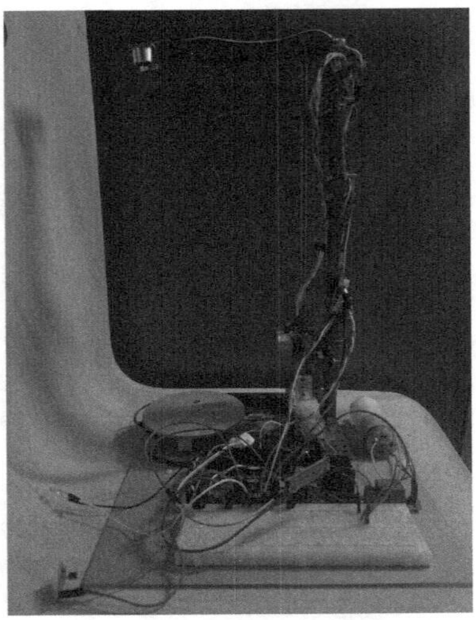

图 2-15　产品整体外观的侧视图

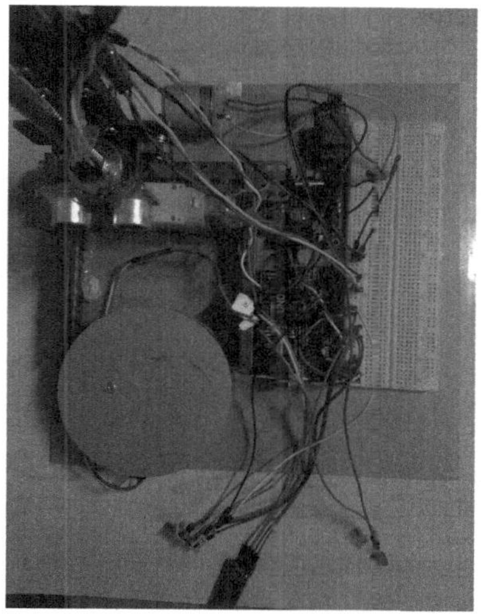

图 2-16　产品整体外观的俯视图

2.4　元件清单

完成本项目所用到的元件及其数量如表 2-2 所示。

表 2-2　元件清单

元件/测试仪表	数量
HC-05 蓝牙模块	1 个
HC-SR04 超声波传感器	2 个
直流电机	1 个
小型水泵	1 个
直流电机驱动模块	若干
继电器	10 个
Arduino UNO 开发板	1 个
HX711 压力感应模块	1 个
丝杆套装	1 个
Makeblock 金属支架零件	若干
螺母螺钉	若干
导线	若干
DS18B20 温度传感器	1 个
绿色 LED	1 个
红色 LED	1 个

第 3 章

智能谷歌眼镜项目设计[①]

本项目利用 HC-06 蓝牙模块，将手机数据传输到 Arduino 开发板，并通过 OLED 屏幕显示各项数据，实现对手机状态的实时监控。

3.1 功能及总体设计

本项目实现手机状态的实时监控、消息提醒等功能，例如电量、WiFi 状态、gmail 是否收到邮件，并且设计了多种时钟显示状态，例如在使用或者刷新数据时，时钟显示为混合状态，通过蓝牙模块和手机同步时间；在长时间没有重要消息时，时钟显示为更加省电的待机状态，只显示当前的时间。条件允许的情况下，前端手机可以设置 60 种消息类型，在屏幕上接收并显示。

要实现上述功能需将作品分成三部分进行设计，即输入部分、传输部分和输出部分。输入部分是手机的前端 APP，它可以读取手机上的各种信息并发送到串口；传输部分选用 HC-06 蓝牙模块配合 Arduino 开发板，实现通过蓝牙串口读取手机发送的数据信息；输出部分使用 OLED 屏幕，调用蓝牙串口的数据并且通过库文件显示。

1. 整体框架图

整体框架如图 3-1 所示。

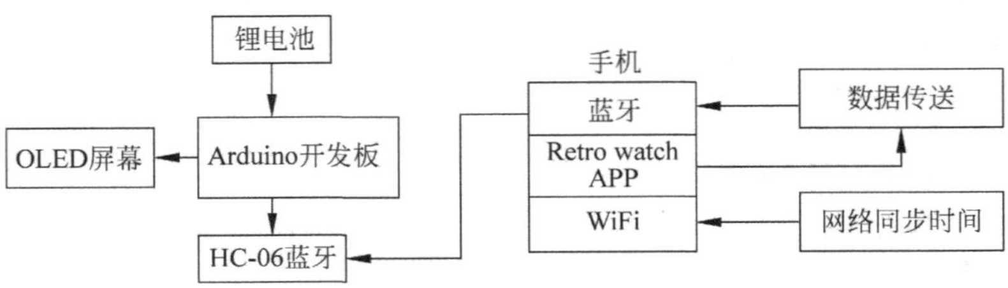

图 3-1　整体框架图

① 本章根据郑玮泽、焦广浩的项目设计整理而成。

2. 系统流程图

系统流程如图 3-2 所示。

时间数据是由用户手机联网所得到的，Retro Watch 这款 APP 取得了调用手机数据的权限后，将手机的 WiFi、电量、时间、邮箱等信息通过蓝牙串口发送到 Arduino 开发板上，通过 OLED 屏幕将数据显示出来，并且在更新电量或者时间数据时，发送的数据也会随之更新，用户可以通过操作手机上的 Retro Watch 来改变 OLED 屏幕上的时钟风格。

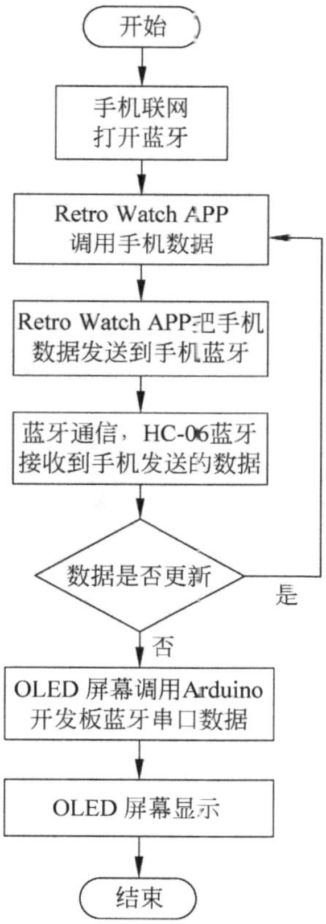

图 3-2 系统流程图

3. 总电路图

总电路如图 3-3 所示，引脚连接如表 3-1 所示。

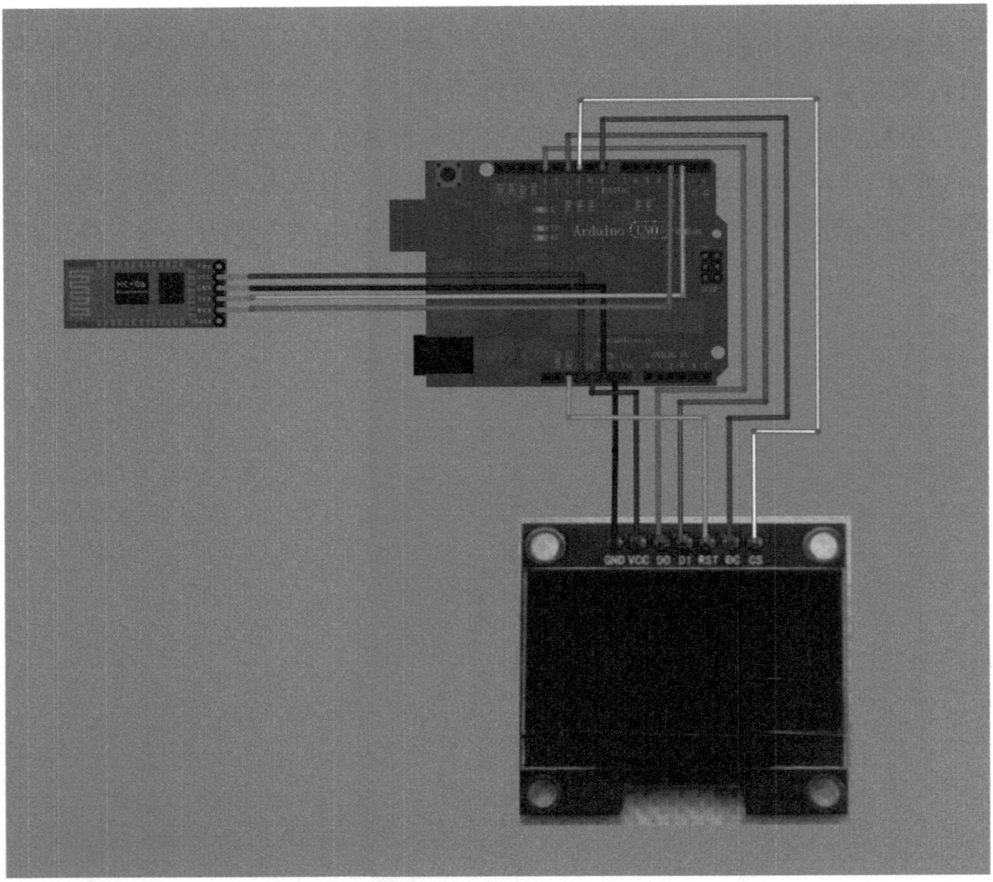

图 3-3　总电路图

表 3-1　引脚连接表

元件及引脚名		Arduino 开发板引脚
SSD1306 128 * 64 OLED 屏幕	GND	GND
	VCC	5V
	D0	13
	D1	11
	RST	RST
	DC	8
	CS	10
HC-06 蓝牙模块	VCC	5V
	GND	GND
	TXD	2
	RXD	3

3.2 模块介绍

本项目主要包括主程序模块、HC-06蓝牙模块和OLED屏幕显示模块。下面分别给出各模块的功能介绍及相关代码。

3.2.1 主程序模块

本部分包括主程序模块的功能介绍及相关代码。

1. 功能介绍

主要对HC-06蓝牙模块接收到手机蓝牙传输数据，并且蓝牙模块接收数据后通过OLED屏幕输出的过程进行介绍，编译环境为Arduino IDE。蓝牙模块接收手机数据的主要方式是蓝牙传输，通过接收到的不同数据来表达不同的手机数据，再通过截取不同的接收数据提取有用的信息，然后Arduino开发板通过调用bitmap.h头文件中的不同字模，将信息显示在OLED屏幕上。

2. 相关代码

```
#include <SoftwareSerial.h>                //蓝牙通信协议库
#include <math.h>                          //定义数学函数
#include "bitmap.h"                        //自定义 OLED 屏的图标字模
#include "U8glib.h"                        //U8g 的库文件
U8GLIB_SSD1306_128X64 u8g(13, 11, 10, 8);  //SCK = 13,MOSI = 11,CS = 10,A0 = 8
//使用 u8g(13, 11, 10, 8)库文件来对 U8GLIB_SSD1306_128X64 进行操作
SoftwareSerial BTSerial(2, 3);             //连接 HC-06, TX,RX
//使用 BTSerial(2, 3)对蓝牙 HC-06 进行操作
//蓝牙通信协议,定义 HC-06 接收到的信息
#define TR_MODE_IDLE 1                     //接收信息的分类函数
#define TR_MODE_WAIT_CMD 11
#define TR_MODE_WAIT_MESSAGE 101
#define TR_MODE_WAIT_TIME 111
#define TR_MODE_WAIT_ID 121
#define TR_MODE_WAIT_COMPLETE 201
#define TRANSACTION_START_BYTE 0xfc        //是否开始工作
#define TRANSACTION_END_BYTE 0xfd
#define CMD_TYPE_NONE 0x00                 //手机 APP 上定义接收的信息类型
#define CMD_TYPE_RESET_EMERGENCY_OBJ 0x05
#define CMD_TYPE_RESET_NORMAL_OBJ 0x02
#define CMD_TYPE_RESET_USER_MESSAGE 0x03
#define CMD_TYPE_ADD_EMERGENCY_OBJ 0x11    //手机 APP 上添加定义
#define CMD_TYPE_ADD_NORMAL_OBJ 0x12
#define CMD_TYPE_ADD_USER_MESSAGE 0x13
#define CMD_TYPE_DELETE_EMERGENCY_OBJ 0x21 //手机 APP 上删除定义
#define CMD_TYPE_DELETE_NORMAL_OBJ 0x22
#define CMD_TYPE_DELETE_USER_MESSAGE 0x23
```

```
#define CMD_TYPE_SET_TIME 0x31                    //显示时钟定义
#define CMD_TYPE_REQUEST_MOVEMENT_HISTORY 0x32
#define CMD_TYPE_SET_CLOCK_STYLE 0x33
#define CMD_TYPE_SET_INDICATOR 0x34
#define CMD_TYPE_PING 0x51
#define CMD_TYPE_AWAKE 0x52
#define CMD_TYPE_SLEEP 0x53
#define CMD_TYPE_REBOOT 0x54
byte TRANSACTION_POINTER = TR_MODE_IDLE;    //定义 byte 型的变量 TRANSACTION_POINTER
byte TR_COMMAND = CMD_TYPE_NONE;             //定义 byte 型的变量 TR_COMMAND
//message 类型信号的定义
#define MSG_COUNT_MAX 7
#define MSG_BUFFER_MAX 19
unsigned char msgBuffer[MSG_COUNT_MAX][MSG_BUFFER_MAX];
char msgParsingLine = 0;
char msgParsingChar = 0;
char msgCurDisp = 0;
//emergency 类型信号的定义
#define EMG_COUNT_MAX 3
#define EMG_BUFFER_MAX 19
char emgBuffer[EMG_COUNT_MAX][EMG_BUFFER_MAX];
char emgParsingLine = 0;
char emgParsingChar = 0;
char emgCurDisp = 0;
//time 类型时间信号的定义
#define UPDATE_TIME_INTERVAL 60000
byte iMonth = 1;
byte iDay = 1;
byte iWeek = 1;                              //1: SUN, MON, TUE, WED, THU, FRI,SAT
byte iAmPm = 0;                              //0:AM, 1:PM
byte iHour = 0;
byte iMinutes = 0;
byte iSecond = 0;
#define TIME_BUFFER_MAX 6
char timeParsingIndex = 0;
char timeBuffer[6] = {-1, -1, -1, -1, -1, -1};
PROGMEM const char * const weekString[] = {"", "Sun", "Mon", "Tue", "Wed", "Thu", "Fri",
"Sat"};
//定义星期
PROGMEM const char * const ampmString[] = {"AM", "PM"}; //定义上午、下午
//显示图标
#define DISPLAY_MODE_START_UP 0
#define DISPLAY_MODE_CLOCK 1
#define DISPLAY_MODE_EMERGENCY_MSG 2
#define DISPLAY_MODE_NORMAL_MSG 3
#define DISPLAY_MODE_IDLE 11
byte displayMode = DISPLAY_MODE_START_UP;   //定义显示目录变量 displayMode
```

```
#define CLOCK_STYLE_SIMPLE_ANALOG 0x01
#define CLOCK_STYLE_SIMPLE_DIGIT 0x02
#define CLOCK_STYLE_SIMPLE_MIX 0x03
byte clockStyle = CLOCK_STYLE_SIMPLE_MIX;   //定义时钟外观风格变量 clockStyle
#define INDICATOR_ENABLE 0x01
boolean updateIndicator = true;             //定义一个更新变量 updateIndicator
byte centerX = 64;                          //定义屏幕中心位置
byte centerY = 32;
byte iRadius = 28;                          //表盘半径
#define IDLE_DISP_INTERVAL 60000
#define CLOCK_DISP_INTERVAL 60000
#define EMERGENCY_DISP_INTERVAL 5000
#define MESSAGE_DISP_INTERVAL 3000
unsigned long prevClockTime = 0;
unsigned long prevDisplayTime = 0;
unsigned long next_display_interval = 0;
unsigned long mode_change_timer = 0;
#define CLOCK_DISPLAY_TIME 300000
#define EMER_DISPLAY_TIME 10000
#define MSG_DISPLAY_TIME 5000
PROGMEM const char * const strIntro[] = {"small", "smart", "Google glass"}; //开机动画
boolean isClicked = HIGH;                   //定义接收到数据信号 isClicked,0 有效
void setup() {
  //设置 OLED 的高电平
  pinMode(9, OUTPUT);
  digitalWrite(9, HIGH);
  //初始化 message 的缓冲区
  init_emg_array();
  init_msg_array();
  //设置显示图形的位置与大小
  centerX = u8g.getWidth() / 2;
  centerY = u8g.getHeight() / 2;
  iRadius = centerY - 2;
  //设置蓝牙通信的波特率
  BTSerial.begin(9600);
  //显示图标 Logo
  drawStartUp();                            //显示图标 RetroWatch 的 Logo
  delay(3000);
}
void loop() {
  boolean isReceived = false;               //先定义 boolean 类型的变量 isReceived 为 false
  unsigned long current_time = 0;           //定义当前时间为出厂设置时间
  //通过蓝牙接收信息
  isReceived = receiveBluetoothData();      /* 当蓝牙接收到 receiveBluetoothData 时,定义变
量 isReceived 为 receiveBluetoothData */
  //更新手表上的时间
  current_time = millis();        //设置当前时间为系统时间(millis()为获取系统时间的函数)
```

```
  updateTime(current_time);                    //使用更新时间的函数 updateTime
  //在 OLED 屏上显示当前时间
  onDraw(current_time);
  if(!isReceived)//如果蓝牙没有收到数据,就延迟 0.3s 并保持原来数据
    delay(300);
}
void init_msg_array() {
  for(int i = 0; i < MSG_COUNT_MAX; i++) {
    for(int j = 0; j < MSG_BUFFER_MAX; j++) {
      msgBuffer[i][j] = 0x00;
    }
  }
  msgParsingLine = 0;
  msgParsingChar = 0;                          //控制条件
  msgCurDisp = 0;
}
void init_emg_array() {
  for(int i = 0; i < EMG_COUNT_MAX; i++) {
    for(int j = 0; j < EMG_BUFFER_MAX; j++) {
      emgBuffer[i][j] = 0x00;
    }
  }
  emgParsingLine = 0;
  emgParsingChar = 0;                          //控制条件
  emgCurDisp = 0;
}
//定义时间函数
void setTimeValue() {
  iMonth = timeBuffer[0];
  iDay = timeBuffer[1];
  iWeek = timeBuffer[2];
  iAmPm = timeBuffer[3];
  iHour = timeBuffer[4];
  iMinutes = timeBuffer[5];
}
void updateTime(unsigned long current_time) //定义更新时间的函数
{
  if(iMinutes >= 0) {
    if(current_time - prevClockTime > UPDATE_TIME_INTERVAL) {
      //当真实时间大于显示时间时,显示时间增加
      iMinutes++;
      if(iMinutes >= 60) {
        iMinutes = 0;
        iHour++;
        if(iHour > 12) {
          iHour = 1;
          (iAmPm == 0) ? iAmPm = 1 : iAmPm = 0;
```

```
            if(iAmPm == 0) {
              iWeek++;
              if(iWeek > 7)
                iWeek = 1;
              iDay++;
              if(iDay > 30)                    //若天数大于 30 天,则重置为 1
                iDay = 1;
            }
          }
        }
        prevClockTime = current_time;          //将当前时间赋值给显示时间
      }
    }
    else {
      displayMode = DISPLAY_MODE_START_UP;     //如果时间未变,就显示目录
    }
}
//蓝牙的数据分析
//通过正确的方式解析蓝牙数据
boolean receiveBluetoothData() {
  int isTransactionEnded = false;
  while(!isTransactionEnded) {
    if(BTSerial.available()) {
      byte c = BTSerial.read();
      if(TRANSACTION_POINTER == TR_MODE_IDLE)
{
        parseStartSignal(c);
      }
      else if(TRANSACTION_POINTER == TR_MODE_WAIT_CMD) {
        parseCommand(c);
      }
      else if(TRANSACTION_POINTER == TR_MODE_WAIT_MESSAGE) {
        parseMessage(c);
      }
      else if(TRANSACTION_POINTER == TR_MODE_WAIT_TIME) {
        parseTime(c);
      }
      else if(TRANSACTION_POINTER == TR_MODE_WAIT_ID) {
        parseId(c);
      }
      else if(TRANSACTION_POINTER == TR_MODE_WAIT_COMPLETE) {
        isTransactionEnded = parseEndSignal(c);
      }

    }
    else {
      isTransactionEnded = true;
```

```
      }
    }
    return true;
  }
  void parseStartSignal(byte c) {                    //以上函数的具体内容
    if(c == TRANSACTION_START_BYTE) {
      TRANSACTION_POINTER = TR_MODE_WAIT_CMD;
      TR_COMMAND = CMD_TYPE_NONE;
    }
  }
  void parseCommand(byte c) {
    if(c == CMD_TYPE_RESET_EMERGENCY_OBJ || c == CMD_TYPE_RESET_NORMAL_OBJ || c == CMD_TYPE
_RESET_USER_MESSAGE) {
      TRANSACTION_POINTER = TR_MODE_WAIT_COMPLETE;
      TR_COMMAND = c;
      processTransaction();
    }
    else if(c == CMD_TYPE_ADD_EMERGENCY_OBJ || c == CMD_TYPE_ADD_NORMAL_OBJ || c == CMD_TYPE
_ADD_USER_MESSAGE) {
      TRANSACTION_POINTER = TR_MODE_WAIT_MESSAGE;
      TR_COMMAND = c;
      if(c == CMD_TYPE_ADD_EMERGENCY_OBJ) {
           emgParsingChar = 0;
        if(emgParsingLine >= MSG_COUNT_MAX || emgParsingLine < 0)
          emgParsingLine = 0;
        for(int i = 3; i < EMG_BUFFER_MAX; i++)
          emgBuffer[emgParsingLine][i] = 0x00;
      }
      else if(c == CMD_TYPE_ADD_NORMAL_OBJ) {
         msgParsingChar = 0;
        if(msgParsingLine >= MSG_COUNT_MAX || msgParsingLine < 0)
          msgParsingLine = 0;
        for(int i = 3; i < MSG_BUFFER_MAX; i++)
          msgBuffer[msgParsingLine][i] = 0x00;
      }
    }
    else if(c == CMD_TYPE_DELETE_EMERGENCY_OBJ || c == CMD_TYPE_DELETE_NORMAL_OBJ || c ==
CMD_TYPE_DELETE_USER_MESSAGE) {
      TRANSACTION_POINTER = TR_MODE_WAIT_COMPLETE;
      TR_COMMAND = c;
    }
    else if(c == CMD_TYPE_SET_TIME) {
      TRANSACTION_POINTER = TR_MODE_WAIT_TIME;
      TR_COMMAND = c;
    }
    else if(c == CMD_TYPE_SET_CLOCK_STYLE || c == CMD_TYPE_SET_INDICATOR) {
      TRANSACTION_POINTER = TR_MODE_WAIT_ID;
```

```
        TR_COMMAND = c;
    }
    else {
        TRANSACTION_POINTER = TR_MODE_IDLE;
        TR_COMMAND = CMD_TYPE_NONE;
    }
}
void parseMessage(byte c) {
    if(c == TRANSACTION_END_BYTE) {
        processTransaction();
        TRANSACTION_POINTER = TR_MODE_IDLE;
    }
    if(TR_COMMAND == CMD_TYPE_ADD_EMERGENCY_OBJ) {
        if(emgParsingChar < EMG_BUFFER_MAX - 1) {
            if(emgParsingChar > 1) {
                emgBuffer[emgParsingLine][emgParsingChar] = c;
            }
            emgParsingChar++;
        }
        else {
            TRANSACTION_POINTER = TR_MODE_IDLE;
            processTransaction();
        }
    }
    else if(TR_COMMAND == CMD_TYPE_ADD_NORMAL_OBJ) {
        if(msgParsingChar < MSG_BUFFER_MAX - 1) {
            if(msgParsingChar > 1) {
                msgBuffer[msgParsingLine][msgParsingChar] = c;
            }
            msgParsingChar++;
        }
        else {
            TRANSACTION_POINTER = TR_MODE_IDLE;
            processTransaction();
        }
    }
    else if(TR_COMMAND == CMD_TYPE_ADD_USER_MESSAGE) {
        TRANSACTION_POINTER = TR_MODE_WAIT_COMPLETE;
    }
}
void parseTime(byte c) {
    if(TR_COMMAND == CMD_TYPE_SET_TIME) {
        if(timeParsingIndex >= 0 && timeParsingIndex < TIME_BUFFER_MAX) {
            timeBuffer[timeParsingIndex] = (int)c;
            timeParsingIndex++;
        }
        else {
```

```
        processTransaction();
        TRANSACTION_POINTER = TR_MODE_WAIT_COMPLETE;
      }
    }
  }
  void parseId(byte c) {
    if(TR_COMMAND == CMD_TYPE_SET_CLOCK_STYLE) {
      clockStyle = c;
      processTransaction();
    }
    else if(TR_COMMAND == CMD_TYPE_SET_INDICATOR) {
      if(c == INDICATOR_ENABLE)
        updateIndicator = true;
      else
        updateIndicator = false;
      processTransaction();
    }
    TRANSACTION_POINTER = TR_MODE_WAIT_COMPLETE;
  }
  boolean parseEndSignal(byte c) {
    if(c == TRANSACTION_END_BYTE) {
      TRANSACTION_POINTER = TR_MODE_IDLE;
      return true;
    }
    return false;
  }
  void processTransaction() {                    //进程事物 TR_COMMAND 的分类
    if(TR_COMMAND == CMD_TYPE_RESET_EMERGENCY_OBJ) {
      init_emg_array(); }
    else if(TR_COMMAND == CMD_TYPE_RESET_NORMAL_OBJ) {
      init_msg_array(); }
    else if(TR_COMMAND == CMD_TYPE_RESET_USER_MESSAGE) {}
    else if(TR_COMMAND == CMD_TYPE_ADD_NORMAL_OBJ) {
      msgBuffer[msgParsingLine][0] = 0x01;
      msgBuffer[msgParsingLine][MSG_BUFFER_MAX - 1] = 0x00;
      msgParsingChar = 0;                          //第一页定义的收到信息
      msgParsingLine++;
      if(msgParsingLine >= MSG_COUNT_MAX)
        msgParsingLine = 0;
      setNextDisplayTime(millis(), 0);             //收到信息时立即更新屏幕
    }
    else if(TR_COMMAND == CMD_TYPE_ADD_EMERGENCY_OBJ) {
      emgBuffer[emgParsingLine][0] = 0x01;
      emgBuffer[emgParsingLine][EMG_BUFFER_MAX - 1] = 0x00;
      emgParsingChar = 0;
      emgParsingLine++;
      if(emgParsingLine >= EMG_COUNT_MAX)
```

```
      emgParsingLine = 0;
    startEmergencyMode();
    setNextDisplayTime(millis(), 2000);     //延迟 2s 更新屏幕
  }
  else if(TR_COMMAND == CMD_TYPE_ADD_USER_MESSAGE) {
  }
  else if(TR_COMMAND == CMD_TYPE_DELETE_EMERGENCY_OBJ || TR_COMMAND == CMD_TYPE_DELETE_
NORMAL_OBJ || TR_COMMAND == CMD_TYPE_DELETE_USER_MESSAGE) {}
  else if(TR_COMMAND == CMD_TYPE_SET_TIME) {
    setTimeValue();
    timeParsingIndex = 0;
    setNextDisplayTime(millis(), 0);        //立即更新屏幕
  }
  if(TR_COMMAND == CMD_TYPE_SET_CLOCK_STYLE || CMD_TYPE_SET_INDICATOR) {
    setNextDisplayTime(millis(), 0);        //立即更新屏幕
  }
}
void onDraw(unsigned long currentTime) {
  if(!isDisplayTime(currentTime))           //防止不断更新
    return;
  if(displayMode == DISPLAY_MODE_START_UP) {
    drawStartUp();
  }
  else if(displayMode == DISPLAY_MODE_CLOCK) {
    if(isClicked == LOW) {                  //如果接收到数据
      startEmergencyMode();
      setPageChangeTime(0);                 //立即更改时钟模式
      setNextDisplayTime(currentTime, 0);
    }
    else {
      drawClock();
      if(isPageChangeTime(currentTime)) {   //进入待机模式
        startIdleMode();
        setPageChangeTime(currentTime);
      }
      setNextDisplayTime(currentTime, CLOCK_DISP_INTERVAL);
    }
  }
  else if(displayMode == DISPLAY_MODE_EMERGENCY_MSG) {
    if(findNextEmerMessage()) {             //如果接收到就显示信息
      drawEmergency();
      emgCurDisp++;
      if(emgCurDisp >= EMG_COUNT_MAX) {
        emgCurDisp = 0;
        startMessageMode();
      }
      setNextDisplayTime(currentTime, EMERGENCY_DISP_INTERVAL);
```

```
    }
    //如果没有信息需要显示,则显示普通界面
    else {
      startMessageMode();
      //setPageChangeTime(0);
      setNextDisplayTime(currentTime, 0);   //无间隔时间更新
    }
  }
  else if(displayMode == DISPLAY_MODE_NORMAL_MSG) {
    if(findNextNormalMessage()) {
      drawMessage();
      msgCurDisp++;
      if(msgCurDisp >= MSG_COUNT_MAX) {
        msgCurDisp = 0;
        startClockMode();
      }
      setNextDisplayTime(currentTime, MESSAGE_DISP_INTERVAL);
    }
    //如果没有信息需要显示,则显示时钟界面
    else {
      startClockMode();
      setPageChangeTime(currentTime);
      setNextDisplayTime(currentTime, 0);
    }
  }
  else if(displayMode == DISPLAY_MODE_IDLE) {
    if(isClicked == LOW) {                   //如果接收到信息,唤醒屏幕
      startClockMode();
      setPageChangeTime(currentTime);
      setNextDisplayTime(currentTime, 0);
    }
    else {
      drawIdleClock();
      setNextDisplayTime(currentTime, IDLE_DISP_INTERVAL);
    }
  }
  else {
    startClockMode();                        //错误提示函数
  }
  isClicked = HIGH;
}
//等接收到有效信息后更新屏幕,防止一直更新屏幕
boolean isDisplayTime(unsigned long currentTime) {
  if(currentTime - prevDisplayTime > next_display_interval) {
    return true;
  }
  if(isClicked == LOW) {
```

```
    delay(500);
    return true;
  }
  return false;
}
//设置下个更新时间函数
void setNextDisplayTime(unsigned long currentTime, unsigned long nextUpdateTime)
{
  next_display_interval = nextUpdateTime;
  prevDisplayTime = currentTime;
}
//确定下个函数是否改变更新
boolean isPageChangeTime(unsigned long currentTime) {
  if(displayMode == DISPLAY_MODE_CLOCK) {
    if(currentTime - mode_change_timer > CLOCK_DISPLAY_TIME)
      return true;
  }
  return false;
}
//设置时间指针到下一个更新地址
void setPageChangeTime(unsigned long currentTime) {
  mode_change_timer = currentTime;
}
//确定是否存在紧急信息
boolean findNextEmerMessage() {
  if(emgCurDisp < 0 || emgCurDisp >= EMG_COUNT_MAX) emgCurDisp = 0;
  while(true) {
    if(emgBuffer[emgCurDisp][0] == 0x00) { //没有紧急信息
      emgCurDisp++;
      if(emgCurDisp >= EMG_COUNT_MAX) {
        emgCurDisp = 0;
        return false;
      }
    }
    else {
      break;
    }
  }
  return true;
}
//确定是否存在普通信息
boolean findNextNormalMessage() {
  if(msgCurDisp < 0 || msgCurDisp >= MSG_COUNT_MAX) msgCurDisp = 0;
  while(true) {
    if(msgBuffer[msgCurDisp][0] == 0x00) {
      msgCurDisp++;
      if(msgCurDisp >= MSG_COUNT_MAX) {
```

```
        msgCurDisp = 0;
        return false;
      }
    }
    else {
      break;
    }
  }
  return true;
}
//对所有的紧急信息进行计数
int countEmergency() {
  int count = 0;
  for(int i = 0; i < EMG_COUNT_MAX; i++) {
    if(emgBuffer[i][0] != 0x00)
      count++;
  }
  return count;
}
//对所有普通信息进行计数
int countMessage() {
  int count = 0;
  for(int i = 0; i < MSG_COUNT_MAX; i++) {
    if(msgBuffer[i][0] != 0x00)
      count++;
  }
  return count;
}
void startClockMode() {
  displayMode = DISPLAY_MODE_CLOCK;
}
void startEmergencyMode() {
  displayMode = DISPLAY_MODE_EMERGENCY_MSG;
  emgCurDisp = 0;
}
void startMessageMode() {
  displayMode = DISPLAY_MODE_NORMAL_MSG;
  msgCurDisp = 0;
}
void startIdleMode() {
  displayMode = DISPLAY_MODE_IDLE;
}
//定义一个计数紧急信息和普通信息的指针
void drawIndicator() {
  if(updateIndicator) {
    int msgCount = countMessage();
    int emgCount = countEmergency();
```

```
    int drawCount = 1;
    if(msgCount > 0) {
      u8g.drawBitmapP( 127 - 8, 1, 1, 8, IMG_indicator_msg);
      drawCount++;
    }
    if(emgCount > 0) {
      u8g.drawBitmapP( 127 - 8 * drawCount - 7 * (drawCount - 1), 1, 1, 8, IMG_indicator_
emg);
    }
  }
}
//RetroWatch 的屏幕显示
void drawStartUp() {
  u8g.firstPage();
  do {
   u8g_prepare();
   //显示 Logo
   u8g.drawBitmapP( 10, 15, 3, 24, IMG_logoo_24x24);
   //显示文字
   u8g.setFont(u8g_font_courB14);
   u8g.setFontRefHeightExtendedText();
   u8g.setDefaultForegroundColor();
   u8g.setFontPosTop();
   u8g.drawStr(45, 12, (char * )pgm_read_word(&(strIntro[0])));   //开机动画的第一个字
   u8g.drawStr(45, 28, (char * )pgm_read_word(&(strIntro[1])));   //开机动画的第二个字
   u8g.setFont(u8g_font_fixed_v0);
   u8g.setFontRefHeightExtendedText();
   u8g.setDefaultForegroundColor();
   u8g.setFontPosTop();
   u8g.drawStr(45, 45, (char * )pgm_read_word(&(strIntro[2])));   //开机动画的第三个字
  } while( u8g.nextPage() );
  startClockMode();
}
//显示紧急信息图标
void drawEmergency() {
  //获取图标索引
  int icon_num = 60;
  if(emgBuffer[emgCurDisp][2] > -1 && emgBuffer[emgCurDisp][2] < ICON_ARRAY_SIZE)
    icon_num = (int)(emgBuffer[emgCurDisp][2]);
  u8g.firstPage();
  do {
    u8g_prepare();
    if(updateIndicator)
      drawIndicator();
//显示相应的图标和字符
    drawIcon(centerX - 8, centerY - 20, icon_num);
    int string_start_x = u8g.getStrPixelWidth((char * )(emgBuffer[emgCurDisp] + 3)) /2;
```

```
      if(string_start_x > 0) {
        if(string_start_x > centerX)
          string_start_x = 0;
        else
          string_start_x = centerX - string_start_x;
        u8g.setFont(u8g_font_fixed_v0);
        u8g.setFontRefHeightExtendedText();
        u8g.setDefaultForegroundColor();
        u8g.setFontPosTop();
        u8g.drawStr( string_start_x, centerY + 10, (char *)(emgBuffer[emgCurDisp] + 3) );
      }
    } while( u8g.nextPage() );
  }
  //显示普通信息图标
  void drawMessage() {
    int icon_num = 0;
    if(msgBuffer[msgCurDisp][2] > -1 && msgBuffer[msgCurDisp][2] < ICON_ARRAY_SIZE)
      icon_num = (int)(msgBuffer[msgCurDisp][2]);
    u8g.firstPage();
    do {
      u8g_prepare();
      if(updateIndicator)
        drawIndicator();
      //显示相应的图标和字符
      drawIcon(centerX - 8, centerY - 20, icon_num);
      int string_start_x = u8g.getStrPixelWidth((char *)(msgBuffer[msgCurDisp] + 3)) / 2;
      if(string_start_x > 0) {
        if(string_start_x > centerX)
          string_start_x = 0;
        else
          string_start_x = centerX - string_start_x;
        u8g.setFont(u8g_font_fixed_v0);
        u8g.setFontRefHeightExtendedText();
        u8g.setDefaultForegroundColor();
        u8g.setFontPosTop();
        u8g.drawStr( string_start_x, centerY + 10, (char *)(msgBuffer[msgCurDisp] + 3) );
      }
    } while( u8g.nextPage() );
  }
  //显示钟表屏幕,屏幕风格由 APP 决定
  void drawClock() {
    u8g.firstPage();
    do {
      u8g_prepare();
      if(updateIndicator)
        drawIndicator();
      //简单数字模式 CLOCK_STYLE_SIMPLE_DIGIT
```

```
if(clockStyle == CLOCK_STYLE_SIMPLE_DIGIT) {
  u8g.setFont(u8g_font_courB14);
  u8g.setFontRefHeightExtendedText();
  u8g.setDefaultForegroundColor();
  u8g.setFontPosTop();
  u8g.drawStr(centerX - 34, centerY - 17, (const char * )pgm_read_word(&(weekString
[iWeek])));
  u8g.drawStr(centerX + 11, centerY - 17, (const char * )pgm_read_word(&(ampmString
[iAmPm])));
  String strDate = String("");
  char buff[6];
  if(iHour < 10)
    strDate += "0";
  strDate += iHour;
  strDate += ":";
  if(iMinutes < 10)
    strDate += "0";
  strDate += iMinutes;
  strDate.toCharArray(buff, 6);
  buff[5] = 0x00;
  u8g.setFont(u8g_font_courB14);
  u8g.setFontRefHeightExtendedText();
  u8g.setDefaultForegroundColor();
  u8g.setFontPosTop();
  u8g.drawStr(centerX - 29, centerY + 6, buff);
}
//混合模式 CLOCK_STYLE_SIMPLE_MIX
else if(clockStyle == CLOCK_STYLE_SIMPLE_MIX) {
  u8g.drawCircle(centerY, centerY, iRadius - 6);
  showTimePin(centerY, centerY, 0.1, 0.4, iHour * 5 + (int)(iMinutes * 5/60));
  showTimePin(centerY, centerY, 0.1, 0.70, iMinutes);
  u8g.setFont(u8g_font_fixed_v0);
  u8g.setFontRefHeightExtendedText();
  u8g.setDefaultForegroundColor();
  u8g.setFontPosTop();
  u8g.drawStr(centerX + 3, 23, (const char * )pgm_read_word(&(weekString[iWeek])));
  u8g.drawStr(centerX + 28, 23, (const char * )pgm_read_word(&(ampmString[iAmPm])));
  String strDate = String("");
  char buff[6];
  if(iHour < 10)
    strDate += "0";
  strDate += iHour;
  strDate += ":";
  if(iMinutes < 10)
    strDate += "0";
  strDate += iMinutes;
  strDate.toCharArray(buff, 6);
```

```
      buff[5] = 0x00;
      u8g.setFont(u8g_font_courB14);
      u8g.setFontRefHeightExtendedText();
      u8g.setDefaultForegroundColor();
      u8g.setFontPosTop();
      u8g.drawStr(centerX, 37, buff);
    }
    else {
      //仅表盘模式 CLOCK_STYLE_SIMPLE_ANALOG.
      u8g.drawCircle(centerX, centerY, iRadius);
      showTimePin(centerX, centerY, 0.1, 0.5, iHour * 5 + (int)(iMinutes * 5/60));
      showTimePin(centerX, centerY, 0.1, 0.78, iMinutes);

      iSecond++;
      if(iSecond > 60) iSecond = 0;
    }
  } while( u8g.nextPage() );
}
//显示待机图标
void drawIdleClock() {
  u8g.firstPage();
  do {
    u8g_prepare();
    if(updateIndicator)
      drawIndicator();
//显示时间
    String strDate = String("");
    char buff[6];
    if(iHour < 10)
      strDate += "0";
    strDate += iHour;
    strDate += ":";
    if(iMinutes < 10)
      strDate += "0";
    strDate += iMinutes;
    strDate.toCharArray(buff, 6);
    buff[5] = 0x00;
    u8g.setFont(u8g_font_courB14);
    u8g.setFontRefHeightExtendedText();
    u8g.setDefaultForegroundColor();
    u8g.setFontPosTop();
    u8g.drawStr(centerX - 29, centerY - 4, buff);
  } while( u8g.nextPage() );
}
//返回初始普通信息的指针
int getCenterAlignedXOfMsg(int msgIndex) {
  int pointX = centerX;
```

```
  for(int i = 3; i < MSG_BUFFER_MAX; i++) {
    char curChar = msgBuffer[msgIndex][i];
    if(curChar == 0x00) break;
    if(curChar >= 0xf0) continue;
    pointX -= 3;
  }
  if(pointX < 0) pointX = 0;
  return pointX;
}
//返回初始紧急信息的指针
int getCenterAlignedXOfEmg(int emgIndex) {
  int pointX = centerX;
  for(int i = 3; i < EMG_BUFFER_MAX; i++) {
    char curChar = emgBuffer[emgIndex][i];
    if(curChar == 0x00) break;
    if(curChar >= 0xf0) continue;
    pointX -= 3;
  }
  if(pointX < 0) pointX = 0;
  return pointX;
}
//计算时钟表盘指针
double RAD = 3.141592/180;
double LR = 89.99;
void showTimePin(int center_x, int center_y, double pl1, double pl2, double pl3)
{
  double x1, x2, y1, y2;
  x1 = center_x + (iRadius * pl1) * cos((6 * pl3 - LR) * RAD);
  y1 = center_y + (iRadius * pl1) * sin((6 * pl3 - LR) * RAD);
  x2 = center_x + (iRadius * pl2) * cos((6 * pl3 - LR) * RAD);
  y2 = center_y + (iRadius * pl2) * sin((6 * pl3 - LR) * RAD);
  u8g.drawLine((int)x1, (int)y1, (int)x2, (int)y2);
}
//画图函数
void drawIcon(int posx, int posy, int icon_num) {
  if(icon_num < 0 || icon_num >= ICON_ARRAY_SIZE)
    return;
  u8g.drawBitmapP(posx,posy,2,16,(const unsigned char *)pgm_read_word(&(bitmap_array[icon_
num])));
}
void u8g_prepare(void) {
}
```

3.2.2 HC-06 蓝牙模块

本部分包括 HC-06 蓝牙模块的功能介绍及相关代码。

1. 功能介绍

手机上 Retro Watch APP 调用的数据通过蓝牙串口发送到从机 HC-06 蓝牙模块，并将接收到的数据传输到 Arduino 开发板定义的软串口，收到指定字符串数据后在蓝牙串口显示。元件包括 HC-06 蓝牙模块、Arduino 开发板和导线若干，电路如图 3-4 所示。

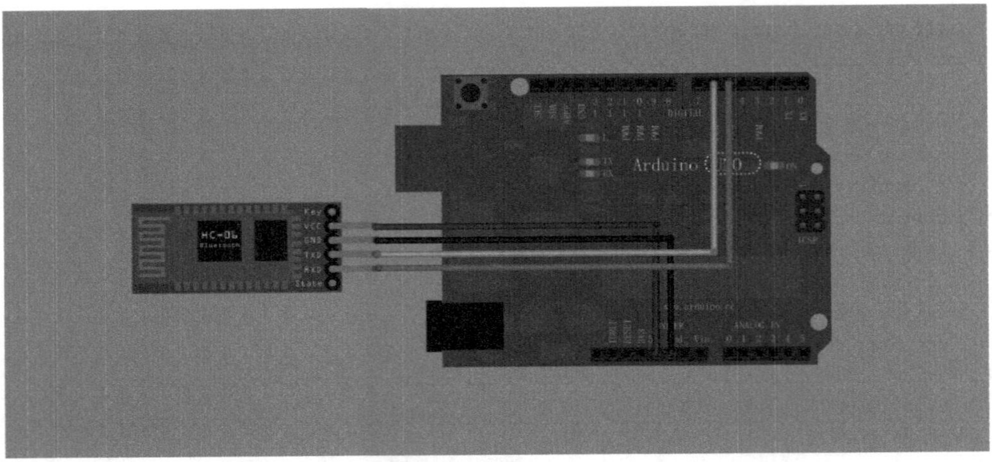

图 3-4　HC-06 蓝牙模块与 Arduino 开发板连线图

2. 相关代码

```
#include <SoftwareSerial.h>
//使用软件串口,将数字口模拟成串口
SoftwareSerial BT(5, 6);                    //新建对象,接收引脚为 5,发送引脚为 6
char val;                                   //存储接收的变量
void setup() {
  Serial.begin(9600);                       //与计算机的串口连接
  Serial.println("BT is ready!");
  BT.begin(9600);                           //设置波特率
}
void loop() {
  //如果串口接收到数据,就输出到蓝牙串口
  if (Serial.available()) {
    val = Serial.read();
    BT.print(val);
  }
  //如果接收到蓝牙模块的数据,就输出到屏幕
  if (BT.available()) {
    val = BT.read();
    Serial.print(val);
  }
```

HC-06 会自动进入 AT 模式，在这个模式下，可以通过串口修改蓝牙模块的名称、密码，如表 3-2 所示。

表 3-2　蓝牙 AT 命令

指令	返回	功能
AT	OK	确认连接
AT－VERSION	OKlinvorV1.8	查看版本
AT－NAMEOOO	OKsetname	设置蓝牙名称
AT－PINOOOO	OKsetPIN	设定密码

3.2.3　OLED 屏幕显示模块

本部分包括 OLED 屏幕显示的功能介绍及相关代码。

1. 功能介绍

Arduino 开发板通过蓝牙接收到数据后，在 OLED 屏幕上显示文字并且将蓝牙发送的数据显示出来。元件包括 0.96 英寸 OLED 屏幕、HC-06 蓝牙模块、Arduino 开发板和导线若干，电路连接如图 3-5 所示。

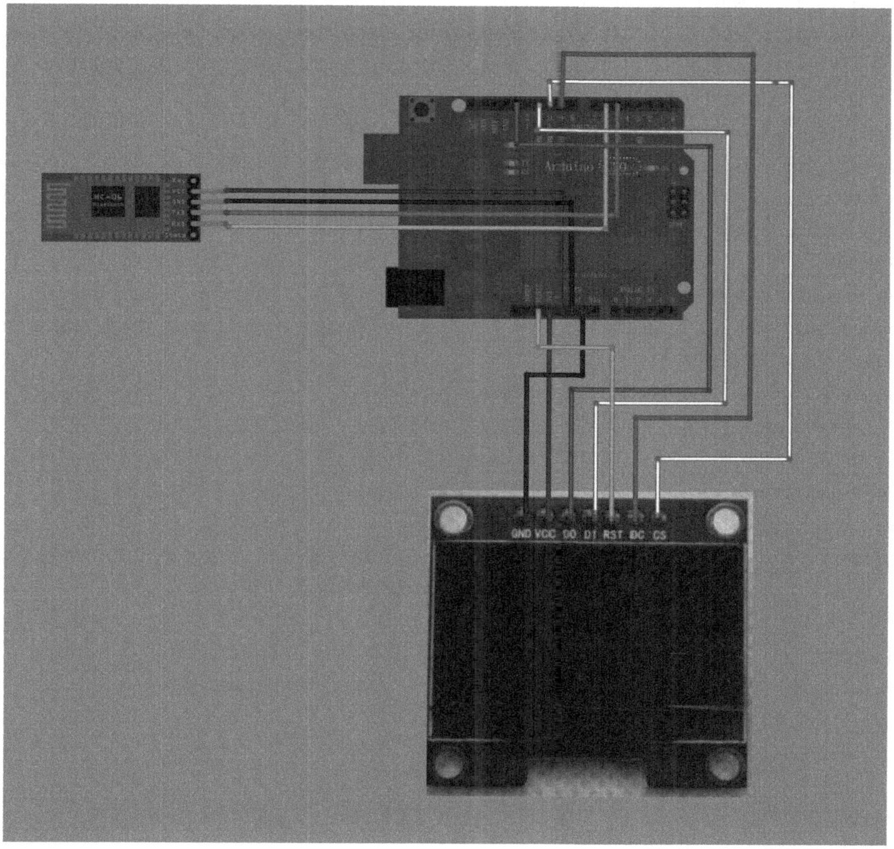

图 3-5　输出电路连接图

2. 相关代码

```
#include <SoftwareSerial.h>
#include "U8glib.h"
#include "utility/u8g.h"
U8GLIB_SSD1306_128X64 u8g(13, 11, 10, 9);
//使用软件串口,能将数字口模拟成串口
SoftwareSerial BT(5, 6); //新建对象,接收引脚为5,发送引脚为6
String val;
const uint8_t bitmap_j [] U8G_PROGMEM = {
0x00,0x00,0x00,0x00,0x00,0x08,0x7C,0x08,0x47,0xFE,0x44,0x08,0x44,0x08,0x45,0x08,0x44,
0x88,0x7C,0x48,0x44,0x48,0x44,0x28,0x44,0x08,0x44,0x08,0x44,0x88,0x38,0x78,//"时",
};
const uint8_t bitmap_g [] U8G_PROGMEM = {
0x00,0x00,0x20,0x00,0x23,0xFC,0x10,0x02,0x00,0x02,0x43,0xC2,0x4C,0x32,0x48,0x12,0x48,
0x12,0x4F,0xF2,0x48,0x12,0x48,0x12,0x48,0x12,0x47,0xF2,0x40,0x02,0x40,0x1C,//"间",
};
const uint8_t bitmap_h [] U8G_PROGMEM = {
0x00,0x00,0x01,0x00,0x01,0x00,0x1F,0xF0,0x61,0x0C,0x41,0x04,0x41,0x04,0x7F,0xFC,0x41,
0x04,0x41,0x04,0x41,0x04,0x7F,0xFC,0x01,0x00,0x01,0x02,0x01,0x02,0x01,0xFC,//"电",
};
const uint8_t bitmap_b [] U8G_PROGMEM = {
0x00,0x00,0x00,0x00,0x3F,0xF8,0x3F,0xF8,0x20,0x08,0x1F,0xF8,0x7F,0xFE,0x00,0x00,0x1F,
0xF8,0x20,0x84,0x3F,0xFC,0x3F,0xFC,0x00,0x80,0x3F,0xFC,0x00,0x80,0x7F,0xFE,//"量",
}; //存储接收的变量
void draw() {
  u8g.setColorIndex(1);
  const char * constc = nullptr;                    //初始化const char *类型,并赋值为空
  constc = val.c_str();
  u8g.drawBitmapP ( 5 , 17 ,2 , 16 , bitmap_j);
  u8g.drawBitmapP ( 23 ,17 ,2 , 16 , bitmap_g );
  u8g.drawBitmapP ( 5, 34 , 2 , 16 , bitmap_h );
  u8g.drawBitmapP (23 , 34 , 2 , 16 , bitmap_b );
  u8g.setFont(u8g_font_osb18);
u8g.drawStr(43, 33,constc); //参数为:(x表示左上角的横坐标,y表示左上角的纵坐标,w表示
                          //宽,h表示高,*bitmap指位图对象)
}
void setup() {
  Serial.begin(9600);                               //与计算机的串口连接
  Serial.println("BT is ready!");
  BT.begin(9600); //设置波特率
}
void loop() {
      val = "";
      if(BT.available()> 0){
```

```
        while (BT.available() > 0)
  {
      val += char(BT.read());
      delay(2);
        }
      }
  if (val.length() > 0)
  {
      Serial.println(val);
      delay(10);
      u8g.firstPage();
    do {
      draw();
    } while( u8g.nextPage() );
    }
}
```

3.3 产品展示

一般状态如图 3-6 所示，显示手机电量如图 3-7 所示，显示 WiFi 状态如图 3-8 所示，待机状态如图 3-9 所示，最终成果如图 3-10 所示。

图 3-6 一般状态图

图 3-7 显示手机电量图

图 3-8 显示 WiFi 状态图

图 3-9 待机状态图

图 3-10 最终成果图

3.4 元件清单

完成本项目所用到的元件及其数量如表 3-3 所示。

表 3-3 元件清单

元件/测试仪表	数量
手机 Retro Watch APP	1 部
手机蓝牙	1 个
Arduino UNO 开发板	1 个
HC-06 蓝牙模块	1 个
导线	若干
SSD1306 128 * 64 OLED 屏幕	1 个

第4章

远程遥控空调项目设计①

本项目基于 Arduino 开发平台，利用红外发射模块对空调状态进行监控，实现远程开关空调并调节温度的功能。

4.1 功能及总体设计

本项目通过 Arduino 开发板连接的 ESP8266 模块轮询确认用户请求，通过微信小程序与服务器交互，控制空调的信息发送。

要实现上述功能需将作品分成五部分进行设计，即 Arduino 开发板模块、ESP8266 模块、红外线通信（空调控制）模块、服务器功能实现模块和微信小程序远程控制模块。Arduino 开发板负责接收控制命令，发送控制空调的红外信号；ESP8266 负责实现 WiFi 通信功能；服务器作为中介，一方面接收 Arduino 开发板的轮询，另一方面接收微信小程序对空调状态的修改；微信小程序作为与人交互的界面，可以方便地远程控制空调。

1. 整体框架图

整体框架如图 4-1 所示。

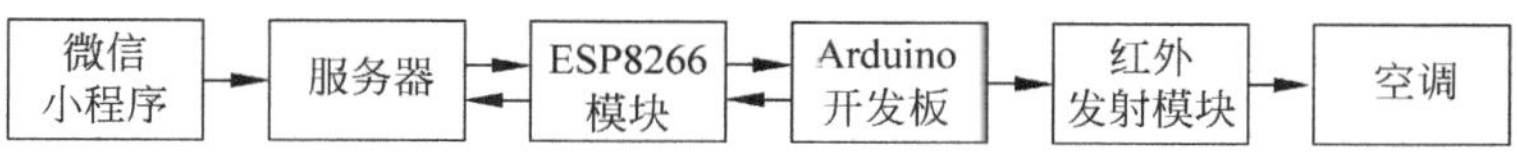

图 4-1　整体框架图

2. 系统流程图

系统流程如图 4-2 所示，服务器流程如图 4-3 所示，微信小程序流程如图 4-4 所示。

系统流程如图 4-2 所示，串口初始化后，连接 WiFi 登录校园网并向服务器发送数据请求，对比原始数据是否发生改变，如果改变则启动红外线发送信息，否则等待轮询，进行下一次工作。服务器流程如图 4-3 所示，微信小程序通过 443 端口启动数据发送，通过自己的服务器将数据转发给云平台服务器，云平台服务器通过 80 端口将数据传送给 ESP8266。微信

① 本章根据梅章奇、蒋金洪的项目设计整理而成。

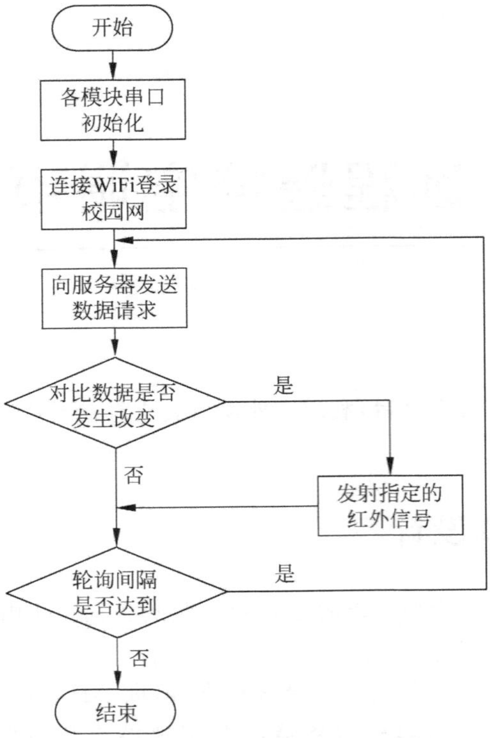

图 4-2 系统流程图

小程序流程如图 4-4 所示，判断温度是否高于设定温度，然后修改微信小程序界面的数据，微信小程序将数据打包后发送给自己的服务器。

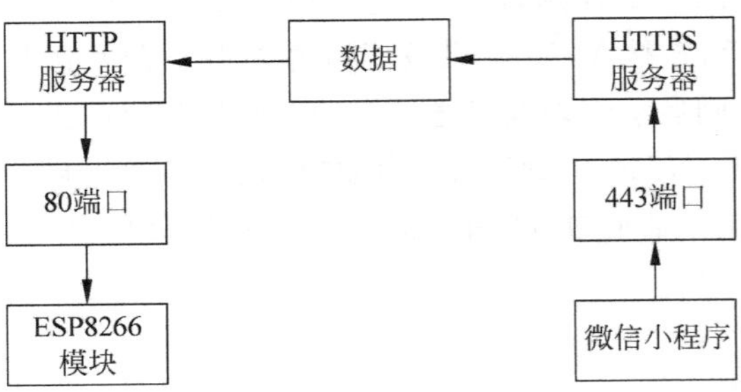

图 4-3 服务器流程图

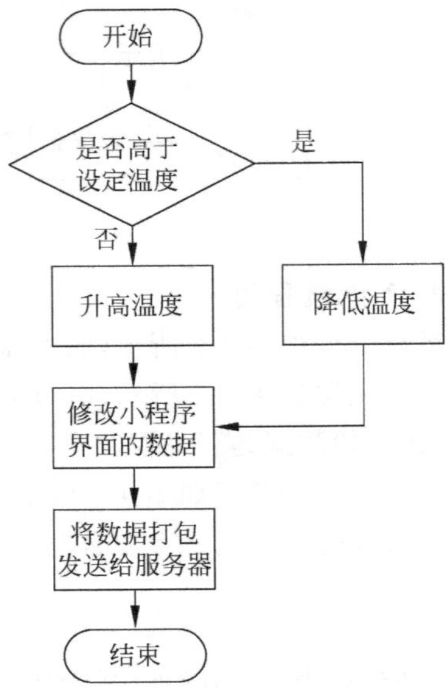

图 4-4 微信小程序流程图

3. 总电路图

总电路如图 4-5 所示，引脚连接如表 4-1 所示。

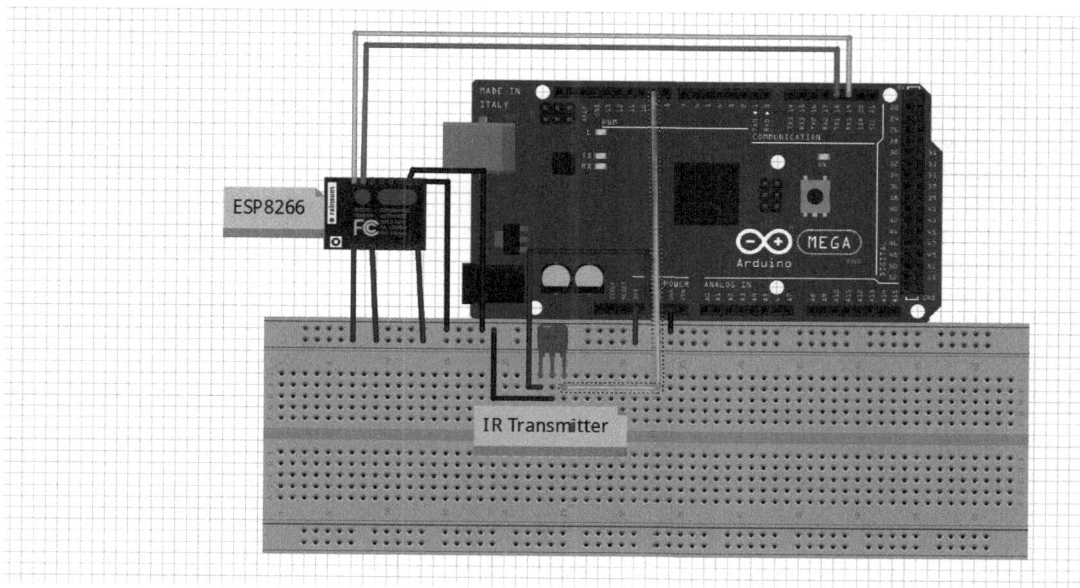

图 4-5　总电路图

表 4-1　引脚连接表

元件及引脚		Arduino 开发板引脚
ESP8266	TX	RX1
	RX	TX1
	GND	GND
	RST	3.3V
	EN	3.3V
	VCC	3.3V
	GPI015	GND
红外模块	VCC	5V
	GND	GND
	信号线	9

4.2　模块介绍

本部分内容包括 Arduino 开发板模块、ESP8266 模块、红外模块、服务器模块和微信小程序模块，下面分别给出各模块的功能介绍及相关代码。

4.2.1 Arduino 开发板模块

1. 功能介绍

本模块综合 ESP8266 模块和红外发射模块，同时设置轮询实现功能。

2. 相关代码

```
#include <String.h>                          //用于调用 memset 清空缓冲区
#include <ESP8266.h>
#include "IRremote.h"
#include "IRremoteInt.h"
#define HOST_NAME1 "10.3.8.214"              //校园无线网准入认证 IP
#define HOST_NAME2 "10.3.8.211"              //校园网络登录 IP
#define HOST_NAME3 "cxsjsj.club"             //服务器外网 IP
#define HOST_PORT (80) //端口号
#define USERNAME "XXXXXXXXX"                 //校园网账号
#define PASSPORT "XXXXXXXXX"                 //校园网密码
#define SSID "BUPT-portal"
#define PASSWORD ""
#define INTERVAL_Polling 10000               //轮询服务器间隔
unsigned long net_time1 = millis();          //轮询服务器时间
char Local_airConditioner = 'a';             //空调开关状态记录
char Local_temperature = 'g';                //空调温度状态记录
ESP8266 wifi(Serial1);                       //对象实例化
IRsend irsend;
uint8_t buffer[1024] = { 0 };                //接收数据缓冲区
//首次初始化
void inita();
//校园网准入认证
void login_214();
//登录校园网
void login_211();
//轮询
void Polling();
void setup(void)
{
    Serial.begin(9600);
    Serial1.begin(115200);
    delay(3000);                             //等待 WiFi 连接
    //inita();                               //仅第一次使用时执行
    //login_214();                           //每周仅需执行一次
    login_211();
    pinMode(9, OUTPUT);                      //红外发射初始化
    digitalWrite(9, LOW);
}
void loop(void)
{
```

```
    if (net_time1 > millis()) net_time1 = millis();
    if (millis() - net_time1 > INTERVAL_Polling)     //发送数据时间间隔
    {
        Polling();                                    //轮询服务器的函数
        net_time1 = millis();
    }
    delay(1000);
}
void inita()
{
    while (!Serial);
    Serial.print("setup begin\r\n");
    Serial.print("FW Version:");
    Serial.println(wifi.getVersion().c_str());       //打印版本
    if (wifi.setOprToStationSoftAP()) {
        Serial.print("to station + softap ok\r\n");
    }
    else {
        Serial.print("to station + softap err\r\n");
    }
    if (wifi.joinAP(SSID, PASSWORD)) {
        Serial.print("Join AP success\r\n");
        Serial.print("IP:");
        Serial.println(wifi.getLocalIP().c_str());
    }
    else {
        Serial.print("Join AP failure\r\n");
    }
    if (wifi.disableMUX()) {
        Serial.print("single ok\r\n");
    }
    else {
        Serial.print("single err\r\n");
    }
    Serial.print("setup end\r\n");
}
void login_214()
{
    //与校园网登录建立 TCP/IP 连接
    if (wifi.createTCP(HOST_NAME2, HOST_PORT)) {
        Serial.print("create tcp ok\r\n");
    }
    else {
        Serial.print("create tcp err\r\n");
    }
    //生成请求头
    String postString1 = "";
```

```
    postString1 = "POST http://10.3.8.211/ HTTP/1.1\r\nHost: 10.3.8.211\r\nConnection:
keep-alive\r\nAccept-Encoding: gzip, deflate\r\nUser-Agent: python-requests/2.18.4\r\
nContent-Length: 50\r\nContent-Type: application/x-www-form-urlencoded\r\n\r\n0MKKey
=&DDDDD=";
    postString1 += USERNAME;
    postString1 += "&upass=";
    postString1 += PASSPORT;
    postString1 += "&savePWD=0";
    const char *postArray1 = postString1.c_str();  //将数据类型从 str 转换为 char
    wifi.send((const uint8_t *)postArray1, strlen(postArray1));  //发送请求头
    uint32_t len = wifi.recv(buffer, sizeof(buffer), 10000);     //接收
    String temp = "";
    if (len > 0) {
        for (uint32_t i = 0; i < len; i++) {
            Serial.print((char)buffer[i]);
            temp += ((char)buffer[i]);
        }
    }
    String referer = "";
    String cookie = "";
    if (temp.indexOf("Location:")!= -1)
    {
        for (int i = temp.indexOf("Location:") + 10; temp[i] != '\r'; ++i)
            referer += temp[i];
        temp = "";
        if (wifi.releaseTCP()) {
            Serial.print("release tcp ok\r\n");
        }
        else {
            Serial.print("release tcp err\r\n");
            memset(buffer, 0, sizeof(buffer));                    //清空缓存数组
            postArray1 = NULL;
        }
    }
    {
        if (wifi.createTCP(HOST_NAME1, HOST_PORT)) {
            Serial.print("create tcp ok\r\n");
        }
        else {
            Serial.print("create tcp err\r\n");
        }
        //生成请求头
        String postString3 = "";
        postString3 = "GET ";
        postString3.concat(referer);
        postString3 += " HTTP/1.1\r\nHost: 10.3.8.214\r\nConnection : close\r\n\r\n";
        Serial.println(postString3);
```

```
        const char * postArray3 = postString3.c_str();      //将数据类型从 str 转换为 char
        wifi.send((const uint8_t * )postArray3, strlen(postArray3)); //发送请求头
        uint32_t len = wifi.recv(buffer, sizeof(buffer), 10000);   //接收
        if (len > 0) {
            for (uint32_t i = 0; i < len; i++) {
                Serial.print((char)buffer[i]);
                temp += ((char)buffer[i]);
            }
        }
        if (temp.indexOf("Cookie:")!= - 1)
        {
            for (int i = temp.indexOf("Cookie:") + 8; temp[i] != ';'; ++i)
                cookie += temp[i];
            Serial.println(cookie);
        }
        if (wifi.releaseTCP()) {
            Serial.print("release tcp ok\r\n");
        }
        else {
            Serial.print("release tcp err\r\n");
            memset(buffer, 0, sizeof(buffer));                  //清空缓存数组
            postArray3 = NULL;
        }
    }
    {
        if (wifi.createTCP(HOST_NAME1, HOST_PORT)) {
            Serial.print("create tcp ok\r\n");
        }
        else {
            Serial.print("create tcp err\r\n");
        }
        String postString2 = "";
        postString2 = "POST http://10.3.8.214/login HTTP/1.1\r\nHost: 10.3.8.214\r\
nConnection: keep - alive\r\nContent - Length: 30\r\nCache - Control: max - age = 0\r\nOrigin:
http://10.3.8.214\r\nUpgrade - Insecure - Requests: 1\r\nContent - Type: application/x - www -
form - urlencoded\r\nReferer:";
        postString2.concat(referer);
        postString2 += "\r\nUser - Agent: python - requests/2.18.4\r\nReferer: http://10.3.
8.214/index\r\nAccept - Encoding: gzip, deflate\r\nAccept - Language: zh - CN, zh;q = 0.9\r\
nCookie:";
        postString2 += cookie;
        postString2 += "\r\n\r\nuser = ";
        postString2 += USERNAME;
        postString2 += "&pass = ";
        postString2 += PASSPORT;
        Serial.println(postString2);
        const char * postArray2 = postString2.c_str();   //将数据类型从 str 转换为 char
```

```
        wifi.send((const uint8_t *)postArray2, strlen(postArray2));  //发送请求头
        uint32_t len = wifi.recv(buffer, sizeof(buffer), 10000);     //接收
        if (len > 0) {
            Serial.print("Received:[\r\n");
            for (uint32_t i = 0; i < len; i++) {
                Serial.print((char)buffer[i]);
            }
            Serial.print("]\r\n");
        }
        //释放 TCP/IP 连接
        if (wifi.releaseTCP()) {
            Serial.print("release tcp ok\r\n");
        }
        else {
            Serial.print("release tcp err\r\n");
            memset(buffer, 0, sizeof(buffer));                        //清空缓存数组
            postArray2 = NULL;
        }
    }
    {
        if (wifi.releaseTCP()) {
            Serial.print("release tcp ok\r\n");
        }
        else {
            Serial.print("release tcp err\r\n");
            memset(buffer, 0, sizeof(buffer));                        //清空缓存数组
            postArray1 = NULL;
        }
    }
}
void login_211()
{
    //与校园网登录建立 TCP/IP 连接
    if (wifi.createTCP(HOST_NAME2, HOST_PORT)) {
        Serial.print("create tcp ok\r\n");
    }
    else {
        Serial.print("create tcp err\r\n");
    }
    //生成请求头
    String postString1 = "";
    postString1 = "POST http://10.3.8.211/ HTTP/1.1\r\nHost: 10.3.8.211\r\nConnection:
keep-alive\r\nAccept-Encoding: gzip, deflate\r\nUser-Agent: python-requests/2.18.4\r\
nContent-Length: 50\r\nContent-Type: application/x-www-form-urlencoded\r\n\r\n0MKKey=
&DDDDD=";
    postString1 += USERNAME;
    postString1 += "&upass=";
```

```
    postString1 += PASSPORT;
    postString1 += "&savePWD = 0";
    const char * postArray1 = postString1.c_str();          //将数据类型从 str 转换为 char
    wifi.send((const uint8_t * )postArray1, strlen(postArray1)); //发送请求头
    uint32_t len = wifi.recv(buffer, sizeof(buffer), 10000);    //接收
    if (len > 0) {
        Serial.print("Received:[\r\n");
        for (uint32_t i = 0; i < len; i++) {
            Serial.print((char)buffer[i]);
        }
        Serial.print("]\r\n");
    }
    //释放 TCP/IP 连接
    if (wifi.releaseTCP()) {
        Serial.print("release tcp ok\r\n");
    }
    else {
        Serial.print("release tcp err\r\n");
        memset(buffer, 0, sizeof(buffer));                      //清空缓存数组
        postArray1 = NULL;
    }
}
void Polling()
{
    if (wifi.createTCP(HOST_NAME3, HOST_PORT)) {
        Serial.print("create tcp ok\r\n");
    }
    else {
        Serial.print("create tcp err\r\n");
    }
    char * hello1 = "GET / HTTP/1.1\r\nHost: 211.159.164.201\r\nConnection: keep - alive\r\
n\r\n";
    wifi.send((const uint8_t * )hello1, strlen(hello1));
    uint32_t len = wifi.recv(buffer, sizeof(buffer), 10000);
    String temp = "";
    if (len > 0) {
        for (uint32_t i = 0; i < len; i++)
        {
            Serial.print((char)buffer[i]);
            temp = temp + ((char)buffer[i]);
        }
    }
    if (wifi.releaseTCP())
    {
        Serial.print("release tcp ok\r\n");
    }
    else
```

```
    {
        Serial.print("release tcp err\r\n");
        memset(buffer, 0, sizeof(buffer));                          //清空缓存数组
    }
//获取数据内容
    char temperature = temp.indexOf("temperature")!= -1?buffer[temp.
indexOf("temperature") + 14]:'\0';
    char airCondition = temp.indexOf("airCondition")!= -1?buffer[temp.
indexOf("airCondition") + 15]:'\0';
    Serial.print("airCondition = ");
    Serial.println(airCondition);
    Serial.print("temperature = ");
    Serial.println(temperature);
    if (airCondition != '\0'&&Local_airConditioner != airCondition)
    {
        if(airCondition == 'a')
        {
            sendToAirCondition(0);
        }
        if(airCondition <= 'b'&&airCondition >= 'a')
         Local_airConditioner = airCondition;
    }
     if (Local_airConditioner == 'b'&&Local_temperature != temperature)
    {
         switch (temperature)
         {
         case 'a':
             sendToAirCondition(17);
             break;
         case 'b':
             sendToAirCondition(18);
             break;
         case 'c':
             sendToAirCondition(19);
             break;
         case 'd':
             sendToAirCondition(20);
             break;
         case 'e':
             sendToAirCondition(21);
             break;
         case 'f':
             sendToAirCondition(22);
             break;
         case 'g':
             sendToAirCondition(23);
             break;
```

```
            case 'h':
                sendToAirCondition(24);
                break;
            case 'i':
                sendToAirCondition(25);
                break;
            case 'j':
                sendToAirCondition(26);
                break;
            case 'k':
                sendToAirCondition(27);
                break;
            case 'l':
                sendToAirCondition(28);
                break;
            case 'm':
                sendToAirCondition(29);
                break;
            case 'n':
                sendToAirCondition(30);
                break;
            }
            if(temperature>='a'&&temperature<='n')
            Local_temperature = temperature;
        }
}
void sendToAirCondition(int n)
{
    switch (n)
    {
        //0x7B84E01F是电源按键的编码,32是指数据码和数据反码总共32位
        //此处执行两遍是因为美的空调的(R51D)协议,按一次键发出两次命令
    case 17:
        irsend.sendMIDEA(0x1FE008F7, 32);
        irsend.sendMIDEA(0x1FE008F7, 32);
        break;
    case 18:
        irsend.sendMIDEA(0x1FE018E7, 32);
        irsend.sendMIDEA(0x1FE018E7, 32);
        break;
    case 19:
        irsend.sendMIDEA(0x1FE038C7, 32);
        irsend.sendMIDEA(0x1FE038C7, 32);
        break;
    case 20:
        irsend.sendMIDEA(0x1FE028D7, 32);
        irsend.sendMIDEA(0x1FE028D7, 32);
```

```
            break;
        case 21:
            irsend.sendMIDEA(0x1FE06897, 32);
            irsend.sendMIDEA(0x1FE06897, 32);
            break;
        case 22:
            irsend.sendMIDEA(0x1FE07887, 32);
            irsend.sendMIDEA(0x1FE07887, 32);
            break;
        case 23:
            irsend.sendMIDEA(0x1FE058A7, 32);
            irsend.sendMIDEA(0x1FE058A7, 32);
            break;
        case 24:
            irsend.sendMIDEA(0x1FE048B7, 32);
            irsend.sendMIDEA(0x1FE048B7, 32);
            break;
        case 25:
            irsend.sendMIDEA(0x1FE0C837, 32);
            irsend.sendMIDEA(0x1FE0C837, 32);
            break;
        case 26:
            irsend.sendMIDEA(0x1FE0D827, 32);
            irsend.sendMIDEA(0x1FE0D827, 32);
            break;
        case 27:
            irsend.sendMIDEA(0x1FE09867, 32);
            irsend.sendMIDEA(0x1FE09867, 32);
            break;
        case 28:
            irsend.sendMIDEA(0x1FE08877, 32);
            irsend.sendMIDEA(0x1FE08877, 32);
            break;
        case 29:
            irsend.sendMIDEA(0x1FE0A857, 32);
            irsend.sendMIDEA(0x1FE0A857, 32);
            break;
        case 30:
            irsend.sendMIDEA(0x1FE0B847, 32);
            irsend.sendMIDEA(0x1FE0B847, 32);
            break;
        case 0:
            irsend.sendMIDEA(0x7B84E01F, 32);
            irsend.sendMIDEA(0x7B84E01F, 32);
            break;
        }
}
```

4.2.2　ESP8266模块

1. 功能介绍

ESP8266模块有多种使用方法，本项目直接采用AT命令，以封装的形式控制模块。使用ESP8266.h库文件，获取当前的状态，与服务器建立TCP/IP连接并发送数据。

通过连接校园网与服务器通信，大大提升了作品的实用性，但接入校园网设备需要登录并输入账号密码，项目中通过Fidder 4进行抓包分析，发送正确的信息实现设备自动登录，提升了使用体验。

2. 相关代码

```
#include <String.h>                          //用于调用 memset 清空缓冲区
#include <ESP8266.h>
#define HOST_NAME1 "10.3.8.214"              //校园网无线网准入认证 IP
#define HOST_NAME2 "10.3.8.211"              //校园网络登录 IP
#define HOST_NAME3 "cxsjsj.club"             //服务器外网 IP
#define HOST_PORT (80)                       //端口号
#define USERNAME "XXXXXXXXX"                 //校园网账号
#define PASSPORT "XXXXXXXXX"                 //校园网密码
#define SSID "BUPT - portal"
#define PASSWORD ""
ESP8266 wifi(Serial1);                       //对象实例化
uint8_t buffer[1024] = { 0 };                //接收数据缓冲区
//首次初始化
void inita();
//校园网准入认证
void login_214();
//登录校园网
void login_211();
void setup(void)
{
    Serial.begin(9600);
    Serial1.begin(115200);
    delay(3000);                             //等待 WiFi 连接(初始化执行后会自动连接)
    inita();                                 //仅第一次使用时执行
    login_214();                             //每周仅需执行一次
    login_211();
}
void loop(void)
{
    while(1);
}
void inita()
{
    while (!Serial);
```

```
    Serial.print("setup begin\r\n");
    Serial.print("FW Version:");
    Serial.println(wifi.getVersion().c_str()); //打印版本
    if (wifi.setOprToStationSoftAP()) {
        Serial.print("to station + softap ok\r\n");
    }
    else {
        Serial.print("to station + softap err\r\n");
    }
    if (wifi.joinAP(SSID, PASSWORD)) {
        Serial.print("Join AP success\r\n");
        Serial.print("IP:");
        Serial.println(wifi.getLocalIP().c_str());
    }
    else {
        Serial.print("Join AP failure\r\n");
    }
    if (wifi.disableMUX()) {
        Serial.print("single ok\r\n");
    }
    else {
        Serial.print("single err\r\n");
    }
    Serial.print("setup end\r\n");
}
void login_214()
{
    //与校园网登录建立 TCP/IP 连接
    if (wifi.createTCP(HOST_NAME2, HOST_PORT)) {
        Serial.print("create tcp ok\r\n");
    }
    else {
        Serial.print("create tcp err\r\n");
    }
    //生成请求头
    String postString1 = "";
    postString1 = "POST http://10.3.8.211/ HTTP/1.1\r\nHost: 10.3.8.211\r\nConnection:
keep-alive\r\nAccept-Encoding: gzip, deflate\r\nUser-Agent: python-requests/2.18.4\r\
nContent-Length: 50\r\nContent-Type: application/x-www-form-urlencoded\r\n\r\n0MKKey
=&DDDDD=";
    postString1 += USERNAME;
    postString1 += "&upass=";
    postString1 += PASSPORT;
    postString1 += "&savePWD=0";
    const char *postArray1 = postString1.c_str();   //将数据类型从 str 转换为 char
    wifi.send((const uint8_t *)postArray1, strlen(postArray1));      //发送请求头
    uint32_t len = wifi.recv(buffer, sizeof(buffer), 10000);         //接收
```

```
String temp = "";
if (len > 0) {
    for (uint32_t i = 0; i < len; i++) {
        Serial.print((char)buffer[i]);
        temp += ((char)buffer[i]);
    }
}
String referer = "";
String cookie = "";
if (temp.indexOf("Location:")!= -1)
{
    for (int i = temp.indexOf("Location:") + 10; temp[i] != '\r'; ++i)
        referer += temp[i];
    temp = "";
    if (wifi.releaseTCP()) {
        Serial.print("release tcp ok\r\n");
    }
    else {
        Serial.print("release tcp err\r\n");
        memset(buffer, 0, sizeof(buffer));                    //清空缓存数组
        postArray1 = NULL;
    }
}
{
    if (wifi.createTCP(HOST_NAME1, HOST_PORT)) {
        Serial.print("create tcp ok\r\n");
    }
    else {
        Serial.print("create tcp err\r\n");
    }
    //生成请求头
    String postString3 = "";
    postString3 = "GET ";
    postString3.concat(referer);
    postString3 += " HTTP/1.1\r\nHost: 10.3.8.214\r\nConnection : close\r\n\r\n";
    Serial.println(postString3);
    const char * postArray3 = postString3.c_str(); //将数据类型从 string 转换为 char
    wifi.send((const uint8_t * )postArray3, strlen(postArray3)); //发送请求头
    uint32_t len = wifi.recv(buffer, sizeof(buffer), 10000);    //接收
    if (len > 0) {
        for (uint32_t i = 0; i < len; i++) {
            Serial.print((char)buffer[i]);
            temp += ((char)buffer[i]);
        }
    }
    if (temp.indexOf("Cookie:")!= -1)
    {
```

```
            for (int i = temp.indexOf("Cookie:") + 8; temp[i] != ';'; ++i)
                cookie += temp[i];
            Serial.println(cookie);
        }
        if (WiFi.releaseTCP()) {
            Serial.print("release tcp ok\r\n");
        }
        else {
            Serial.print("release tcp err\r\n");
            memset(buffer, 0, sizeof(buffer));                    //清空缓存数组
            postArray3 = NULL;
        }
    }
    {
        if (WiFi.createTCP(HOST_NAME1, HOST_PORT)) {
            Serial.print("create tcp ok\r\n");
        }
        else {
            Serial.print("create tcp err\r\n");
        }
        String postString2 = "";
        postString2 = "POST http://10.3.8.214/login HTTP/1.1\r\nHost: 10.3.8.214\r\nConnection: keep-alive\r\nContent-Length: 30\r\nCache-Control: max-age=0\r\nOrigin: http://10.3.8.214\r\nUpgrade-Insecure-Requests: 1\r\nContent-Type: application/x-www-form-urlencoded\r\nReferer:";
        postString2.concat(referer);
        postString2 += "\r\nUser-Agent: python-requests/2.18.4\r\nReferer: http://10.3.8.214/index\r\nAccept-Encoding: gzip, deflate\r\nAccept-Language: zh-CN,zh;q=0.9\r\nCookie:";
        postString2 += cookie;
        postString2 += "\r\n\r\nuser=";
        postString2 += USERNAME;
        postString2 += "&pass=";
        postString2 += PASSPORT;
        Serial.println(postString2);
        const char *postArray2 = postString2.c_str(); //将数据类型从 string 转换为 char
        wifi.send((const uint8_t*)postArray2, strlen(postArray2)); //发送请求头
        uint32_t len = wifi.recv(buffer, sizeof(buffer), 10000);    //接收
        if (len > 0) {
            Serial.print("Received:[\r\n");
            for (uint32_t i = 0; i < len; i++) {
                Serial.print((char)buffer[i]);
            }
            Serial.print("]\r\n");
        }
        //释放 TCP/IP 连接
        if (wifi.releaseTCP()) {
```

```
                Serial.print("release tcp ok\r\n");
            }
            else {
                Serial.print("release tcp err\r\n");
                memset(buffer, 0, sizeof(buffer));                          //清空缓存数组
                postArray2 = NULL;
            }
        }
        {
            if (wifi.releaseTCP()) {
                Serial.print("release tcp ok\r\n");
            }
            else {
                Serial.print("release tcp err\r\n");
                memset(buffer, 0, sizeof(buffer));                          //清空缓存数组
                postArray1 = NULL;
            }
        }
}
void login_211()
{
    //与校园网登录建立 TCP/IP 连接
    if (wifi.createTCP(HOST_NAME2, HOST_PORT)) {
        Serial.print("create tcp ok\r\n");
    }
    else {
        Serial.print("create tcp err\r\n");
    }
    //生成请求头
    String postString1 = "";
    postString1 = "POST http://10.3.8.211/ HTTP/1.1\r\nHost: 10.3.8.211\r\nConnection:
keep-alive\r\nAccept-Encoding: gzip, deflate\r\nUser-Agent: python-requests/2.18.4\r\
nContent-Length: 50\r\nContent-Type: application/x-www-form-urlencoded\r\n\r\n0MKKey=
&DDDDD=";
    postString1 += USERNAME;
    postString1 += "&upass=";
    postString1 += PASSPORT;
    postString1 += "&savePWD=0";
    const char *postArray1 = postString1.c_str(); //将数据类型从 str 转换为 char
    wifi.send((const uint8_t*)postArray1, strlen(postArray1));       //发送请求头
    uint32_t len = wifi.recv(buffer, sizeof(buffer), 10000);          //接收
    if (len > 0) {
        Serial.print("Received:[\r\n");
        for (uint32_t i = 0; i < len; i++) {
            Serial.print((char)buffer[i]);
        }
        Serial.print("]\r\n");
```

```
    }
    //释放 TCP/IP 连接
    if (wifi.releaseTCP()) {
        Serial.print("release tcp ok\r\n");
    }
    else {
        Serial.print("release tcp err\r\n");
        memset(buffer, 0, sizeof(buffer));                    //清空缓存数组
        postArray1 = NULL;
    }
}
```

4.2.3 红外模块

1. 功能介绍

通用红外遥控系统由发射和接收两部分组成，应用编/解码专用集成电路芯片进行控制操作。发射部分包括键盘矩阵、编码调制、LED 红外发送器；接收部分包括光/电转换放大器、解调/解码电路。

接收电路是一种集成红外线接收和放大的一体化红外接收器模块，能够完成从红外线接收到输出与 TTL 电平信号兼容的所有工作，适用于红外线遥控和红外线数据传输。接收器做成的红外接收模块只包括：三个引脚、信号线、VCC、GND、Arduino 开发板和其他单片机，连接通信非常方便。

2. 相关代码

```
#include "IRremote.h"
IRsend irsend;
void send(int n)
{
  switch(n)//n 代表温度及开关状态
  {
    case 17:
      irsend.sendMIDEA(0x1FE008F7, 32);
      //0x7B84E01F 是电源按键的编码,32 是指数据码和数据反码总共 32 位
      //执行两遍是因为美的空调的(R51D)协议,按一次键发出两次命令
      irsend.sendMIDEA(0x1FE008F7, 32);
      break;
    case 18:
      irsend.sendMIDEA(0x1FE018E7, 32);
      irsend.sendMIDEA(0x1FE018E7, 32);
      break;
    case 19:
      irsend.sendMIDEA(0x1FE038C7, 32);
      irsend.sendMIDEA(0x1FE038C7, 32);
      break;
```

```
case 20:
  irsend.sendMIDEA(0x1FE028D7, 32);
  irsend.sendMIDEA(0x1FE028D7, 32);
  break;
case 21:
  irsend.sendMIDEA(0x1FE06897, 32);
  irsend.sendMIDEA(0x1FE06897, 32);
  break;
case 22:
  irsend.sendMIDEA(0x1FE07887, 32);
  irsend.sendMIDEA(0x1FE07887, 32);
  break;
case 23:
  irsend.sendMIDEA(0x1FE058A7, 32);
  irsend.sendMIDEA(0x1FE058A7, 32);
  break;
case 24:
  irsend.sendMIDEA(0x1FE048B7, 32);
  irsend.sendMIDEA(0x1FE048B7, 32);
  break;
case 25:
  irsend.sendMIDEA(0x1FE0C837, 32);
  irsend.sendMIDEA(0x1FE0C837, 32);
  break;
case 26:
  irsend.sendMIDEA(0x1FE0D827, 32);
  irsend.sendMIDEA(0x1FE0D827, 32);
  break;
case 27:
  irsend.sendMIDEA(0x1FE09867, 32);
  irsend.sendMIDEA(0x1FE09867, 32);
  break;
case 28:
  irsend.sendMIDEA(0x1FE08877, 32);
  irsend.sendMIDEA(0x1FE08877, 32);
  break;
case 29:
  irsend.sendMIDEA(0x1FE0A857, 32);
  irsend.sendMIDEA(0x1FE0A857, 32);
  break;
case 30:
  irsend.sendMIDEA(0x1FE0B847, 32);
  irsend.sendMIDEA(0x1FE0B847, 32);
  break;
case 0:
  irsend.sendMIDEA(0x7B84E01F, 32);
  irsend.sendMIDEA(0x7B84E01F, 32);
```

```
        break;
    }
  }
  void setup()
  {
    Serial.begin(9600);
  }
  void loop() {
      send(0); //此处示例发送开关状态
      delay(5000);
  }
  //sendMIDEA 函数的代码
  void IRsend::sendMIDEA(unsigned long data, int nbits)
  {
  unsigned long address = 45645;
  enableIROut(38);
  mark(MIDEA_HDR_MARK);
  space(MIDEA_HDR_SPACE)
  for (int i = 0; i < 16; i++)
  {
          if (address & 0x8000)
          {
             mark(MIDEA_BIT_MARK);
             space(MIDEA_ONE_SPACE);
          }
          Else
          {
              mark(MIDEA_BIT_MARK);
              space(MIDEA_ZERO_SPACE);
            }
            address <<= 1;
  }
        for (int i = 0; i < nbits; i++)
        {
           if (data & 0x80000000) {
              mark(MIDEA_BIT_MARK);
              space(MIDEA_ONE_SPACE);
             }
             else {
               mark(MIDEA_BIT_MARK);
               space(MIDEA_ZERO_SPACE);
             }
            data <<= 1;
          }
            mark(MIDEA_BIT_MARK);
            space(MIDEA_STOP_SPACE);
  }
```

```
//为了与美的空调相匹配,修改头文件的内容,在 IRremoteint.h 文件最后加入如下代码
#define MIDEA_HDR_MARK 4500
#define MIDEA_HDR_SPACE 4500
#define MIDEA_BIT_MARK 560
#define MIDEA_ONE_SPACE 1680
#define MIDEA_ZERO_SPACE 560
#define MIDEA_STOP_SPACE 4500
//在 IRremote.h71 行后加入如下代码
void sendMIDEA(unsigned long data, int nbits);
//在 IRremote.cpp 最后加入如下代码
void IRsend::sendMIDEA(unsigned long data, int nbits)
{
unsigned long address = 45645;
enableIROut(38);
mark(MIDEA_HDR_MARK);
space(MIDEA_HDR_SPACE);
for (int i = 0; i < 16; i++) {
        if (address & 0x8000) {
        mark(MIDEA_BIT_MARK);
        space(MIDEA_ONE_SPACE);
      }
      else {
        mark(MIDEA_BIT_MARK);
        space(MIDEA_ZERO_SPACE);
       }
       address <<= 1;
       }
       for (int i = 0; i < nbits; i++) {
        if (data & 0x80000000) {
            mark(MIDEA_BIT_MARK);
            space(MIDEA_ONE_SPACE);
        }
        else {
            mark(MIDEA_BIT_MARK);
            ]space(MIDEA_ZERO_SPACE);
        }
        data <<= 1;
        }
         mark(MIDEA_BIT_MARK);
         space(MIDEA_STOP_SPACE);
}
```

4.2.4　服务器模块

1. 功能介绍

服务器采取 Node.js＋Express 模式，接收硬件传输数据，处理微信小程序的请求，

Arduino 开发板通过轮询确认服务器记录的状态，当小程序发出指令后，修改服务器记录的状态，从而在 Arduino 开发板下次询问时发送红外信号控制空调。

2. 相关代码

```
var app = require('express')();
var fs = require('fs');                          //证书
var http = require('http');                      //创建 HTTP 服务器
var https = require('https');                    //创建 HTTPS 服务器
var bodyParser = require('body-parser');         //处理 POST 请求的数据
var fs1 = require('fs');
var data = fs1.readFileSync('./data.txt', 'utf8');
var httpServer = http.createServer(APP);
var httpsServer = https.createServer({
  key: fs.readFileSync('./2_cxsjsj.club.key'), cert: fs.readFileSync('./1_cxsjsj.club_
bundle.crt')
}, APP);
var PORT = 80;
var SSLPORT = 443;
httpServer.listen(PORT, function() {
    console.log('HTTP Server is running on: http://cxsjsj.club:%s', PORT);
});
httpsServer.listen(SSLPORT, function() {
console.log('HTTPS Server is running on: https://cxsjsj.club:%s', SSLPORT);
});
//路由
app.get('/', function(req, res) {
    if(req.protocol === 'http')
    {
      res.writeHead(200, { 'Content-Type': 'text/plain' });
        data = fs.readFileSync('./data.txt', 'utf8');
        res.end(data);
        //res.send('http:' + req.params.name);
    }
});
//bodyParser.urlencoded 解析 form 表单提交的数据
app.use(bodyParser.urlencoded({extended: false}));
//bodyParser.json 解析 json 数据格式
app.use(bodyParser.json());
APP.post('/',function(req, res){
   if(req.protocol === 'https')
   {
   //对象转换为字符串
   var str_json = JSON.stringify(req.body);
   fs1.writeFile('./data.txt', str_json, 'utf8', function(){
   //保存完成后的回调函数
  console.log("接收到数据");
```

```
});
    }
});
```

4.2.5 微信小程序模块

1. 功能介绍

本项目使用微信小程序将控制页面呈现在用户面前，如果连续两次按键时间间隔为400ms，则将变化的参数传输到服务器。

2. 相关代码

1）WXML 代码

```
<view class = "container timer {{isRuning ? 'timer -- runing': ''}}">
    <view class = "timer_main">
        <view class = "timer_time - wrap">
            <view class = "timer_progress_mask"></view>
            <view class = "timer_progress timer_left">
                <view class = "timer_circle timer_circle -- left" style = "transform: rotate
({{leftDeg}}deg);"></view>
            </view>
            <view class = "timer_progress tiner_right">
                <view class = "timer_circle timer_circle -- right" style = "transform: rotate
({{rightDeg}}deg);"></view>
            </view>
            <text class = "timer_time">{{ww}}</text>
            <text class = "timer_time">℃ </text>
        </view>
  </view>
  <view class = "timer_footer">
     <view
        bindtap = "addwd"
        class = "timer_ctrl" > + </view>
     <view
        bindtap = "decwd"
        class = "timer_ctrl"> - </view>
   </view>
   <view class = "timer_footer">
     <view
        bindtap = "dy"
        class = "timer_ctrl" > v </view>
   </view>
</view>
```

2）JS 代码

```
const util  =  require('../../utils/util.js')
```

```
let ww = 26//温度
var d = -1//电源, -1 为关,1 为开
var f = false//避免一次发很多条信息,设置一个保护变量,每延时 400ms 发送一次
var g = "a"
var t = []
t.push("v","a","b","c","d","e","f","g","h","i","j","k","l","m","n","o"); //发出的字符集
Page(
{
data:
{
  log:{},
  ww
},
addwd:function(){//调高温度
  if (ww < 30) ww = ww + 1
  this.setData({
      ww:ww
   })
   cs(ww)
},
decwd:function(){//调低温度
   if (ww > 16) ww = ww - 1
   this.setData({
      ww: ww
    })
    cs(ww)
},
dy:function(){//电源
     d = -d
     cs(ww)
  }
})
function cs(mm){//将数据发送至服务器
if (f){
    return
  }
f = true
console.log(mm)
console.log(d)
mm = mm - 16
console.log(t[mm])
if (d == 1){
    g = "b"
  }
else{
    g = "a"
  }
```

```
console.log(g)
wx.request({//发送函数
url: 'https://cxsjsj.club',
method: 'POST',
header: { 'content - type': 'application/json' },
data: {"airCondition": g,
      "temperature": t[mm]},
  })
setTimeout(function(){//延时,保护
    f = false
  },400)}
```

4.3　产品展示

产品外观实物如图 4-6 所示,微信小程序界面如图 4-7 所示。

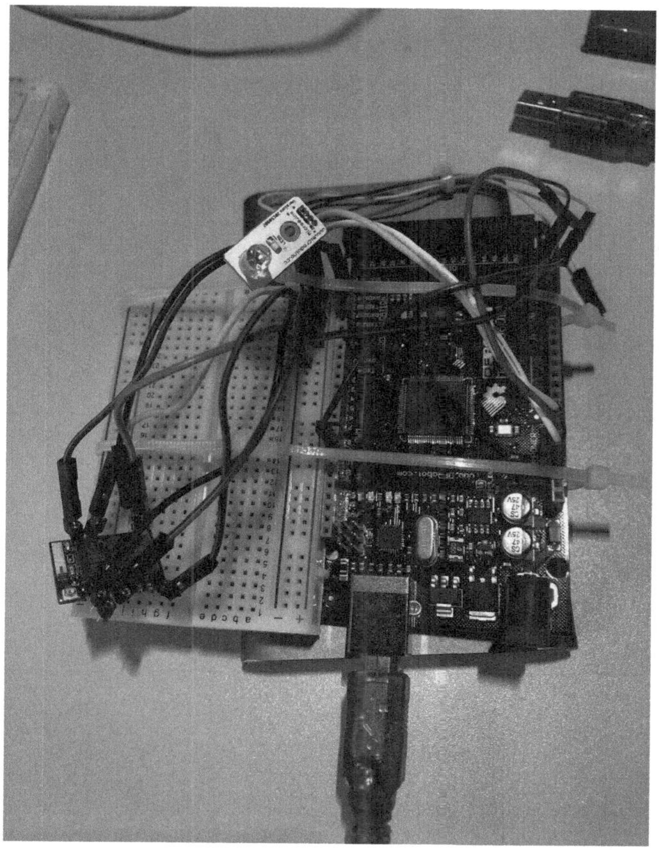

图 4-6　产品外观实物图

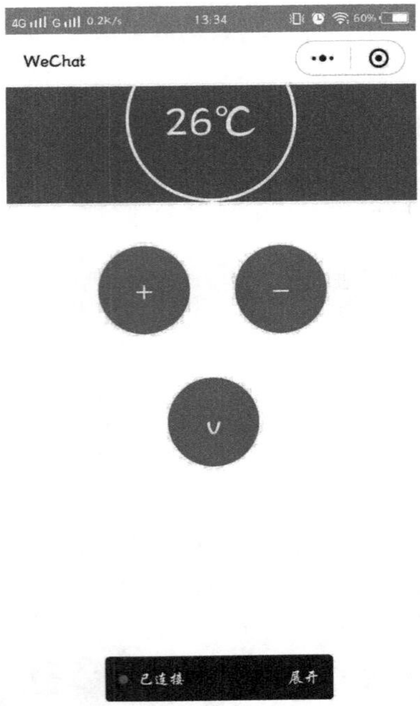

图 4-7　微信小程序界面

4.4　元件清单

完成本项目所用到的元件及其数量如表 4-2 所示。

表 4-2　元件清单

元　　件	数　　量
Arduino MEGA 2560 开发板	1个
ESP8266-07	1个
TSAL6200	1个
标准	1个
公对公	若干
公对母	若干

第5章 百分百起床闹铃项目设计①

本项目基于 Arduino 开发平台设计一款闹铃,实现百分百强制性起床功能。

5.1 功能及总体设计

本项目利用 FPM10A 模块的指纹录入和校对功能,通过提前输入所有被监测起床对象的指纹并生成指纹库,在闹铃响后要求指纹库中的所有指纹通过模块输入,才能停止蜂鸣器运作。这种方式要求被监测对象必须全体起床,实现了将拖延起床概率下降为零的功能。

本项目可以实现实时显示日期与具体时间、自由定时闹铃并强制起床、实时监测显示当日温度并给出相应穿衣指南及出门提醒等功能。

要实现上述功能需将作品分成四部分进行设计,即输入部分、处理部分、传输部分和输出部分。输入部分包括指纹和时间调整两部分,分别通过 FPM10A 指纹模块和三个按键实现;处理部分和传输部分通过 C++程序控制各个模块和 Arduino 开发板;输出部分使用 I^2C1602 液晶显示屏实现。

1. 整体框架图

整体框架如图 5-1 所示。

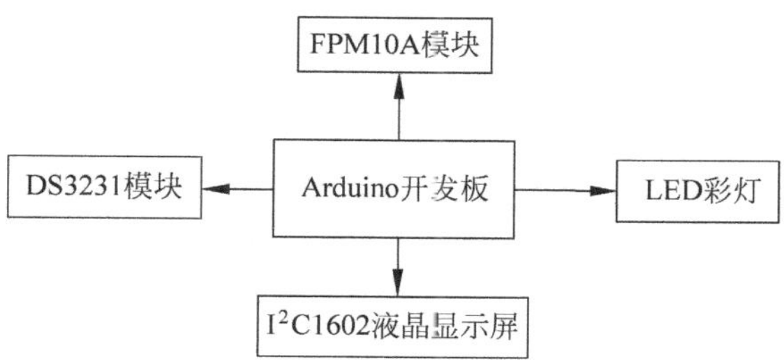

图 5-1　整体框架图

① 本章根据王誉睿、崔鑫慰的项目设计整理而成。

2．系统流程图

系统流程如图 5-2 所示。

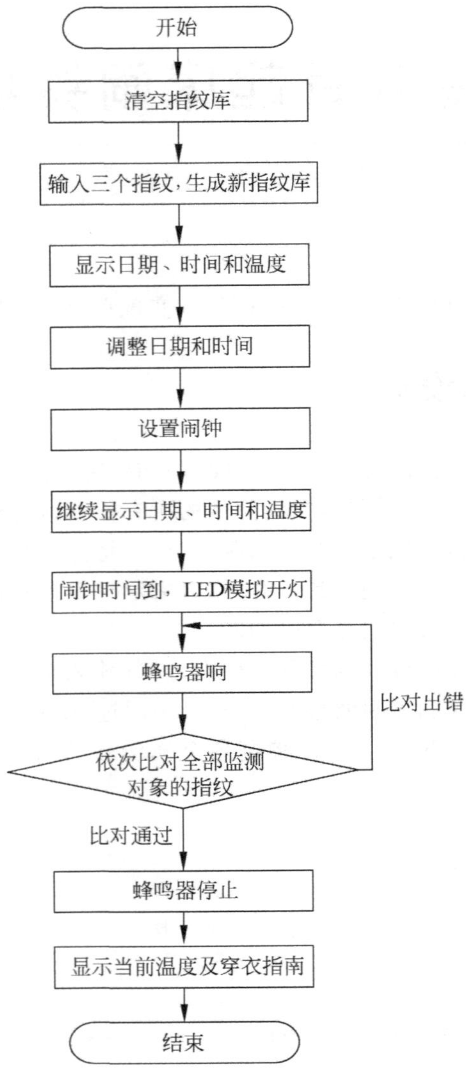

图 5-2　系统流程图

系统流程如图 5-2 所示。程序启动清理指纹库，输入指纹并生成库；更新日期、时间和温度、设置闹钟；当闹钟启动，LED 模拟开灯，蜂鸣器响铃，此时需要输入指纹以关闭闹铃，然后显示当前温度及穿衣指南。

3．总电路图

总电路如图 5-3 所示，引脚连接如表 5-1 所示。本项目含三个按键，从左到右依次为整体复位功能、设置转换功能(转换进入下一个数字的设置进程)、数字调节功能(以加一的方式调节当前数字)。

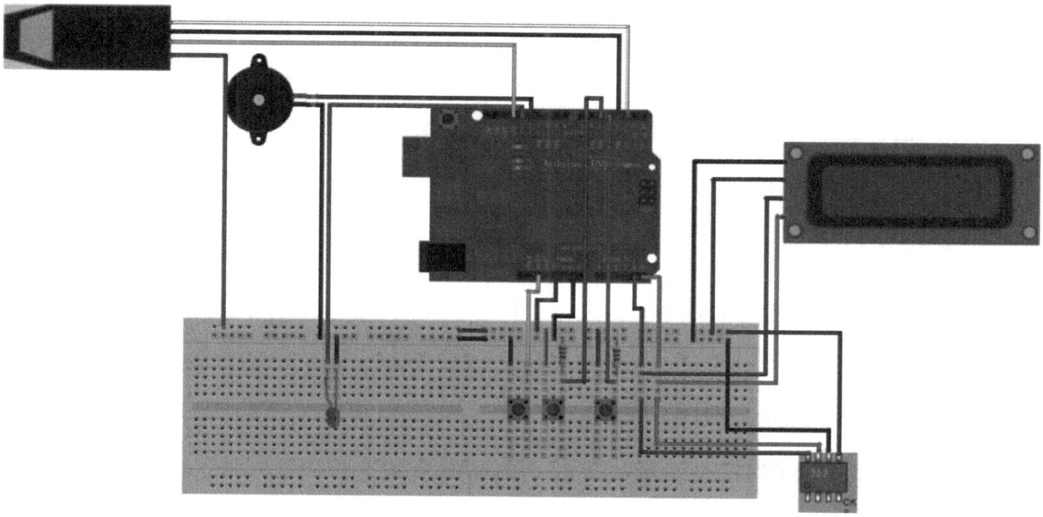

图 5-3　总电路图

表 5-1　引脚连接表

元件及引脚名		Arduino 开发板引脚
DS3231 时钟模块	SCL	A5
	SDA	A4
	VCC	5V
	GND	GND
I^2C1602 液晶显示屏	SCL	A5
	SDA	A4
	VCC	5V
	GND	GND
FPM10A 指纹模块	TXD	3
	RXD	2
	VCC	5V
	GND	GND
按键开关 1	右上引脚	RES
	左上引脚	GND
按键开关 2	右上引脚	5,通过 150Ω 电阻接 GND
	左上引脚	5V
按键开关 3	右上引脚	4,通过 150Ω 电阻接 GND
	左上引脚	5V

续表

元件及引脚名		Arduino 开发板引脚
无源蜂鸣器	正极	12
	负极	GND
彩色 LED	正极	13
	负极	GND

5.2 模块介绍

本项目主要包括 FPM10A 指纹模块、可调时钟及显示模块。下面分别给出各模块的功能介绍及相关代码。

5.2.1 FPM10A 指纹模块

本部分内容包括 FPM10A 指纹模块的功能介绍及相关代码。

1. 功能介绍

FPM10A 模块具有输入指纹、读取指纹、比对指纹、删除指纹、获取指纹容量、清理指纹库等多项功能。此模块通过数据包的形式与 Arduino 开发板进行通信，并通过两者的 TXD 引脚和 RXD 引脚传输信息。元件包括 FPM10A 模块、Arduino 开发板和导线若干，电路连接如图 5-4 所示。

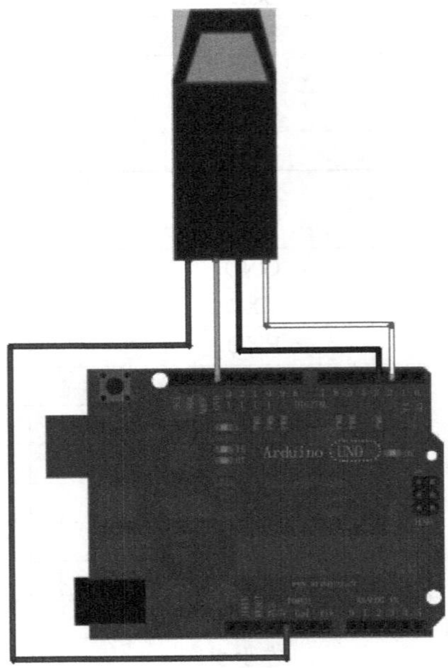

图 5-4 FPM10A 与 Arduino 开发板连线图

2. 相关代码

```
#include <SoftwareSerial.h>
#include "FPMXX.h"
uint8_t FPM_Address[] = { 0xFF,0xFF,0xFF,0xFF };
uint8_t FPM_Password[] = { 0x00,0x00,0x00,0x00 };
SoftwareSerial mySerial(3, 2);
FPMXX fs = FPMXX(&mySerial, FPM_Address, 9600);
uint16_t size = 0;
void setup()
{
  Serial.begin(9600);
  Serial.println("---Test FPM10A Sensor---");
/* ~~~~~~~~~~~~~~~~~~ 清空指纹库 ~~~~~~~~~~~~~~~~~~~ */
  Serial.print("Clear fingers ");
  fs.emptyFinger();
  Serial.println("ok");
  /* ~~~~~~~~~~~~~~ 输入三个指纹,生成新指纹库 ~~~~~~~~~~~~~~ */
  for (int i = 1;i <= 3;i++)
  {
  Serial.print("Store finger ");
  Serial.println(i);
  delay(2000);
  while (fs.getFingerImage() != FPMXX_CODE_OK) {}    //第一次扫描指纹
  fs.image2tz(1); //合成第一个特征模板并存放于 CharBuffer1 中
  delay(1000);
  while (fs.getFingerImage() != FPMXX_CODE_OK) {}    //同一指纹再扫描一遍
  fs.image2tz(2); //合成第二个特征模板并存放于 CharBuffer2 中
  fs.buildTemplate();                                //两遍特征合成模板
  Serial.print("Save on id:");
  Serial.print(i);
  fs.storeFinger(1, i);                              //保存指纹模板于指纹库中
  Serial.println(" ok");
  }
/* ~~~~~~~~~~~~~~~~~~ 比对并删除指纹 ~~~~~~~~~~~~~~~~~ */
  Serial.println("Now match the fingerprints");
  int i = 1;
  do
   {
     Serial.print("Match finger ");
     Serial.println(i);
     delay(2000);
     uint8_t r;
```

```
        r = fs.getFingerImage();                        //扫描指纹
        if (r == FPMXX_GET_IMAGE_NO_FINGER)
         {
           Serial.println("No finger");                 //没有检测到指纹
         }
        else if (r == FPMXX_GET_IMAGE_FAILED)           //扫描失败
         {
           Serial.println("Scan failed");
         }
        else //扫描成功后与指纹库中指纹依次进行比对
         {
           fs.image2tz(1);                              //生成指纹特征
           uint16_t id = 0;
           if (fs.searchFinger(1, 0, 999, &id) == FPMXX_CODE_OK) //比对成功
        {
              Serial.print("Find finger: ");
              Serial.println(id);
              fs.deleteFinger(id,1);                    //比对成功后删除指纹库中该指纹
              i += 1;
            }
           else //比对失败
            {
              Serial.println("Finger Wrong");
            }
         }
      } while(i <= 3);
      Serial.println("All fingers has been matched");  //所有指纹均比对成功
}
void loop()
{
}
```

5.2.2 可调时钟及显示部分

本部分内容包括可调时钟及显示部分的功能介绍及相关代码。

1. 功能介绍

本部分实现的功能是断电后保持计时，显示日期、时间和温度；调整日期、时间，设置闹钟，闹钟开启后蜂鸣器响起且 LED 点亮，根据当前温度显示穿衣指南。其中，DS3231 和 I^2C1602 用 I^2C 总线与 Arduino 开发板的 SDA、SCL 引脚连接，三个按键从左到右依次为整体复位功能、设置转换功能(转换进入下一个数字的设置进程)、数字调节功能(以加一的方式调节当前数字)。元件包括 DS3231 模块、I^2C1602 液晶显示屏、三个按键、无源蜂鸣器、LED 彩灯、Arduino 开发板和导线若干，电路连接如图 5-5 所示。

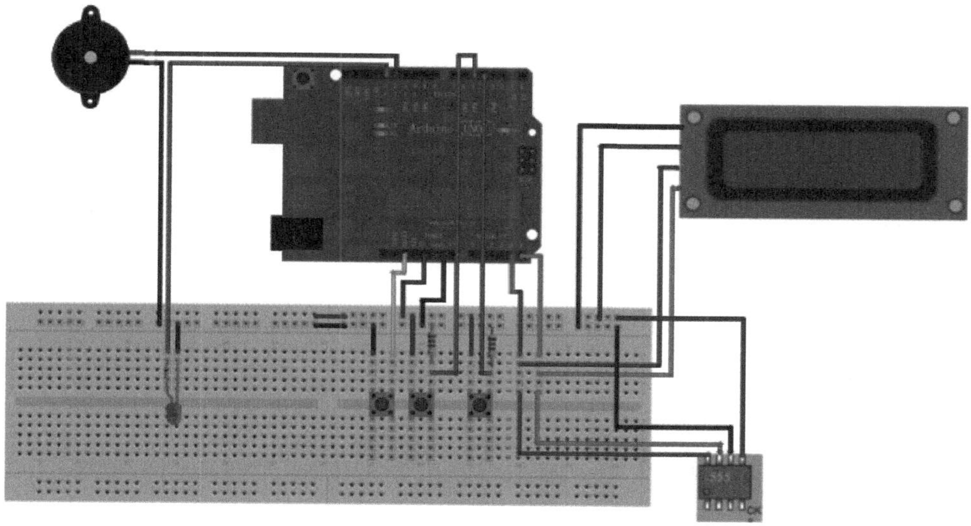

图 5-5　可调时钟及显示部分与 Arduino 开发板连接图

2. 相关代码

```
#include <Wire.h>
#include <DS3231.h>
#include <LiquidCrystal_I2C.h>
DS3231 Clock;
bool h12, PM, Century = false;
byte year, month, date, DoW, hour, minute, second;
bool ADy, A12h, Apm;
byte A1Day, A1Hour, A1Minute, A1Second, A1Bits;
uint8_t bell[8] = {0x4,0xe,0xe,0xe,0x1f,0x0,0x4}; //绘制闹钟标志
LiquidCrystal_I2C lcd(0x27,16,2);
const byte Set = 5;                               //按键
const byte Adj = 4;
byte button[2] = {Set, Adj};
/* ~~~~~~~~~~~~~~~~~~ 显示时间 ~~~~~~~~~~~~~~~~~~ */
void Pritime()
{
  int second,minute,hour,date,month,year,dow,temperature;
  second = Clock.getSecond();
  minute = Clock.getMinute();
  hour = Clock.getHour(h12, PM);
  date = Clock.getDate();
  month = Clock.getMonth(Century);
  year = Clock.getYear();
  dow = Clock.getDoW();
  temperature = Clock.getTemperature();
```

```
lcd.setCursor(0, 0);                        //光标停在第一行
lcd.print("20");
if (year>=10)                               //显示年份
    {
    lcd.print(year,DEC);
    }
else
    {
    lcd.print("0");
    lcd.print(year,DEC);
    }
lcd.print('-');
lcd.setCursor(5, 0);
if (month>=10)                              //显示月份
    {
    lcd.print(month,DEC);
    }
else
    {
    lcd.print("0");
    lcd.print(month,DEC);
    }
lcd.print('-');
lcd.setCursor(8, 0);
if (date>=10)                               //显示日期
    {
    lcd.print(date,DEC);
    }
else
    {
    lcd.print("0");
    lcd.print(date,DEC);
    }
lcd.setCursor(11, 0);
switch (dow)                                //显示星期
    {
    case 1:
      lcd.print("Mon");
      break;
    case 2:
      lcd.print("Tue");
      break;
    case 3:
      lcd.print("Wed");
      break;
    case 4:
      lcd.print("Thu");
```

```
        break;
      case 5:
        lcd.print("Fri");
        break;
      case 6:
        lcd.print("Sat");
        break;
      case 7:
        lcd.print("Sun");
        break;
      }
  lcd.setCursor(0, 1);                          //光标移至第 2 行
  if (hour >= 10)                               //显示小时
      {
      lcd.print(hour,DEC);
      }
  else
      {
      lcd.print("0");
      lcd.print(hour,DEC);
      }
  lcd.print(':');
  lcd.setCursor(3, 1);
  if (minute >= 10)                             //显示分钟
      {
      lcd.print(minute,DEC);
      }
  else
      {
      lcd.print("0");
      lcd.print(minute,DEC);
      }
  lcd.print(':');
  lcd.setCursor(6, 1);
  if (second >= 10)                             //显示秒钟
      {
      lcd.print(second,DEC);
      }
  else
      {
      lcd.print("0");
      lcd.print(second,DEC);
      }
  lcd.setCursor(9, 1);
  if (Clock.checkAlarmEnabled(1))               //显示闹钟标识
    {
    lcd.write(0x00);
```

```
    }
  else
    {
    lcd.print(' ');
    }
  lcd.setCursor(12, 1);
  lcd.print(temperature);                              //显示温度
  lcd.write(0xdf);
  lcd.print("C");
}
/* ~~~~~~~~~~~~~~~~ 时间冒号闪烁 ~~~~~~~~~~~~~~~~ */
void Tictime()
{
  lcd.setCursor(2, 1);
  lcd.print(' ');
  lcd.setCursor(5, 1);
  lcd.print(' ');
}
/* ~~~~~~~~~~~~~~~~ 显示设置时间 ~~~~~~~~~~~~~~~~ */
void PritimeSet (byte syear, byte smonth, byte sdate, byte sdow, byte shour, byte sminute, byte
ssecond)
{
  lcd.setCursor(0, 0);                                 //光标停在第一行
  lcd.print("20");
  if (syear >= 10)                                     //显示年份
      {
      lcd.print(syear,DEC);
      }
  else
      {
      lcd.print("0");
      lcd.print(syear,DEC);
      }
  lcd.print('-');
  lcd.setCursor(5, 0);
  if (smonth >= 10)                                    //显示月份
      {
      lcd.print(smonth,DEC);
      }
  else
      {
      lcd.print("0");
      lcd.print(smonth,DEC);
      }
  lcd.print('-');
  lcd.setCursor(8, 0);
  if (sdate >= 10)                                     //显示日期
```

```
        {
        lcd.print(sdate,DEC);
        }
    else
        {
        lcd.print("0");
        lcd.print(sdate,DEC);
        }
    lcd.setCursor(11, 0);
    switch (sdow)                               //显示星期
        {
        case 1:
          lcd.print("Mon");
          break;
        case 2:
          lcd.print("Tue");
          break;
        case 3:
          lcd.print("Wed");
          break;
        case 4:
          lcd.print("Thu");
          break;
        case 5:
          lcd.print("Fri");
          break;
        case 6:
          lcd.print("Sat");
          break;
        case 7:
          lcd.print("Sun");
          break;
        }
    lcd.setCursor(0, 1);                        //光标移至第 2 行
    if (shour >= 10)                            //显示小时
        {
        lcd.print(shour,DEC);
        }
    else
        {
        lcd.print("0");
        lcd.print(shour,DEC);
        }
    lcd.print(':');
    lcd.setCursor(3, 1);
    if (sminute >= 10)                          //显示分钟
        {
```

```
        lcd.print(sminute,DEC);
        }
  else
        {
        lcd.print("0");
        lcd.print(sminute,DEC);
        }
  lcd.print(':');
  lcd.setCursor(6, 1);
  if (ssecond >= 10)                              //显示秒钟
        {
        lcd.print(ssecond,DEC);
        }
  else
        {
        lcd.print("0");
        lcd.print(ssecond,DEC);
        }
}
/* ~~~~~~~~~~~~~~~~~~ 时间设置位闪烁 ~~~~~~~~~~~~~~~~~~ */
void TicSet(byte c,byte l)
{
  lcd.setCursor(c,l);
  lcd.print(" ");
}
/* ~~~~~~~~~~~~~~~~~~~ 显示闹钟 ~~~~~~~~~~~~~~~~~~~ */
void PriA1()
{
  lcd.setCursor(0, 0);                            //光标移至第 1 行
  lcd.print("Alarm ");
  if (Clock.checkAlarmEnabled(1))                 //显示闹钟状态
    {
    lcd.print("On");
    }
  else
    {
    lcd.print("Off");
    }
  Clock.getA1Time(A1Day, A1Hour, A1Minute, A1Second, A1Bits, ADy, A12h, Apm);
  lcd.setCursor(0, 1);                            //光标移至第 2 行
  if (A1Hour >= 10)                               //显示闹钟小时
    {
    lcd.print(A1Hour,DEC);
    }
  else
    {
    lcd.print("0");
```

```
    lcd.print(A1Hour,DEC);
    }
  lcd.print(':');
  lcd.setCursor(3, 1);
  if (A1Minute>=10)                         //显示闹钟分钟
    {
    lcd.print(A1Minute,DEC);
    }
  else
    {
    lcd.print("0");
    lcd.print(A1Minute,DEC);
    }
  lcd.print(':');
  lcd.setCursor(6, 1);
  if (A1Second>=10)                         //显示闹钟秒钟
    {
    lcd.print(A1Second,DEC);
    }
  else
    {
    lcd.print("0");
    lcd.print(A1Second,DEC);
    }
}
/*～～～～～～～～～～～～～～～～～按键检测～～～～～～～～～～～～～～～～～～*/
unsigned long LastP;
boolean buttonPress(byte button)
{
  if(digitalRead(button)==HIGH)             //检测按键是否按下
    {
    unsigned long NowP = millis();
    unsigned long buttonChange=NowP-LastP;  //与上次按键时间进行对比
    if (buttonChange>500)                   //按键间隔是否大于500ms
      {
      LastP = millis();                     //记录按键按下的时间
      return true;
      }
    else
      {
      return false;
      }
    }
  else
    {
    return false;
    }
```

```
}
/* ~~~~~~~~~~~~~~~~~ 调整日期和时间 ~~~~~~~~~~~~~~~~~ */
void SetTime()
{
  bool h12, PM, Century = false;
  byte syear, smonth, sdate, sdow, shour, sminute, ssecond;
  if(buttonPress(Set))
    {
    lcd.clear();
    delay(200);
    Clock.getTime(syear, smonth, sdate, sdow, shour, sminute, ssecond);
    bool SetY = true;
/* ~~~~~~~~~~~~~~~~ 进入年份设置状态 ~~~~~~~~~~~~~~~~ */
  while(SetY)
    {
    unsigned long Rt = millis() % 1000;
    if(Rt < 500)                                     //每隔 500ms 闪烁一次
      {
      PritimeSet(syear, smonth, sdate, sdow, shour, sminute, ssecond);
      }
    else
      {
      lcd.setCursor(0,0);
      lcd.print(" ");
      }
/* ~~~~~~~~~~~~~~~~~~ 设置年份 ~~~~~~~~~~~~~~~~~~ */
      if(buttonPress(Adj))
        {
        syear = syear + 1;
        }
/* ~~~~~~~~~~~~~~~~~ 进入月份设置状态 ~~~~~~~~~~~~~~~ */
  if(buttonPress(Set))
    {
    lcd.clear();
    bool SetMon = true;
    while(SetMon)
      {
      unsigned long Rt = millis() % 1000;
      if(Rt < 500)
        {
        PritimeSet(syear, smonth, sdate, sdow, shour, sminute, ssecond);
        }
      else
        {
        TicSet(5,0);
        }
/* ~~~~~~~~~~~~~~~~~~ 设置月份 ~~~~~~~~~~~~~~~~~~ */
```

```
      if(buttonPress(Adj))
        {
        smonth = smonth + 1;
        if(smonth > 12)
          {
          smonth = 1;
          }
        }
/* ~~~~~~~~~~~~~~~~~ 进入日期设置状态 ~~~~~~~~~~~~~~~~ */
  if(buttonPress(Set))
    {
    lcd.clear();
    bool SetD = true;
    while(SetD)
      {
      unsigned long Rt = millis() % 1000;
      if(Rt < 500)
        {
        PritimeSet(syear, smonth, sdate, sdow, shour, sminute, ssecond);
        }
      else
        {
        TicSet(8,0);
        }
/* ~~~~~~~~~~~~~~~~~~~ 设置日期 ~~~~~~~~~~~~~~~~~~ */
      if(buttonPress(Adj))
        {
        sdate = sdate + 1;
        if(sdate > 31)
          {
          sdate = 1;
          }
        }
/* ~~~~~~~~~~~~~~~~ 进入星期设置状态 ~~~~~~~~~~~~~~~~ */
  if(buttonPress(Set))
    {
    lcd.clear();
    bool SetW = true;
    while(SetW)
      {
      unsigned long Rt = millis() % 1000;
      if(Rt < 500)
        {
        PritimeSet(syear, smonth, sdate, sdow, shour, sminute, ssecond);
        }
      else
        {
```

```
        lcd.setCursor(11,0);
        lcd.print(" ");
        }
/* ~~~~~~~~~~~~~~~~~~ 设置星期 ~~~~~~~~~~~~~~~~~~ */
      if(buttonPress(Adj))
        {
        sdow = sdow + 1;
        if(sdow > 7)
          {
          sdow = 1;
          }
        }
/* ~~~~~~~~~~~~~~~~ 进入小时设置状态 ~~~~~~~~~~~~~~~ */
  if(buttonPress(Set))
    {
    lcd.clear();
    long AdjP = 0;
    bool SetH = true;
    while(SetH)
      {
      unsigned long Rt = millis() % 1000;
      if(Rt < 500)
        {
        PritimeSet(syear, smonth, sdate, sdow, shour, sminute, ssecond);
        }
      else
        {
        TicSet(0,1);
        }
/* ~~~~~~~~~~~~~~~~~~ 设置小时 ~~~~~~~~~~~~~~~~~~ */
      if(buttonPress(Adj))
        {
        AdjP = AdjP + 1;
        shour = shour + 1;
        if(shour > 23)
          {
          shour = 0;
          }
        }
/* ~~~~~~~~~~~~~~~~ 进入分钟设置状态 ~~~~~~~~~~~~~~~ */
  if(buttonPress(Set))
    {
    lcd.clear();
    bool SetMin = true;
    while(SetMin)
      {
      unsigned long Rt = millis() % 1000;
```

```
        if(Rt < 500)
          {
          PritimeSet(syear, smonth, sdate, sdow, shour, sminute, ssecond);
          }
        else
          {
          TicSet(3,1);
          }
/* ～～～～～～～～～～～～～～～～～～ 设置分钟 ～～～～～～～～～～～～～～～～～～ */
        if(buttonPress(Adj))
          {
          AdjP = AdjP + 1;
          sminute = sminute + 1;
          if(sminute > 59)
            {
            sminute = 0;
            }
          }
/* ～～～～～～～～～～～～～～～～ 进入秒钟设置状态 ～～～～～～～～～～～～～～～ */
    if(buttonPress(Set))
      {
      lcd.clear();
      bool SetS = true;
      while(SetS)
        {
        unsigned long Rt = millis() % 1000;
        if(Rt < 500)
          {
          PritimeSet(syear, smonth, sdate, sdow, shour, sminute, ssecond);
          }
        else
          {
          TicSet(6,1);
          }
/* ～～～～～～～～～～～～～～～～～～ 设置秒钟 ～～～～～～～～～～～～～～～～～～～ */
        if(buttonPress(Adj))
          {
          AdjP = AdjP + 1;
          ssecond = ssecond + 1;
          if(ssecond > 59)
            {
            ssecond = 0;
            }
          }
/* ～～～～～～～～～～～～～～～～ 保存并退出时间设置 ～～～～～～～～～～～～～～～～ */
    if(buttonPress(Set))
      {
```

```
    Clock.setYear(syear);
    Clock.setMonth(smonth);
    Clock.setDate(sdate);
    Clock.setDoW(sdow);
    if (AdjP > 0)
      {
      Clock.setHour(shour);
      Clock.setMinute(sminute);
      Clock.setSecond(ssecond);
      }
/* ~~~~~~~~~~~~~~ 进入闹钟小时设置状态 ~~~~~~~~~~~~~~ */
    lcd.clear();
    delay(200);
    bool SetA1H = true;
    while(SetA1H)
      {
      unsigned long RA1 = millis() % 1000;
      if(RA1 < 500) //每 500ms 闪烁一次
        {
        PriA1();
        }
      else
        {
        TicSet(0,1);
        }
/* ~~~~~~~~~~~~~~~~ 设置闹钟小时 ~~~~~~~~~~~~~~~~ */
     if(buttonPress(Adj))
      {
      Clock.getA1Time(A1Day, A1Hour, A1Minute, A1Second, A1Bits, ADy, A12h, Apm);
      A1Hour = A1Hour + 1;
      if(A1Hour < 24)
        {
Clock.setA1Time(A1Day, A1Hour, A1Minute, A1Second, B1000, ADy, false, Apm);
//设置闹钟每天响一次
        }
      else
        {
        A1Hour = 0;
        Clock.setA1Time(A1Day, A1Hour, A1Minute, A1Second, B1000, ADy, false, Apm);
        }
      }
/* ~~~~~~~~~~~~~~~ 进入闹钟分钟设置状态 ~~~~~~~~~~~~~ */
     if(buttonPress(Set))
      {
      lcd.clear();
      bool SetA1M = true;
      while(SetA1M)
```

```
        {
        unsigned long RA1 = millis() % 1000;
        if(RA1 < 500)
          {
          PriA1();
          }
        else
          {
          TicSet(3,1);
          }
/* ~~~~~~~~~~~~~~~~ 设置闹钟分钟 ~~~~~~~~~~~~~~~~~ */
      if(buttonPress(Adj))
        {
Clock.getA1Time(A1Day, A1Hour, A1Minute, A1Second, A1Bits, ADy, A12h, Apm);
        A1Minute = A1Minute + 1;
        if(A1Minute < 60)
          {
  Clock.setA1Time(A1Day, A1Hour, A1Minute, A1Second, B1000, ADy, false, Apm);
          }
        else
          {
          A1Minute = 0;
  Clock.setA1Time(A1Day, A1Hour, A1Minute, A1Second, B1000, ADy, false, Apm);
          }
        }
/* ~~~~~~~~~~~~~~~ 进入闹钟秒钟设置状态 ~~~~~~~~~~~~~~ */
      if(buttonPress(Set))
        {
      lcd.clear();
      bool SetA1S = true;
      while(SetA1S)
        {
        unsigned long RA1 = millis() % 1000;
        if(RA1 < 500)
          {
          PriA1();
          }
        else
          {
          TicSet(6,1);
          }
/* ~~~~~~~~~~~~~~~~ 设置闹钟秒钟 ~~~~~~~~~~~~~~~~~ */
        if(buttonPress(Adj))
          {
Clock.getA1Time(A1Day, A1Hour, A1Minute, A1Second, A1Bits, ADy, A12h, Apm);
          A1Second = A1Second + 1;
          if(A1Second < 60)
```

```
          {
  Clock.setA1Time(A1Day, A1Hour, A1Minute, A1Second, B1000, ADy, false, Apm);
          }
        else
          {
          A1Second = 0;
 Clock.setA1Time(A1Day, A1Hour, A1Minute, A1Second, B1000, ADy, false, Apm);
          }
        }
/* ~~~~~~~~~~~~~~~ 进入闹钟开关设置状态 ~~~~~~~~~~~~~~ */
      if(buttonPress(Set))
        {
        lcd.clear();
        bool SetA1R = true;
        while(SetA1R)
          {
          unsigned long RA1 = millis() % 1000;
          if(RA1 < 500)
            {
            lcd.setCursor(0, 0);
            PriA1();
            }
          else
            {
            lcd.setCursor(7, 0);
            lcd.print(" ");
            }
/* ~~~~~~~~~~~~~~~~~ 设置闹钟开关 ~~~~~~~~~~~~~~~~~ */
          if(buttonPress(Adj))
            {
            digitalWrite(Adj,LOW);

            if(Clock.checkAlarmEnabled(1))
              {
              Clock.turnOffAlarm(1);
              }
            else
              {
              Clock.turnOnAlarm(1);
              }
            }
/* ~~~~~~~~~~~~~~~ 保存并退出闹钟设置 ~~~~~~~~~~~~~~~ */
          if(buttonPress(Set))
            {
            lcd.clear();
            delay(200);
            goto exit;
```

```
                }
            }
            }
            }
            }
            }
        }
        }
    }
  }
  }
  }
  }
  }
  }
  }
  }
  }
  }
  }
  }
  }
  }
  exit: ;
}
/* ~~~~~~~~~~~~~~~~~穿衣指南~~~~~~~~~~~~~~~~~~ */
void ClothingGuide()
{
    int temperature = Clock.getTemperature();
    lcd.init();
    lcd.backlight();
    lcd.setCursor(0, 0);
    lcd.print(temperature);                        //显示温度
    lcd.write(0xdf);
    lcd.print("C");                                //显示温度单位
    lcd.setCursor(0, 1);                           //光标移至第二行
    if(temperature > 37)                           //根据当前温度显示穿衣指南
      lcd.print("HEART ALERT!");
    else if(temperature > 25 && temperature <= 37)
      lcd.print("Dress T - shirt");
    else if(temperature > 23 && temperature <= 25)
      lcd.print("Thin cowboy");
    else if(temperature > 18 && temperature <= 23)
      lcd.print("Trousers,Blouse");
    else if(temperature > 13 && temperature <= 18)
```

```
        lcd.print("Jacket,Trousers");
      else if(temperature > 5 && temperature <= 13)
        lcd.print("Sweater,Overcoat");
      else if(temperature > - 10 && temperature <= 5)
        lcd.print("Down jacket");
      else if(temperature <= - 10)
        lcd.print("COLD ALERT!");
      else
        lcd.print("ABNORMAL!!!");
}
void setup()
{
  Wire.begin();
  lcd.init();
  lcd.backlight();
  lcd.createChar(0, bell);           //自定义闹钟标志
  pinMode(Set,INPUT);                //按键引脚
  pinMode(Adj,INPUT);
  pinMode(12,OUTPUT);                //蜂鸣器引脚
  pinMode(13,OUTPUT);                //LED 引脚
  bool a = false,b = false,c = false; //设置局部分量作为辅助实现功能
do
{
  unsigned long Rt = millis() % 1000;
  if(Rt < 500)                       //显示时间并设置冒号,每隔 500ms 闪烁一次
    {
     Pritime();                      //显示当前日期、时间和温度
    }
    else
    {
     Tictime();                      //时间冒号闪烁
    }
    if(buttonPress(Set)) a = true;
}while(a == false);                  //Set 按键按下后进入调整日期和时间进程
Clock.turnOffAlarm(1);               //关掉当前的闹钟
do
{
  unsigned long Rt = millis() % 1000;
  if(Rt < 500)                       //显示时间并设置冒号,每隔 500ms 闪烁一次
    {
     Pritime();                      //显示当前日期、时间和温度
    }
    else
    {
     Tictime();                      //时间冒号闪烁
```

```
        }
      SetTime();                           //设置日期、时间和闹钟
      if (Clock.checkAlarmEnabled(1)) b = true;
  }while(b == false);                      //闹钟打开后进入重新显示日期时间进程
    do
  {
    unsigned long Rt = millis() % 1000;
    if(Rt < 500)                           //显示时间并设置时间冒号每隔 500ms 闪烁一次
      {
       Pritime();                          //重新显示当前日期、时间和温度
      }
      else
      {
       Tictime();                          //时间冒号闪烁
      }
      if(Clock.checkIfAlarm(1)) c = true;
  }while(c == false);                      //闹钟时间到后蜂鸣器响、LED 点亮和显示穿衣指南
  }
  void loop()
  {
    //蜂鸣器响
    delay(100);                            //延迟 100ms
    tone(12,2000,50);                      //在引脚 12 输出频率 2000Hz,维持 50ms
    delay(100);
    tone(12,2000,50);
    delay(100);
    tone(12,2000,50);
    delay(100);
    tone(12,2000,50);
    //LED 点亮模拟开灯
    digitalWrite(13,HIGH);
    //显示穿衣指南
    ClothingGuide();
    delay(500);
  }
```

5.3 产品展示

产品整体外观如图 5-6 所示。上部是 Arduino 开发板，右上角是 FPM10A 指纹传感器，右下角是 I^2C1602 液晶显示屏，面包板从左至右依次是无源蜂鸣器、RESET 按键开关、设置转换按键开关、数字调节按键开关、LED 彩灯，面包板右下角是 DS3231 时钟模块。

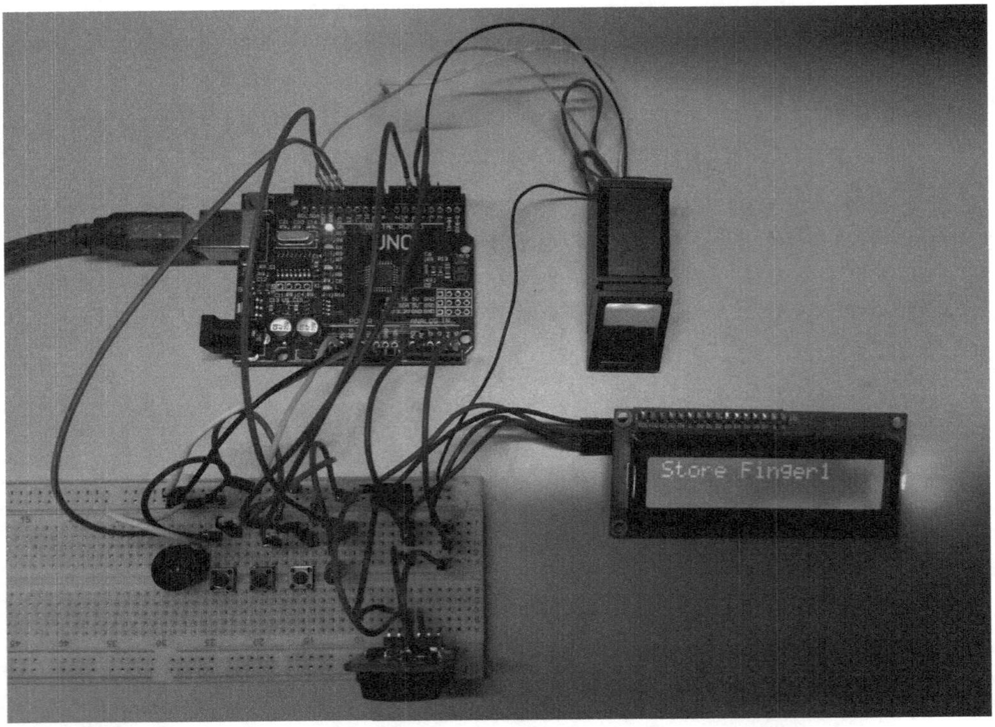

图 5-6 产品整体外观图

5.4 元件清单

完成本项目所用到的元件及其数量如表 5-2 所示。

表 5-2 元件清单

元件/测试仪表	数量
按键开关	3 个
FPM10A 指纹模块	1 个
DS3231 时钟模块	1 个
I^2C1602 液晶显示屏	1 个
无源蜂鸣器	1 个
LED 彩灯	1 个
150Ω 电阻	2 个
Arduino UNO 开发板	1 个
导线	若干
面包板	1 个

第 6 章

手机支架提醒器项目设计①

本项目基于 Arduino 开发平台，在支架支撑手机的基础上，添加了手机防沉迷提醒功能，实现提醒用户注意姿势以及时间。

6.1 功能及总体设计

本项目可以在人们使用手机时，将手机置于支架提醒器起支撑功能，使用者与手机之间的距离将会显示在提醒器的 LCD 显示屏上，如果距离太近，位于提醒器上的蜂鸣器将会闪烁发出报警声，并且 LED 指示灯开始闪烁，提醒使用者注意姿势。自手机放上支架起，提醒器内置的时钟模块就会自动开始计时，如果时间过长，提醒器开始报警。鉴于人们日常使用手机的情况，暂时将 10cm 设为报警距离，与手机距离小于 10cm 时开始报警，将 1h 设为报警时间，超过 1h 开始报警。

要实现上述功能需将作品分成两部分进行设计，即输入报警模块和 LCD 显示模块。其中输入报警模块分为输入和报警两个小模块。输入模块分为时钟模块和超声波模块，时钟模块包括内置电池，用于计时，并且使用 HC-SR04 超声波传感器，用于测距。

1. 整体框架图

整体框架如图 6-1 所示。

2. 系统流程图

系统流程如图 6-2 所示。

系统初始化后，如果检测到使用者与手机的距离小于 10cm，则通过 LED 和蜂鸣器发出报警；否则，继续检测手机使用时间是否超过 1h，如果超过，则通过 LED 和蜂鸣器报警，以保护手机使用者。

3. 总电路图

总电路如图 6-3 所示，引脚连接如表 6-1 所示。

---

① 本章根据冯仁杰的项目设计整理而成。

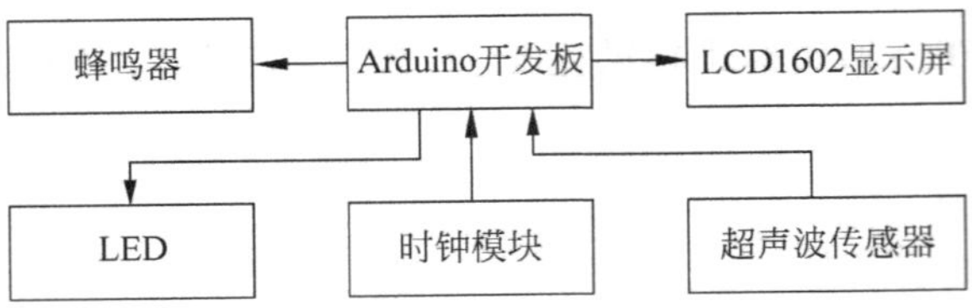

图 6-1 整体框架图

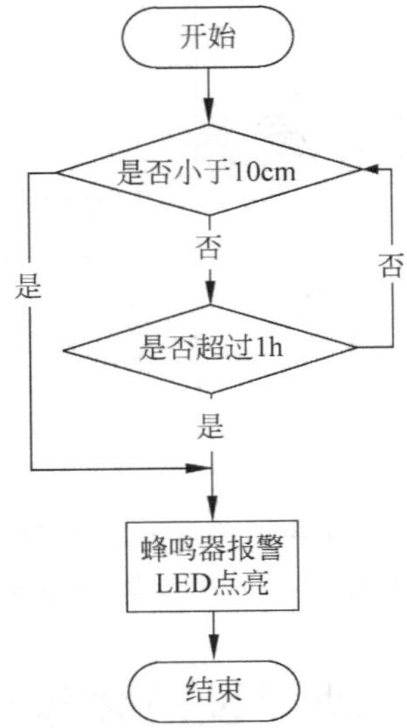

图 6-2 系统流程图

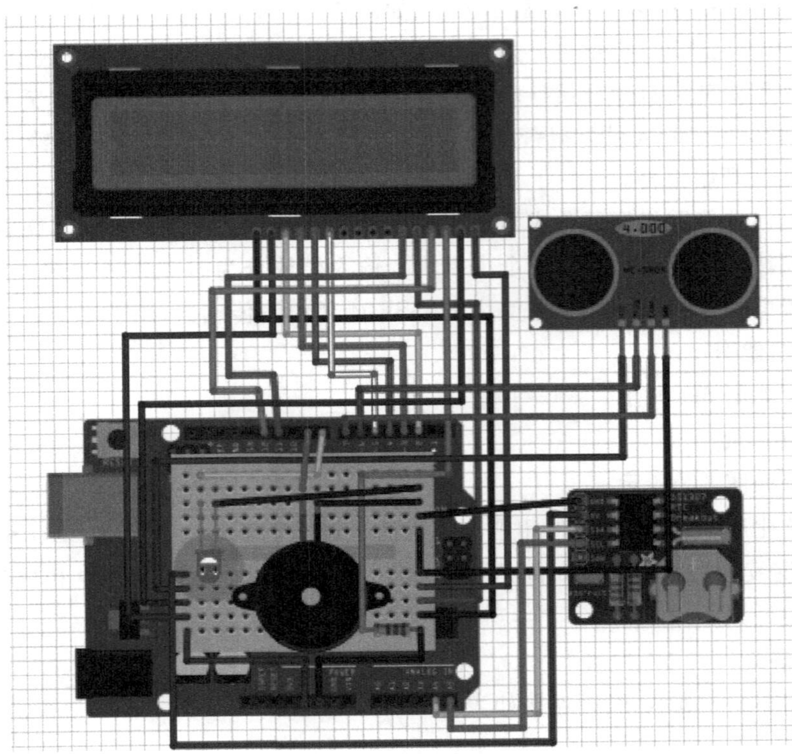

图 6-3 总电路图

表 6-1 引脚连接表

元件及引脚名		Arduino 开发板引脚
DS1307 时钟	SCL	A5
	SDA	A4
	VCC	5V
	GND	GND
1602 液晶显示屏	D4	5
	D5	4
	D6	3
	D7	2
	RS	12
	E	11
	R/W	GND
	Vo	通过 220Ω 电阻接 GND
	VCC	5V
	GND	GND
	BLA	5V
	BLK	GND
HC-SR04 超声波传感器	Trig	6
	Echo	7
	VCC	5V
	GND	GND
LED	正极	8
	负极	GND
蜂鸣器	正极	9
	负极	GND

6.2 模块介绍

本项目主要包括输入报警模块和 LCD 显示模块，下面分别给出各模块的功能介绍及相关代码。

6.2.1 输入报警模块

本部分内容包括输入报警模块的功能介绍及相关代码。

1. 功能介绍

本模块对外界信息进行收集、处理并按照设定条件驱动报警，主要由 C++代码实现。元件包括 Arduino 开发板、时钟模块、超声波传感器、蜂鸣器、LED 以及导线若干。

2. 相关代码

```
#include <Wire.h>
#ifndef _RTCLIB_H_
#define _RTCLIB_H_
class TimeSpan;
class DateTime {
public:
    DateTime (uint32_t t = 0);
    DateTime (uint16_t year, uint8_t month, uint8_t day, uint8_t hour = 0, uint8_t min = 0,
uint8_t sec = 0);
    DateTime (const DateTime& copy);
    DateTime (const char * date, const char * time);
    DateTime (const __FlashStringHelper * date, const __FlashStringHelper * time);
    uint16_t year() const { return 2000 + yOff; }
    uint8_t month() const { return m; }
    uint8_t day() const { return d; }
    uint8_t hour() const { return hh; }
    uint8_t minute() const { return mm; }
    uint8_t second() const { return ss; }
    uint8_t dayOfWeek() const;
    long secondstime() const;
    uint32_t unixtime(void) const;
    DateTime operator + (const TimeSpan& span);
    DateTime operator - (const TimeSpan& span);
    TimeSpan operator - (const DateTime& right);
protected:
    uint8_t yOff, m, d, hh, mm, ss;
};
class TimeSpan {
public:
    TimeSpan (int32_t seconds = 0);
    TimeSpan (int16_t days, int8_t hours, int8_t minutes, int8_t seconds);
    TimeSpan (const TimeSpan& copy);
    int16_t days() const { return _seconds / 86400L; }
    int8_t hours() const { return _seconds / 3600 % 24; }
    int8_t minutes() const { return _seconds / 60 % 60; }
    int8_t seconds() const { return _seconds % 60; }
    int32_t totalseconds() const { return _seconds; }
    TimeSpan operator + (const TimeSpan& right);
    TimeSpan operator - (const TimeSpan& right);
protected:
    int32_t _seconds;
};
enum Ds1307SqwPinMode { OFF = 0x00, ON = 0x80, SquareWave1HZ = 0x10, SquareWave4kHz = 0x11,
SquareWave8kHz = 0x12, SquareWave32kHz = 0x13 };
```

```
class RTC_DS1307 {
public:
    static uint8_t begin(void);
    static void adjust(const DateTime& dt);
    uint8_t isrunning(void);
    static DateTime now();
    static Ds1307SqwPinMode readSqwPinMode();
    static void writeSqwPinMode(Ds1307SqwPinMode mode);
    uint8_t readnvram(uint8_t address);
    void readnvram(uint8_t * buf, uint8_t size, uint8_t address);
    void writenvram(uint8_t address, uint8_t data);
    void writenvram(uint8_t address, uint8_t * buf, uint8_t size);
};
class RTC_Millis {
public:
    static void begin(const DateTime& dt) { adjust(dt); }
    static void adjust(const DateTime& dt);
    static DateTime now();
protected:
    static long offset;
};
#endif
#ifdef __AVR__
#include <avr/pgmspace.h>
#define WIRE Wire
#elif defined(ESP8266)
#include <pgmspace.h>
#define WIRE Wire
#else
#define PROGMEM
#define pgm_read_byte(addr) ( * (const unsigned char * )(addr))
#define WIRE Wire1
#endif
#define DS1307_ADDRESS 0x68
#define DS1307_CONTROL 0x07
#define DS1307_NVRAM 0x08
#define SECONDS_PER_DAY 86400L
#define SECONDS_FROM_1970_TO_2000 946684800
#if (ARDUINO >= 100)
#include <Arduino.h>
#define _I2C_WRITE write
#define _I2C_READ read
#else
#include <WProgram.h>
#define _I2C_WRITE send
#define _I2C_READ receive
#endif
```

```
const uint8_t daysInMonth [] PROGMEM = { 31,28,31,30,31,30,31,31,30,31,30,31 };
static uint16_t date2days(uint16_t y, uint8_t m, uint8_t d) {
    if (y >= 2000)
        y -= 2000;
    uint16_t days = d;
    for (uint8_t i = 1; i < m; ++i)
        days += pgm_read_byte(daysInMonth + i - 1);
    if (m > 2 && y % 4 == 0)
        ++days;
    return days + 365 * y + (y + 3) / 4 - 1;
}
static long time2long(uint16_t days, uint8_t h, uint8_t m, uint8_t s) {
    return ((days * 24L + h) * 60 + m) * 60 + s;
}
DateTime::DateTime (uint32_t t) {
    t -= SECONDS_FROM_1970_TO_2000;
    ss = t % 60;
    t /= 60;
    mm = t % 60;
    t /= 60;
    hh = t % 24;
    uint16_t days = t / 24;
    uint8_t leap;
    for (yOff = 0; ; ++yOff) {
        leap = yOff % 4 == 0;
        if (days < 365 + leap)
            break;
        days -= 365 + leap;
    }
    for (m = 1; ; ++m) {
        uint8_t daysPerMonth = pgm_read_byte(daysInMonth + m - 1);
        if (leap && m == 2)
            ++daysPerMonth;
        if (days < daysPerMonth)
            break;
        days -= daysPerMonth;
    }
    d = days + 1;
}
DateTime::DateTime (uint16_t year, uint8_t month, uint8_t day, uint8_t hour, uint8_t min,
uint8_t sec) {
    if (year >= 2000)
        year -= 2000;
    yOff = year;
    m = month;
    d = day;
    hh = hour;
```

```
    mm = min;
    ss = sec;
}
DateTime::DateTime (const DateTime& copy):
  yOff(copy.yOff),
  m(copy.m),
  d(copy.d),
  hh(copy.hh),
  mm(copy.mm),
  ss(copy.ss)
{}
static uint8_t conv2d(const char * p) {
    uint8_t v = 0;
    if ('0'<= *p && *p <= '9')
        v = *p - '0';
    return 10 * v + *++p - '0';
}
DateTime::DateTime (const char * date, const char * time) {
    yOff = conv2d(date + 9);
    switch (date[0]) {
        case 'J': m = date[1] == 'a'? 1 : m = date[2] == 'n'? 6 : 7; break;
        case 'F': m = 2; break;
        case 'A': m = date[2] == 'r'? 4 : 8; break;
        case 'M': m = date[2] == 'r'? 3 : 5; break;
        case 'S': m = 9; break;
        case 'O': m = 10; break;
        case 'N': m = 11; break;
        case 'D': m = 12; break;
    }
    d = conv2d(date + 4);
    hh = conv2d(time);
    mm = conv2d(time + 3);
    ss = conv2d(time + 6);
}
DateTime::DateTime (const __FlashStringHelper * date, const __FlashStringHelper * time) {
    char buff[11];
    memcpy_P(buff, date, 11);
    yOff = conv2d(buff + 9);
    switch (buff[0]) {
        case 'J': m = buff[1] == 'a'? 1 : m = buff[2] == 'n'? 6 : 7; break;
        case 'F': m = 2; break;
        case 'A': m = buff[2] == 'r'? 4 : 8; break;
        case 'M': m = buff[2] == 'r'? 3 : 5; break;
        case 'S': m = 9; break;
        case 'O': m = 10; break;
        case 'N': m = 11; break;
        case 'D': m = 12; break;
```

```
    }
    d = conv2d(buff + 4);
    memcpy_P(buff, time, 8);
    hh = conv2d(buff);
    mm = conv2d(buff + 3);
    ss = conv2d(buff + 6);
}
uint8_t DateTime::dayOfWeek() const {
    uint16_t day = date2days(yOff, m, d);
    return (day + 6) % 7;          //星期六则返回 6
}
uint32_t DateTime::unixtime(void) const {
  uint32_t t;
  uint16_t days = date2days(yOff, m, d);
  t = time2long(days, hh, mm, ss);
  t += SECONDS_FROM_1970_TO_2000;
  return t;
}
long DateTime::secondstime(void) const {
  long t;
  uint16_t days = date2days(yOff, m, d);
  t = time2long(days, hh, mm, ss);
  return t;
}
DateTime DateTime::operator + (const TimeSpan& span) {
  return DateTime(unixtime() + span.totalseconds());
}
DateTime DateTime::operator - (const TimeSpan& span) {
  return DateTime(unixtime() - span.totalseconds());
}
TimeSpan DateTime::operator - (const DateTime& right) {
  return TimeSpan(unixtime() - right.unixtime());
}
//时间间隔实现
TimeSpan::TimeSpan (int32_t seconds):
  _seconds(seconds)
{}
TimeSpan::TimeSpan (int16_t days, int8_t hours, int8_t minutes, int8_t seconds):
  _seconds(days * 86400L + hours * 3600 + minutes * 60 + seconds)
{}
TimeSpan::TimeSpan (const TimeSpan& copy):
  _seconds(copy._seconds)
{}
TimeSpan TimeSpan::operator + (const TimeSpan& right) {
  return TimeSpan(_seconds + right._seconds);
}
TimeSpan TimeSpan::operator - (const TimeSpan& right) {
```

```
    return TimeSpan(_seconds - right._seconds);
}
//RTC_DS1307 实现
static uint8_t bcd2bin (uint8_t val) { return val - 6 * (val >> 4); }
static uint8_t bin2bcd (uint8_t val) { return val + 6 * (val / 10); }
uint8_t RTC_DS1307::begin(void) {
    return 1;
}
uint8_t RTC_DS1307::isrunning(void) {
    WIRE.beginTransmission(DS1307_ADDRESS);
    WIRE._I2C_WRITE(0);
    WIRE.endTransmission();
    WIRE.requestFrom(DS1307_ADDRESS, 1);
    uint8_t ss = WIRE._I2C_READ();
    return !(ss >> 7);
}
void RTC_DS1307::adjust(const DateTime& dt) {
    WIRE.beginTransmission(DS1307_ADDRESS);
    WIRE._I2C_WRITE(0);
    WIRE._I2C_WRITE(bin2bcd(dt.second()));
    WIRE._I2C_WRITE(bin2bcd(dt.minute()));
    WIRE._I2C_WRITE(bin2bcd(dt.hour()));
    WIRE._I2C_WRITE(bin2bcd(0));
    WIRE._I2C_WRITE(bin2bcd(dt.day()));
    WIRE._I2C_WRITE(bin2bcd(dt.month()));
    WIRE._I2C_WRITE(bin2bcd(dt.year() - 2000));
    WIRE._I2C_WRITE(0);
    WIRE.endTransmission();
}
DateTime RTC_DS1307::now() {
    WIRE.beginTransmission(DS1307_ADDRESS);
    WIRE._I2C_WRITE(0);
    WIRE.endTransmission();
    WIRE.requestFrom(DS1307_ADDRESS, 7);
    uint8_t ss = bcd2bin(WIRE._I2C_READ() & 0x7F);
    uint8_t mm = bcd2bin(WIRE._I2C_READ());
    uint8_t hh = bcd2bin(WIRE._I2C_READ());
    WIRE._I2C_READ();
    uint8_t d = bcd2bin(WIRE._I2C_READ());
    uint8_t m = bcd2bin(WIRE._I2C_READ());
    uint16_t y = bcd2bin(WIRE._I2C_READ()) + 2000;
    return DateTime (y, m, d, hh, mm, ss);
}
Ds1307SqwPinMode RTC_DS1307::readSqwPinMode() {
    int mode;
    WIRE.beginTransmission(DS1307_ADDRESS);
    WIRE._I2C_WRITE(DS1307_CONTROL);
```

```
    WIRE.endTransmission();
    WIRE.requestFrom((uint8_t)DS1307_ADDRESS, (uint8_t)1);
    mode = WIRE._I2C_READ();
    mode &= 0x93;
    return static_cast<Ds1307SqwPinMode>(mode);
}
void RTC_DS1307::writeSqwPinMode(Ds1307SqwPinMode mode) {
    WIRE.beginTransmission(DS1307_ADDRESS);
    WIRE._I2C_WRITE(DS1307_CONTROL);
    WIRE._I2C_WRITE(mode);
    WIRE.endTransmission();
}
void RTC_DS1307::readnvram(uint8_t* buf, uint8_t size, uint8_t address) {
    int addrByte = DS1307_NVRAM + address;
    WIRE.beginTransmission(DS1307_ADDRESS);
    WIRE._I2C_WRITE(addrByte);
    WIRE.endTransmission();
    WIRE.requestFrom((uint8_t) DS1307_ADDRESS, size);
    for (uint8_t pos = 0; pos < size; ++pos) {
      buf[pos] = WIRE._I2C_READ();
    }
}
void RTC_DS1307::writenvram(uint8_t address, uint8_t* buf, uint8_t size) {
    int addrByte = DS1307_NVRAM + address;
    WIRE.beginTransmission(DS1307_ADDRESS);
    WIRE._I2C_WRITE(addrByte);
    for (uint8_t pos = 0; pos < size; ++pos) {
      WIRE._I2C_WRITE(buf[pos]);
    }
    WIRE.endTransmission();
}
uint8_t RTC_DS1307::readnvram(uint8_t address) {
    uint8_t data;
    readnvram(&data, 1, address);
    return data;
}
void RTC_DS1307::writenvram(uint8_t address, uint8_t data) {
    writenvram(address, &data, 1);
}
//RTC_Millis 实现
long RTC_Millis::offset = 0;
void RTC_Millis::adjust(const DateTime& dt) {
      offset = dt.unixtime() - millis() / 1000;
}
DateTime RTC_Millis::now() {
    return (uint32_t)(offset + millis() / 1000);
}
```

```
RTC_DS1307 RTC;
const int TrigPin = 6;                  //超声波发射端
const int EchoPin = 7;                  //超声波接收端
float cm;                               //定义超声波测量距离变量
int distan;                             //定义报警距离
int led_pin = 8;                        //LED 指示灯
int buzzer_pin = 9;                     //蜂鸣器
int ringtime = 0;                       //提醒时间
void loop () {
        //Serial.println(analogRead(A0));
        DateTime now = RTC.now();
        //Serial.print(now.hour(), DEC);
        digitalWrite(buzzer_pin,LOW);  //蜂鸣器置低电平
        digitalWrite(TrigPin, LOW);    //发送一个低电平
        delayMicroseconds(2);          //延时
        digitalWrite(TrigPin, HIGH);   //再发送高电平
        delayMicroseconds(10);         //延时
        digitalWrite(TrigPin, LOW);    //发送低电平
        cm = pulseIn(EchoPin, HIGH) / 58.00; /* 将返回声波时间换算成厘米(cm),pulseIn()
单位为 μs,声速 344m/s,所以距离(cm) = 344 * 100/1000000 * pulseIn()/2(往返时间)约等于
pulseIn()/58.08 */
        //Serial.println(cm);          //此句用于测试
        cm = (int(cm * 100))/100;      //先取整,然后保留两位小数
       //Serial.println(cm);
  if (cm >= 2&&cm <= 10)               //设定一个范围,如果在这个范围内指示灯亮
     {
     digitalWrite(led_pin,HIGH);       //满足条件就输出高电平,指示灯亮
     digitalWrite(buzzer_pin,HIGH);    //满足条件就输出高电平,蜂鸣器响
     delay(500); //延时 500ms
     digitalWrite(led_pin,LOW);        //熄灭 LED
     digitalWrite(buzzer_pin,LOW);     //关闭蜂鸣器
      }
if ((now.hour(), DEC) == ringtime){
    digitalWrite(led_pin,HIGH);        //满足条件就输出高电平,指示灯亮
    //digitalWrite(buzzer_pin,HIGH);   //满足条件就输出高电平,蜂鸣器响
    delay(1000); //延时 500ms
    digitalWrite(led_pin,LOW);         //熄灭 LED
    //digitalWrite(buzzer_pin,LOW);    //关闭蜂鸣器
  }
```

6.2.2　LCD 显示模块

本部分内容包括 LCD 显示模块的功能介绍及相关代码。

1. 功能介绍

本部分将传输输入部分的数据并在 LCD1602 显示屏上显示出来，元件包括 LCD1602 显示屏、Arduino 开发板和导线若干。

2. 相关代码

```
#ifndef LiquidCrystal_h
#define LiquidCrystal_h
#include <inttypes.h>
#include "Print.h"
//命令
#define LCD_CLEARDISPLAY 0x01
#define LCD_RETURNHOME 0x02
#define LCD_ENTRYMODESET 0x04
#define LCD_DISPLAYCONTROL 0x08
#define LCD_CURSORSHIFT 0x10
#define LCD_FUNCTIONSET 0x20
#define LCD_SETCGRAMADDR 0x40
#define LCD_SETDDRAMADDR 0x80
//显示进入模式标志
#define LCD_ENTRYRIGHT 0x00
#define LCD_ENTRYLEFT 0x02
#define LCD_ENTRYSHIFTINCREMENT 0x01
#define LCD_ENTRYSHIFTDECREMENT 0x00
//显示开关控制标志
#define LCD_DISPLAYON 0x04
#define LCD_DISPLAYOFF 0x00
#define LCD_CURSORON 0x02
#define LCD_CURSOROFF 0x00
#define LCD_BLINKON 0x01
#define LCD_BLINKOFF 0x00
//显示/光标移位标识
#define LCD_DISPLAYMOVE 0x08
#define LCD_CURSORMOVE 0x00
#define LCD_MOVERIGHT 0x04
#define LCD_MOVELEFT 0x00
//功能集标志
#define LCD_8BITMODE 0x10
#define LCD_4BITMODE 0x00
#define LCD_2LINE 0x08
#define LCD_1LINE 0x00
#define LCD_5x10DOTS 0x04
#define LCD_5x8DOTS 0x00
class LiquidCrystal : public Print {
public:
  LiquidCrystal(uint8_t rs, uint8_t enable,
    uint8_t d0, uint8_t d1, uint8_t d2, uint8_t d3,
    uint8_t d4, uint8_t d5, uint8_t d6, uint8_t d7);
  LiquidCrystal(uint8_t rs, uint8_t rw, uint8_t enable,
    uint8_t d0, uint8_t d1, uint8_t d2, uint8_t d3,
    uint8_t d4, uint8_t d5, uint8_t d6, uint8_t d7);
```

```
    LiquidCrystal(uint8_t rs, uint8_t rw, uint8_t enable,
      uint8_t d0, uint8_t d1, uint8_t d2, uint8_t d3);
    LiquidCrystal(uint8_t rs, uint8_t enable,
      uint8_t d0, uint8_t d1, uint8_t d2, uint8_t d3);
  void init(uint8_t fourbitmode, uint8_t rs, uint8_t rw, uint8_t enable,
      uint8_t d0, uint8_t d1, uint8_t d2, uint8_t d3,
      uint8_t d4, uint8_t d5, uint8_t d6, uint8_t d7);
    void begin(uint8_t cols, uint8_t rows, uint8_t charsize = LCD_5x8DOTS);
    void clear();
    void home();
    void noDisplay();
    void display();
    void noBlink();
    void blink();
    void noCursor();
    void cursor();
    void scrollDisplayLeft();
    void scrollDisplayRight();
    void leftToRight();
    void rightToLeft();
    void autoscroll();
    void noAutoscroll();
    void setRowOffsets(int row1, int row2, int row3, int row4);
    void createChar(uint8_t, uint8_t[]);
    void setCursor(uint8_t, uint8_t);
    virtual size_t write(uint8_t);
    void command(uint8_t);
    using Print::write;
private:
    void send(uint8_t, uint8_t);
    void write4bits(uint8_t);
    void write8bits(uint8_t);
    void pulseEnable();
    uint8_t _rs_pin;
    uint8_t _rw_pin;
    uint8_t _enable_pin;
    uint8_t _data_pins[8];
    uint8_t _displayfunction;
    uint8_t _displaycontrol;
    uint8_t _displaymode;
    uint8_t _initialized;
    uint8_t _numlines;
    uint8_t _row_offsets[4];
};
#endif
#include <stdio.h>
#include <string.h>
```

```
#include <inttypes.h>
#include "Arduino.h"
LiquidCrystal::LiquidCrystal(uint8_t rs, uint8_t rw, uint8_t enable,
             uint8_t d0, uint8_t d1, uint8_t d2, uint8_t d3,
             uint8_t d4, uint8_t d5, uint8_t d6, uint8_t d7)
{
  init(0, rs, rw, enable, d0, d1, d2, d3, d4, d5, d6, d7);
}
LiquidCrystal::LiquidCrystal(uint8_t rs, uint8_t enable,
             uint8_t d0, uint8_t d1, uint8_t d2, uint8_t d3,
             uint8_t d4, uint8_t d5, uint8_t d6, uint8_t d7)
{
  init(0, rs, 255, enable, d0, d1, d2, d3, d4, d5, d6, d7);
}
LiquidCrystal::LiquidCrystal(uint8_t rs, uint8_t rw, uint8_t enable,
             uint8_t d0, uint8_t d1, uint8_t d2, uint8_t d3)
{
  init(1, rs, rw, enable, d0, d1, d2, d3, 0, 0, 0, 0);
}
LiquidCrystal::LiquidCrystal(uint8_t rs, uint8_t enable,
             uint8_t d0, uint8_t d1, uint8_t d2, uint8_t d3)
{
  init(1, rs, 255, enable, d0, d1, d2, d3, 0, 0, 0, 0);
}
void LiquidCrystal::init(uint8_t fourbitmode, uint8_t rs, uint8_t rw, uint8_t enable,
         uint8_t d0, uint8_t d1, uint8_t d2, uint8_t d3,
         uint8_t d4, uint8_t d5, uint8_t d6, uint8_t d7)
{
  _rs_pin = rs;
  _rw_pin = rw;
  _enable_pin = enable;
  _data_pins[0] = d0;
  _data_pins[1] = d1;
  _data_pins[2] = d2;
  _data_pins[3] = d3;
  _data_pins[4] = d4;
  _data_pins[5] = d5;
  _data_pins[6] = d6;
  _data_pins[7] = d7;
  if (fourbitmode)
    _displayfunction = LCD_4BITMODE | LCD_1LINE | LCD_5x8DOTS;
  else
    _displayfunction = LCD_8BITMODE | LCD_1LINE | LCD_5x8DOTS;
  begin(16, 1);
}
void LiquidCrystal::begin(uint8_t cols, uint8_t lines, uint8_t dotsize) {
  if (lines > 1) {
```

```
    _displayfunction |= LCD_2LINE;
  }
  _numlines = lines;
  setRowOffsets(0x00, 0x40, 0x00 + cols, 0x40 + cols);
  if ((dotsize != LCD_5x8DOTS) && (lines == 1)) {
    _displayfunction |= LCD_5x10DOTS;
  }
  pinMode(_rs_pin, OUTPUT);
  if (_rw_pin != 255) {
    pinMode(_rw_pin, OUTPUT);
  }
  pinMode(_enable_pin, OUTPUT);
  for (int i = 0; i<((_displayfunction & LCD_8BITMODE) ? 8 : 4); ++i)
  {
    pinMode(_data_pins[i], OUTPUT);
   }
  delayMicroseconds(50000);
  digitalWrite(_rs_pin, LOW);
  digitalWrite(_enable_pin, LOW);
  if (_rw_pin != 255) {
    digitalWrite(_rw_pin, LOW);
  }
  if (! (_displayfunction & LCD_8BITMODE)) {    //设置 LCD 为 4 或 8 比特模式
    write4bits(0x03);
    delayMicroseconds(4500);            //等待 4.1ms
    write4bits(0x03);
    delayMicroseconds(4500);            //等待 4.1ms
    write4bits(0x03);
    delayMicroseconds(150);
    write4bits(0x02);                   //设置为 4 比特模式
  } else {
    command(LCD_FUNCTIONSET | _displayfunction);
    delayMicroseconds(4500);            //等待 4.1ms
    command(LCD_FUNCTIONSET | _displayfunction);
    delayMicroseconds(150);
    command(LCD_FUNCTIONSET | _displayfunction);
  }
  //设置字体字号等
  command(LCD_FUNCTIONSET | _displayfunction);
  //打开显示屏默认没有光标闪烁
  _displaycontrol = LCD_DISPLAYON | LCD_CURSOROFF | LCD_BLINKOFF;
  display();
  clear();                              //清除
  //初始化默认文本方向
  _displaymode = LCD_ENTRYLEFT | LCD_ENTRYSHIFTDECREMENT;
  command(LCD_ENTRYMODESET | _displaymode);
}
```

```
void LiquidCrystal::setRowOffsets(int row0, int row1, int row2, int row3)
{
  _row_offsets[0] = row0;
  _row_offsets[1] = row1;
  _row_offsets[2] = row2;
  _row_offsets[3] = row3;
}
void LiquidCrystal::clear()
{
  command(LCD_CLEARDISPLAY);            //清除显示,设置光标到 0 位置
  delayMicroseconds(2000);
}
void LiquidCrystal::home()
{
  command(LCD_RETURNHOME);
  delayMicroseconds(2000);
}
void LiquidCrystal::setCursor(uint8_t col, uint8_t row)
{
  const size_t max_lines = sizeof(_row_offsets) / sizeof( * _row_offsets);
  if ( row >= max_lines ) {
    row = max_lines - 1;
  }
  if ( row >= _numlines ) {
    row = _numlines - 1;
  }
  command(LCD_SETDDRAMADDR | (col + _row_offsets[row]));
}
void LiquidCrystal::noDisplay() {
  _displaycontrol &= ~LCD_DISPLAYON;
  command(LCD_DISPLAYCONTROL | _displaycontrol);
}
void LiquidCrystal::display() {
  _displaycontrol |= LCD_DISPLAYON;
  command(LCD_DISPLAYCONTROL | _displaycontrol);
}
void LiquidCrystal::noCursor() {
  _displaycontrol &= ~LCD_CURSORON;
  command(LCD_DISPLAYCONTROL | _displaycontrol);
}
void LiquidCrystal::cursor() {
  _displaycontrol |= LCD_CURSORON;
  command(LCD_DISPLAYCONTROL | _displaycontrol);
}
void LiquidCrystal::noBlink() {
  _displaycontrol &= ~LCD_BLINKON;
  command(LCD_DISPLAYCONTROL | _displaycontrol);
```

```
}
void LiquidCrystal::blink() {
  _displaycontrol |= LCD_BLINKON;
  command(LCD_DISPLAYCONTROL | _displaycontrol);
}
void LiquidCrystal::scrollDisplayLeft(void) {
  command(LCD_CURSORSHIFT | LCD_DISPLAYMOVE | LCD_MOVELEFT);
}
void LiquidCrystal::scrollDisplayRight(void) {
  command(LCD_CURSORSHIFT | LCD_DISPLAYMOVE | LCD_MOVERIGHT);
}
void LiquidCrystal::leftToRight(void) {
  _displaymode |= LCD_ENTRYLEFT;
  command(LCD_ENTRYMODESET | _displaymode);
}
void LiquidCrystal::rightToLeft(void) {
  _displaymode &= ~LCD_ENTRYLEFT;
  command(LCD_ENTRYMODESET | _displaymode);
}
void LiquidCrystal::autoscroll(void) {
  _displaymode |= LCD_ENTRYSHIFTINCREMENT;
  command(LCD_ENTRYMODESET | _displaymode);
}
void LiquidCrystal::noAutoscroll(void) {
  _displaymode &= ~LCD_ENTRYSHIFTINCREMENT;
  command(LCD_ENTRYMODESET | _displaymode);
}
void LiquidCrystal::createChar(uint8_t location, uint8_t charmap[]) {
  location &= 0x7;
  command(LCD_SETCGRAMADDR | (location << 3));
  for (int i = 0; i < 8; i++) {
    write(charmap[i]);
  }
}
inline void LiquidCrystal::command(uint8_t value) {
  send(value, LOW);
}
inline size_t LiquidCrystal::write(uint8_t value) {
  send(value, HIGH);
  return 1;
}
void LiquidCrystal::send(uint8_t value, uint8_t mode) {
   digitalWrite(_rs_pin, mode);
   if (_rw_pin != 255) {
    digitalWrite(_rw_pin, LOW);
```

```
  }
  if (_displayfunction & LCD_8BITMODE) {
    write8bits(value);
  } else {
    write4bits(value >> 4);
    write4bits(value);
  }
}
void LiquidCrystal::pulseEnable(void) {
  digitalWrite(_enable_pin, LOW);
  delayMicroseconds(1);
  digitalWrite(_enable_pin, HIGH);
  delayMicroseconds(1);
  digitalWrite(_enable_pin, LOW);
  delayMicroseconds(100);
}
void LiquidCrystal::write4bits(uint8_t value) {
  for (int i = 0; i < 4; i++) {
    digitalWrite(_data_pins[i], (value >> i) & 0x01);
  }
  pulseEnable();
}
void LiquidCrystal::write8bits(uint8_t value) {
  for (int i = 0; i < 8; i++) {
    digitalWrite(_data_pins[i], (value >> i) & 0x01);
  }
  pulseEnable();
}
LiquidCrystal lcd(12,11,5,4,3,2);
void setup ()
{
    Serial.begin(9600);
    pinMode(TrigPin, OUTPUT);             //设置引脚为输出
    pinMode(EchoPin, INPUT);              //设置引脚为输入
    lcd.begin(16,2);
    pinMode(led_pin,OUTPUT);
pinMode(buzzer_pin,OUTPUT);
Wire.begin();
    RTC.begin();
    RTC.adjust(DateTime(__DATE__, __TIME__));
}
void loop()
{
lcd.clear();
   //lcd.print("Study Friend");           //将信息显示在 LCD 上
```

```
    lcd.setCursor(0,0);                     //将闪烁的光标设置到 0
    lcd.print("Distance:");                 //将信息显示在 LCD 上
    lcd.print(cm);                          //将信息显示在 LCD 上
    if (analogRead(A0)> 300){
      lcd.setCursor(0,1);                   //将闪烁的光标设置到第 0 列、第 1 行
      lcd.print("PHONE ON");                //将信息显示在 LCD 上
      ringtime = now.hour() + 1;            //超过 1h 就提醒
      Serial.println(ringtime);
    }else{
      lcd.setCursor(0,1);
      lcd.print("NO PHONE");                //将信息显示在 LCD 上
}
}
```

6.3 产品展示

产品整体外观正面如图 6-4 所示，背面如图 6-5 所示。

图 6-4　产品整体外观正面图

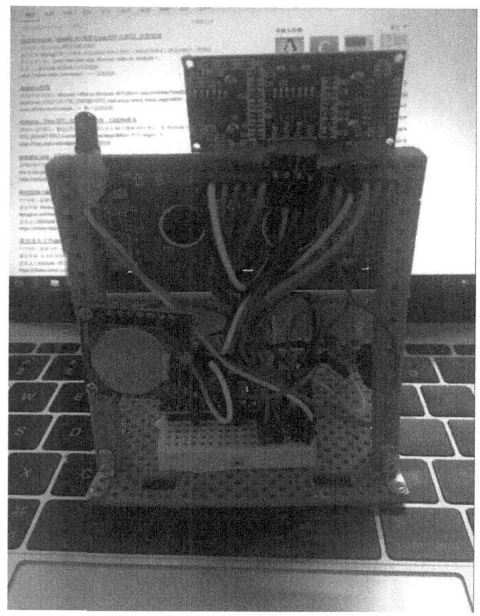

图 6-5　产品整体外观背面图

6.4 元件清单

完成本项目所用到的元件及其数量如表 6-2 所示。

表 6-2　元件清单

元件/测试仪表	数量
Arduino UNO 开发板	1 个
HC-SR04 超声波传感器	1 个
LCD1602 显示屏	1 个
内置电池	1 个
DS1307 时钟模块	1 个
蜂鸣器	1 个
220Ω 电阻	1 个
LED	1 个
导线	若干
固定塑料板	若干

第7章 睡眠伴侣项目设计①

本项目基于 Arduino 开发平台，通过脉搏传感器监测心跳以及心跳的变化，将变化的时间通过 ESP8266 模块上传至数据库，判断使用者是否睡眠。

7.1 功能及总体设计

本项目利用 ESP8266 模块实现了数据的传输，将脉搏传感器记录的数据在网页上直观地展示出来，并添加 LED 显示使用者是否处于睡眠状态的功能。

要实现上述功能需将作品分成三部分进行设计，即 Arduino 开发板模块、服务器模块、前端模块。Arduino 开发板模块主要为脉搏传感器传输数据，ESP8266 模块实现与数据库的连接并传输数据；服务器模块通过 PHP 的 GET 实现对传感器数据提取，通过 ESP8266 模块实现传至数据库；前端模块通过 HTML 与 PHP 的结合实现数据显示及数据分析。

1. 整体框架图

整体框架如图 7-1 所示。

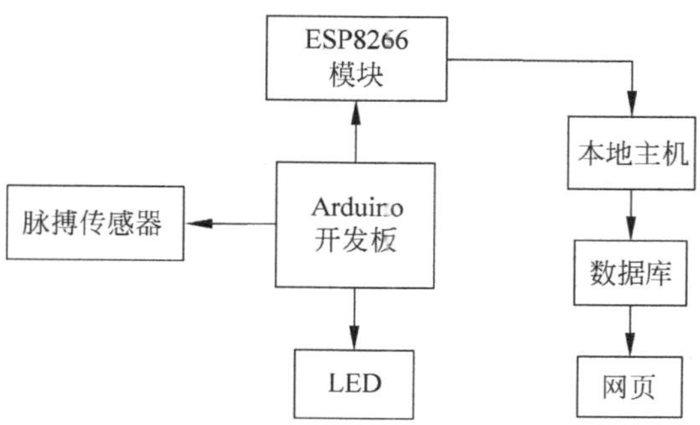

图 7-1 整体框架图

① 本章根据唐亚璇、马如彬的项目设计整理而成。

2. 系统流程图

系统流程如图 7-2 所示。

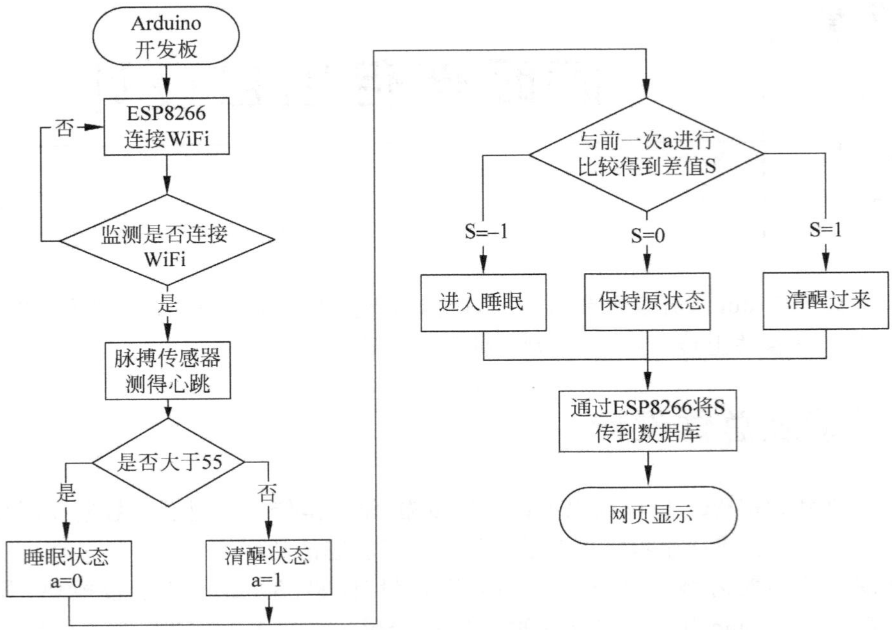

图 7-2 系统流程图

当心跳小于 55 时表示使用者处于睡眠状态，此时输出 0；大于 55 时表示处于清醒状态，输出 1。比较前后两次数据并进行减法运算，当值为－1 时表示进入睡眠，记录此时时间；当值为 1 时表示清醒，记录此时时间，通过 ESP8266 模块向数据库传递数据。

3. 总电路图

系统总电路如图 7-3 所示，引脚连接如表 7-1 所示。

表 7-1 引脚连接表

元件及引脚名		Arduino 开发板引脚
ESP8266	UTXD	2
	CH_PD	3.3V
	VCC	3.3V
	URXD	3
	GND	GND
脉搏传感器	信号输出 S 引脚	A0
	VCC	5V
	GND	GND
LED	正极	13
	负极	GND

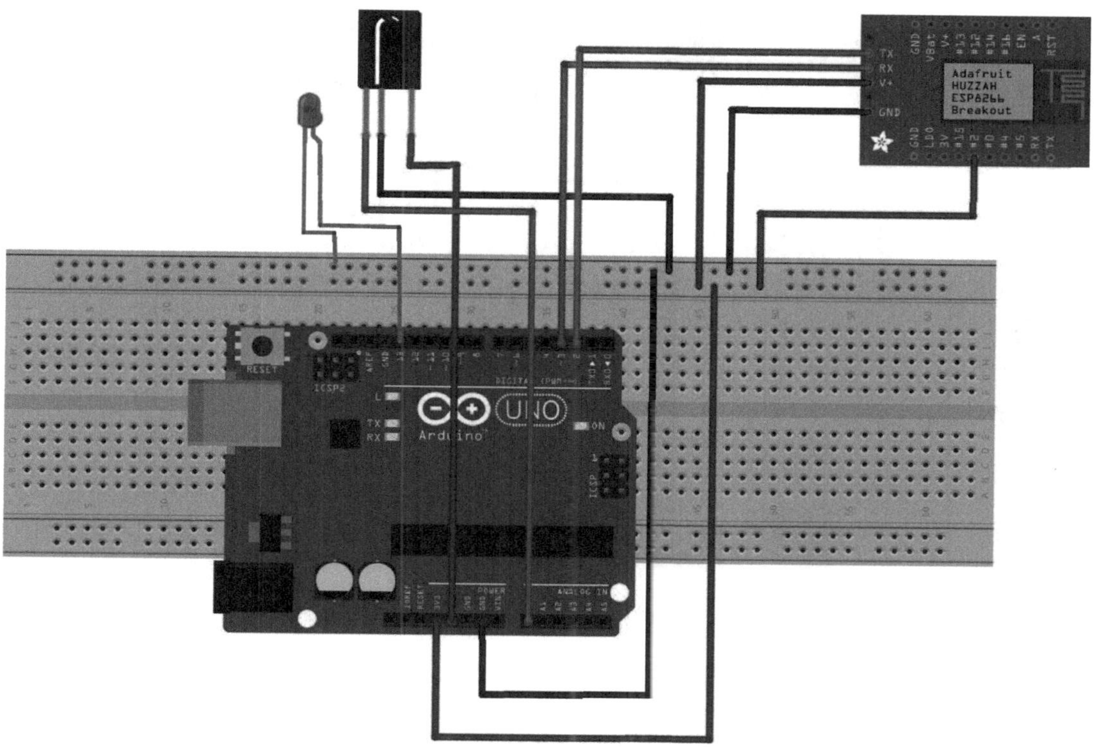

图 7-3　总电路图

7.2　模块介绍

本项目主要包括 Arduino 开发板模块、服务器模块和前端模块，下面分别给出各模块的功能介绍及相关代码。

7.2.1　Arduino 开发板模块

本部分内容包括 Arduino 开发板的功能介绍及相关代码。

1. 功能介绍

首先，当人们熟睡时心率降低(睡眠中的心跳次数可以低达 50 次/min)，这可以判断是否处于睡眠状态。其次，比较此时与上一时刻的心率值，从而得到变化的时间，然后通过 ESP8266 传输数据，同时加入 LED，在使用者清醒时亮起，进入睡眠后熄灭。元件包括脉搏传感器、ESP8266 模块、LED、Arduino 开发板和寻线若干，电路连接如图 7-4 所示。

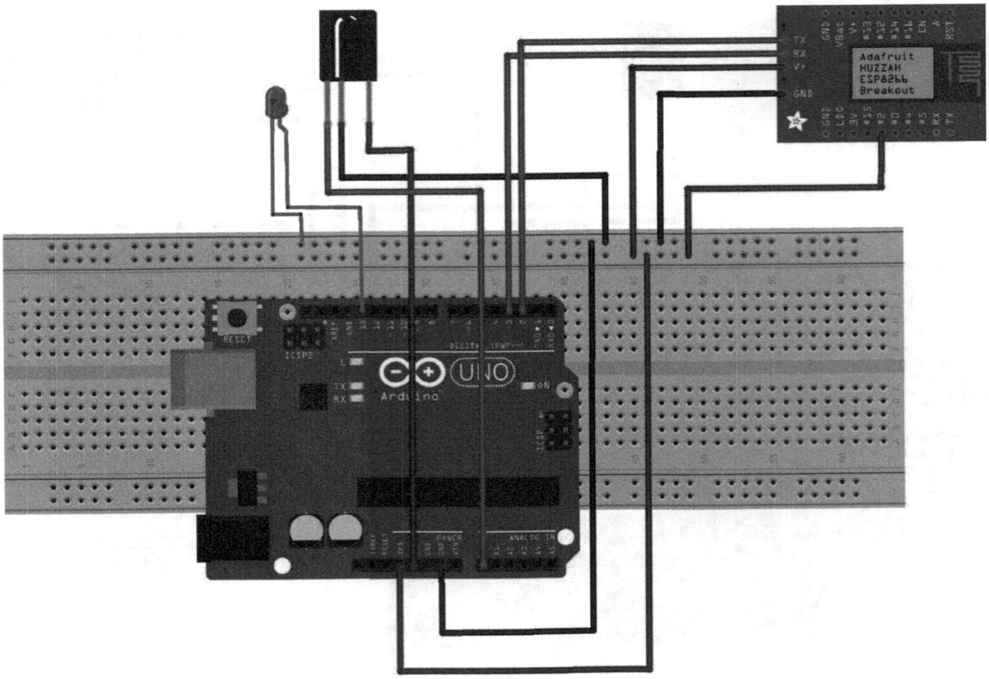

图 7-4　Arduino 开发板模块电路连接图

2. 相关代码

```
#include <ESP8266.h>
#ifdef ESP32
#error "This code is not recommended to run on the ESP32 platform! Please check your Tools->
Board setting."
#endif
#if defined(__AVR_ATmega32U4__) || defined(__AVR_ATmega1284P__) || defined (__AVR_
ATmega644P__) || defined(__AVR_ATmega128RFA1__)
#define EspSerial Serial1
#define UARTSPEED 115200
#endif
#if defined (__AVR_ATmega168__) || defined (__AVR_ATmega328__) || defined (__AVR_ATmega328P__)
//预处理
#include <SoftwareSerial.h>
SoftwareSerial mySerial(2, 3); /* 定义 RX 接引脚 2, TX 接引脚 3 */
#define EspSerial mySerial
#define UARTSPEED 9600
#endif
#define SSID "tang"//WiFi 模块所需连接的 WiFi(热点)
#define PASSWORD "tkqe2260"//WiFi(热点)的密码
```

```
#define HOST_NAME "192.168.43.114"          //需要访问的网页地址或 IP
#define HOST_PORT (80)                      //HTTP 协议默认端口为 80
ESP8266 wifi(&EspSerial);
int LED13 = 13;
int PulseSensorPurplePin = 0;
int S = 0,si,a = 1,during = 0;
int Threshold = 550;
char number = 0;                            //帮助在发送报文时重新建立 TCP 连接
void setup(void)
{
  pinMode(LED13,OUTPUT);
  Serial.begin(115200);
  while (!Serial);
  Serial.print(F("setup begin\r\n"));
  delay(100);
  WifiInit(EspSerial, UARTSPEED);
  Serial.print(F("FW Version: "));
  Serial.println(wifi.getVersion().c_str());
  if (wifi.setOprToStation())               //WiFi 初始化并开启
  {
    Serial.print(F("to station ok\r\n"));
  }
  else
  {
    Serial.print(F("to station err\r\n"));
  }
  if (wifi.joinAP(SSID, PASSWORD))          //判断 ESP8266 是否连接到 WiFi
  {
    Serial.print(F("Join AP success\r\n"));
    Serial.println(wifi.getLocalIP().c_str());
  }
  else {
    Serial.print(F("Join AP failure\r\n"));
  }
  Serial.print(F("setup end\r\n"));
  if (mySerial.available())
        Serial.write(mySerial.read());
  if (Serial.available())
        mySerial.write(Serial.read());
  if (wifi.createTCP(HOST_NAME, HOST_PORT)) //建立 TCP 请求
    { Serial.print("create tcp ok\r\n");}
  else
    {Serial.print("create tcp err\r\n");}
    Serial.begin(115200);
}
void loop()
{
```

```
uint8_t buffer[300] = {0};
number++;
char f1[20];
char f2[20];
si = analogRead(PulseSensorPurplePin);      //脉搏传感器的输出
if(si > Threshold){                         //进行比较后对 S 和 during 赋值
  digitalWrite(LED13,HIGH);
  si = 1;
  S = si - a;
  a = si;
  Serial.println(si);
  Serial.println(S);
  Serial.println(during);}
else
  {digitalWrite(LED13,LOW);
  si = 0;S = si - a;a = si;during = during + 2;
   Serial.println(si);
   Serial.println(S);
   Serial.println(during);}
   dtostrf(S,1,0,f1);
   dtostrf(during,1,0,f2);
   //Serial.println(f1);
   Serial.println(" ************************ ");
   char * hello = (char * )malloc(sizeof(char) * 130);
   strcat(hello,"GET /shui/index.php?S = ");
   strcat(hello,f1);                          //其中 f1 即为转换成字符串的形式
   strcat(hello,"&during = ");
   strcat(hello,f2);                          //其中 f2 即为转换成字符串的形式
   strcat(hello," HTTP/1.1\r\nHost: 192.168.43.114\r\nConnection: keep - alive\r\n\r\n");
   Serial.println(hello);                     //通过 HTTP GET 方法访问本地数据库
   wifi.send((const uint8_t * )hello, strlen(hello));   //向服务器发起 Http 请求
   free(hello);
   uint32_t len = wifi.recv(buffer, sizeof(buffer), 1000);
   //本地服务器返回给客户端的内容长度
 if (len > 0)
 {
      Serial.print("Received:[");
      for(uint32_t i = 0; i < len; i++)
      {
          Serial.print((char)buffer[i]); //显示服务器返回内容
      }
      Serial.print("]\r\n");
   }
delay(1000);                                  //延时
}
```

7.2.2 服务器模块

本部分内容包括后台模块的功能介绍及相关代码。

1. 功能介绍

Arduino 开发板通过 ESP8266 与本机连接相同的 WiFi，从而连接到本机服务器。通过服务器 index.php 文件中最主要的 GET 获取数据，SQL 向数据库中插入传感器获得的数据。此部分由 PHP 和 SQL 实现，编译环境为 Eclipse，硬件部分使用计算机实现。

2. 相关代码

```
<?php
 $ servername = "localhost";
 $ username = "sleep";
 $ password = "123456";
 $ dbname = "sleep";
//创建连接
 $ conn = new mysqli( $ servername, $ username, $ password, $ dbname);
//检测连接
if (! $ conn) {
    die("Connection failed:" . $ conn -> connect_error);
}
else
    echo "Connected successfully";
     $ stmt = $ conn -> prepare("INSERT INTO shuijiao(S, during) VALUES (?,?)");
     $ stmt -> bind_param("ss", $ ppp, $ firstname);
     $ ppp = $ _GET["S"];
     $ firstname = $ _GET["during"];
if ( $ conn -> query( $ sql) == = TRUE) {
    echo "新记录插入成功";
} else {
    echo "Error: " . $ sql . "<br>" . $ conn -> error,
}
 $ stmt -> execute();
 $ stmt -> close();
 $ conn -> close();
?>
```

7.2.3 前端模块

本部分内容包括前端模块的功能介绍及相关代码。

1. 功能介绍

本部分通过 HTML、PHP 和 SQL 的结合，实现在网页上显示数据及分析数据。网页通过连接本机服务器的数据库，使用 SQL 语言实现数据的获取，并使用 HTML 与 CSS 的结合将数据显示在主网页上，包括每天的睡眠时间及时长。在副网页对数据进行分析并提出建议，显示近日睡眠时长，求得平均值，当大于 9h 给出建议“睡眠太多，少睡点起床干活了”；当大于 8h 小于 9h，给出建议“睡眠充足，继续保持”；当小于 8h，给出建议“睡眠太少，多注意休息哦”。此部分主要由 HTML、PHP 和 SQL 实现，编译环境为 Eclipse，硬件部分使用计算机或者手机实现。

2. 相关代码

```
//主页代码
<!DOCTYPE html>
<html lang = "en">
<?php
 $servername = "localhost";
 $username = "sleep";
 $password = "123456";
 $dbname = "sleep";
 $conn = new mysqli( $servername, $username, $password, $dbname);?>
<head>
    <meta charset = "UTF - 8">
    <title>睡眠伴侣</title>
    <link rel = "stylesheet" type = "text/css" href = "shui.css">
</head>
<body>
<div id = "lala"><a href = "http://localhost/shui/second html.php"><img src = "ima/log.jpg"
style = "float:left" ></a></div>
<div id = "body6"><br><br><p>点击 logo 获取更多信息</p></div>
<div class = "ha" style = "position:absolute; left:2px; top:122px;z - index: 1;">
    <img src = "ima/shui.jpg"></div>
<div class = "la" style = "position:absolute;left:2px; top:122px;z - index: 2;">
    <img src = "ima/shui2.jpg"></div>
<br>
<div id = "body1">
    <p align = "center">GET YOUR</p>
    <p align = "center"> INFORMATION</p>
</div>
<div id = "body2">
    <p>睡觉时间</p>
<?php
 $sql = "SELECT * FROM shuijiao WHERE S = - 1 order by date desc LIMIT 1";
 $result = $conn -> query( $sql);
if ( $result -> num_rows > 0) {
    while( $row = $result -> fetch_assoc())
    { //if ( $row['S'] == - 1)
      echo $row['date'];echo "<br>";}
}
?>
</div>
<div id = "body3">
```

```
    <p>早起时间</p>
<?php
 $sql = "SELECT * FROM shuijiao WHERE S = 1 order by date desc LIMIT 1";
 $result = $conn->query($sql);
if ($result->num_rows > 0) {
    //输出数据
    while($row = $result->fetch_assoc())
    { //if ($row['S'] == 1)
     echo $row['date'];echo "<br>";}
}
?>
</div>
<div id = "body4">
    <p>睡眠时长</p>
    <?php
 $sql = "SELECT * FROM shuijiao order by date desc LIMIT 1";
 $result = $conn->query($sql);
if ($result->num_rows > 0) {
    //输出数据
    while($row = $result->fetch_assoc())
    { echo $row['during']."s";echo "<br>";
}}
 $conn->close();
?>
</div>
</body>
</html>
//shui.css 代码
.ha img{
    margin-top:0px;
    background-size: contain;
    width: 100%;
    height: auto;
    animation: dong 10s infinite;
}
.la img{
    margin-top:0px;
    background-size: contain;
    width: 100%;
    height: auto;
    animation: hua 10s infinite;
}
#body1{
    margin-top:580px;
    width: 25%;
    height: auto;
    background-color:white;
```

```
    float: left;
    color: rgba(70, 70, 70, 0.81);
    font - size: 30px;
    font - family:y;
}
#body2{
    margin - top:577px;
    width: 25 % ;
    height: auto;
    background - color:white;
    float: left;
    color: rgba(70, 70, 70, 0.81);
    font - size: 30px;
    font - family:fontshui;
    text - align: center;
}
#body3, #body4{
    margin - top:480px;
    width: 25 % ;
    height: auto;
    background - color:white;
    float: left;
    color: rgba(70, 70, 70, 0.81);
    font - size: 30px;
    font - family:fontshui;
    text - align: center;
}
#body5{
    width = 100 % ;
    height: auto;
    background - color:white;
    float: center;
    color: rgba(70, 70, 70, 0.81);
    font - size: 30px;
    font - family:fontshui;
    text - align: center;
}
#body6{
    margin - top:0px;
    width:50 % ;
    background - color:white;
    float: right;
    color: rgba(70, 70, 70, 0.81);
    font - size: 20px;
    font - family:fontshui;
    text - align: right;
}
```

```
#lala{
    margin-top:0px;
    height:200px;
    width:0%;
    background-color:white;
    float: left;
    color: rgba(70, 70, 70, 0.81);
}
@font-face {
    font-family:"fontshui";
    src: url('fontshui.otf');
}
@font-face {
    font-family:"y";
    src: url('y.ttf');
}
@keyframes dong{
    0%{opacity: 10}
    8%{opacity: 33}
    24%{opacity: 66}
    42%{opacity: 100}
    70%{opacity: 0}
    85%{opacity: 0}
    100%{opacity: 5}
}
@keyframes hua{
    0%{opacity: 20}
    20%{opacity: 0}
    50%{opacity: 0}
    65%{opacity: 33}
    74%{opacity: 66}
    95%{opacity: 100}
    100%{opacity: 66}
}
//副网页代码
<!DOCTYPE html>
<html lang="en">
<head>
    <meta charset="UTF-8">
    <title>睡眠伴侣</title>
    <link rel="stylesheet" type="text/css" href="shui.css">
</head>
<body>
<div class="lala"><img src="ima/log.jpg"></div>
<br><br><br>
<div id="body5">
<?php
```

```
$ servername = "localhost";
$ username = "sleep";
$ password = "123456";
$ dbname = "sleep";
$ conn = new mysqli( $ servername, $ username, $ password, $ dbname);
//检测连接
if (! $ conn) {
    die("Connection failed:" . $ conn -> connect_error);
}
else
    echo "近日睡眠时长";echo "<br>"."<br>";
    echo "日期"."—"."时长"."<br>";
    $ data1 = array();
    $ data2 = array();
    $ sql = "SELECT during FROM shuijiao WHERE S = 1";
    $ result = $ conn -> query( $ sql);
    if ( $ result -> num_rows > 0) {
        while( $ row = $ result -> fetch_assoc()){
            $ data1[] = $ row['during'];
        }
    }
    $ sql = "SELECT date FROM shuijiao WHERE S = 1";
    $ result = $ conn -> query( $ sql);
    if ( $ result -> num_rows > 0) {
        while( $ row = $ result -> fetch_assoc()){
            $ data2[] = $ row['date'];
        }
    }
    $ length = count( $ data1);
    $ add = 0;
    for( $ n = 0; $ n < $ length; $ n++){
        echo $ data2[ $ n]."—". $ data1[ $ n]."h"."<br>";
    }
    for( $ n = 0; $ n < $ length; $ n++){
        $ add = $ add + $ data1[ $ n];
    }
    $ aver = $ add/ $ length;
    if( $ aver < 8){
        echo "<br>"."睡眠太少,多注意休息哦";}
        else if( $ aver >= 8&& $ aver < 9){
            echo "<br>"."睡眠充足,继续保持";}
            else if( $ aver >= 9){
                echo "<br>"."睡眠太多,少睡点起床干活了";}
    $ conn -> close();
?></div>
</body>
//数据插入代码
```

```
<?php
$servername = "localhost";
$username = "sleep";
$password = "123456";
$dbname = "sleep";
//创建连接
$conn = new mysqli($servername, $username, $password, $dbname);
//检测连接
if (!$conn) {
    die("Connection failed:" . $conn->connect_error);
}
else
    echo "Connected successfully";
$sql = "INSERT INTO shuijiao(S,date,during) VALUES('1','2018/5/12 6:40:03 AM','8')";
if ($conn->query($sql) === TRUE) {
    echo "新记录插入成功";
} else {
    echo "Error: " . $sql . "<br>" . $conn->error;
}
$sql = "INSERT INTO shuijiao(S,date,during) VALUES('-1','2018/5/11 10:40:03 PM','1')";
if ($conn->query($sql) === TRUE) {
    echo "新记录插入成功";
} else {
    echo "Error: " . $sql . "<br>" . $conn->error;
}
$sql = "INSERT INTO shuijiao(S,date,during) VALUES('1','2018/5/13 7:40:03 AM','8')";
if ($conn->query($sql) === TRUE) {
    echo "新记录插入成功";
} else {
    echo "Error: " . $sql . "<br>" . $conn->error;
}
$sql = "INSERT INTO shuijiao(S,date,during) VALUES('-1','2018/5/12 23:40:03 PM','1')";
if ($conn->query($sql) === TRUE) {
    echo "新记录插入成功";
} else {
    echo "Error: " . $sql . "<br>" . $conn->error;
}
$sql = "INSERT INTO shuijiao(S,date,during) VALUES('1','2018/5/14 6:00:03 AM','8')";
if ($conn->query($sql) === TRUE) {
    echo "新记录插入成功";
} else {
    echo "Error: " . $sql . "<br>" . $conn->error;
}
$sql = "INSERT INTO shuijiao(S,date,during) VALUES('-1','2018/5/13 22:00:03 PM','1')";
if ($conn->query($sql) === TRUE) {
```

```
    echo "新记录插入成功";
} else {
    echo "Error: " . $sql . "<br>" . $conn->error;
}
$sql = "INSERT INTO shuijiao(S,date,during) VALUES('1','2018/5/15 6:20:03 AM','8')";
if ($conn->query($sql) === TRUE) {
    echo "新记录插入成功";
} else {
    echo "Error: " . $sql . "<br>" . $conn->error;
}
$sql = "INSERT INTO shuijiao(S,date,during) VALUES('-1','2018/5/14 10:20:03 PM','1')";
if ($conn->query($sql) === TRUE) {
    echo "新记录插入成功";
} else {
    echo "Error: " . $sql . "<br>" . $conn->error;
}
$sql = "INSERT INTO shuijiao(S,date,during) VALUES('1','2018/5/16 6:00:03 AM','8')";
if ($conn->query($sql) === TRUE) {
    echo "新记录插入成功";
} else {
    echo "Error: " . $sql . "<br>" . $conn->error;
}
$sql = "INSERT INTO shuijiao(S,date,during) VALUES('-1','2018/5/15 22:00:03 PM','1')";
if ($conn->query($sql) === TRUE) {
    echo "新记录插入成功";
} else {
    echo "Error: " . $sql . "<br>" . $conn->error;
}
$conn->close();
?>
```

7.3 产品展示

产品整体外观如图 7-5 所示。盒子内部承装所有的元件：ESP8266 模块、脉搏传感器、Arduino 开发板、LED；盒子外部的元件为：灯、Arduino 开发板的 USB 接口、心率传感器，可以用于数据传输及功能扩展。

连接电源开始工作的状态如图 7-6 所示，在使用者清醒时 LED 点亮，在进入睡眠后 LED 熄灭。数据库部分如图 7-7 所示，显示数据的存储。网页部分如图 7-8 所示，将每天的睡眠时间直观进行显示，副网页部分对数据进行分析并给出建议。

图 7-5 产品整体外观图

图 7-6 工作状态图

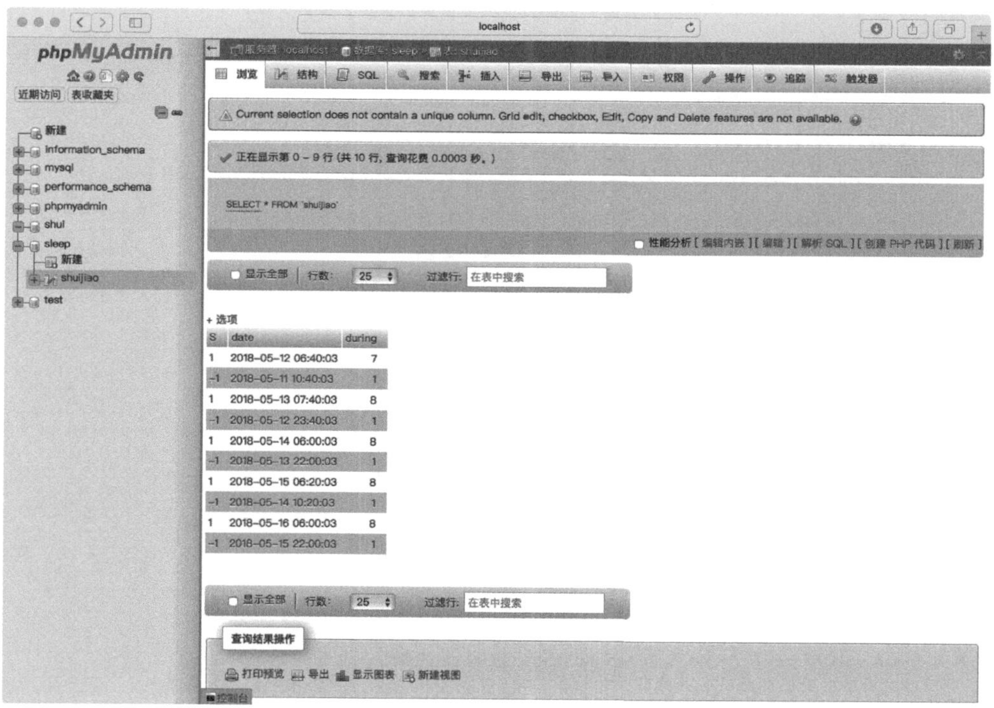

图 7-7 数据存储图

图 7-8 网页显示图

7.4 元件清单

完成本项目所用到的元件及其数量如表 7-2 所示。

表 7-2　元件清单

元件/测试仪表	数量
Arduino UNO 开发板	1个
ESP8266-01 模块	1个
脉搏传感器	1个
LED	1个
导线	若干
面包板	1个

第8章 绿植培养日记项目设计①

本项目基于 Arduino 开发平台，设计了一种自动照料植物并且可以观察其生长情况的装置。

8.1 功能及总体设计

本项目通过提前设置环境温湿度、土壤湿度和光照强度等参数值，使得装置传感器检测到的参数值到达设定阈值时，进行自动浇水、遮阳等措施，确保绿植能正常生长，并将相关数据通过云平台发送至微博。同时使用摄像头定时拍摄绿植，将数据存储在 SD 卡中，需要查看时，插入计算机查看照片，达到观察并记录绿植生长的目的。条件允许的情况下可以通过软件将拍摄的照片做成延迟摄影的效果。

要实现上述功能需将作品分成五部分进行设计：数据采集部分、图片采集部分、控制部分、显示部分和传输部分。数据采集部分选用了三种传感器（温湿度传感器、土壤湿度传感器和光敏电阻）收集相关数据；图片采集部分选用了 TTL 摄像头 OV0706、MicroSD Card Adapter 和 SD 卡，将 SD 卡插入 MicroSD Card Adapter 模块，摄像头与步进电机同步旋转进行拍照，SD 卡存储记录；控制部分采用了两个 28BYJ-48 步进电机和一个继电器，一个步进电机进行定时旋转，使得植物均匀受光，另一个与光敏电阻配合进行遮光操作，继电器配合土壤湿度传感器进行浇水操作；显示部分选用了 LCD 液晶显示模块，将检测到的土壤湿度、空气湿度和温度实时显示在 LCD1602 液晶显示模块上；传输部分选用了 ESP8266 模块，实现 Arduino 开发板与云平台之间的数据传输。

1. 整体框架图

Arduino 开发板 1 整体框架如图 8-1 所示，Arduino 开发板 2 整体框架如图 8-2 所示。

2. 系统流程图

系统流程如图 8-3 所示。

---

① 本章根据曲芯漪、宇佳的项目设计整理而成。

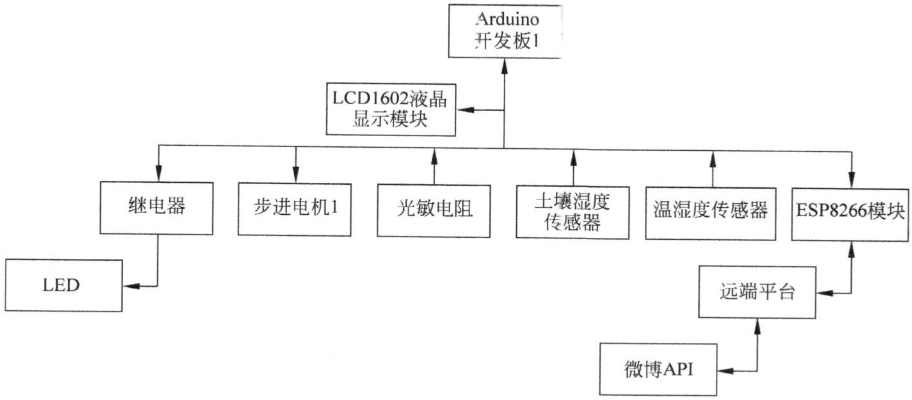

图 8-1　Arduino 开发板 1 整体框架图

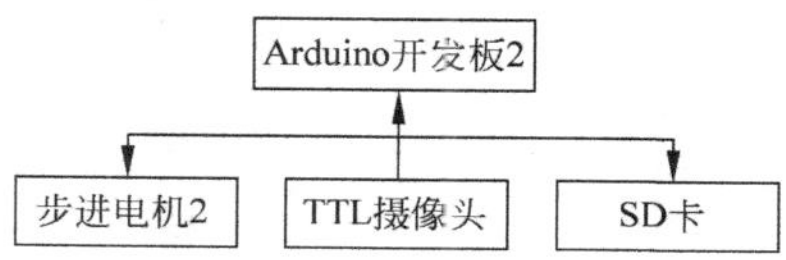

图 8-2　Arduino 开发板 2 整体框架图

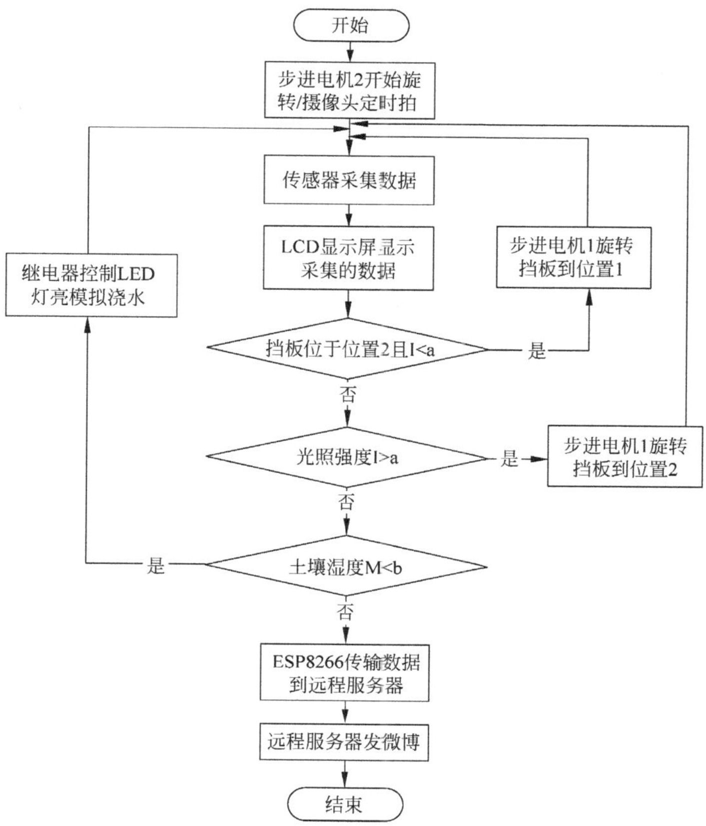

图 8-3　系统流程图

通电开始运行后，步进电机 2 按照一定频率定时旋转，同时相机以相同频率定时拍照。传感器收集数据后，将数据显示在 LCD1602 液晶显示模块上。当挡板内侧光敏电阻检测到光强大于阈值 a 时，步进电机 1 旋转挡板移动到位置 2；当光强下降到阈值 a 以下时，再旋转挡板回到位置 1；当土壤湿度低于阈值 b 时，继电器控制 LED 亮模拟浇水。通过 ESP8266 模块将数据传输到远程服务器并发送至微博，断电后停止。

3. 总电路图

系统总电路部分(1)如图 8-4 所示，引脚连接如表 8-1 所示。系统总电路部分(2)如图 8-5 所示，引脚连接如表 8-2 所示。

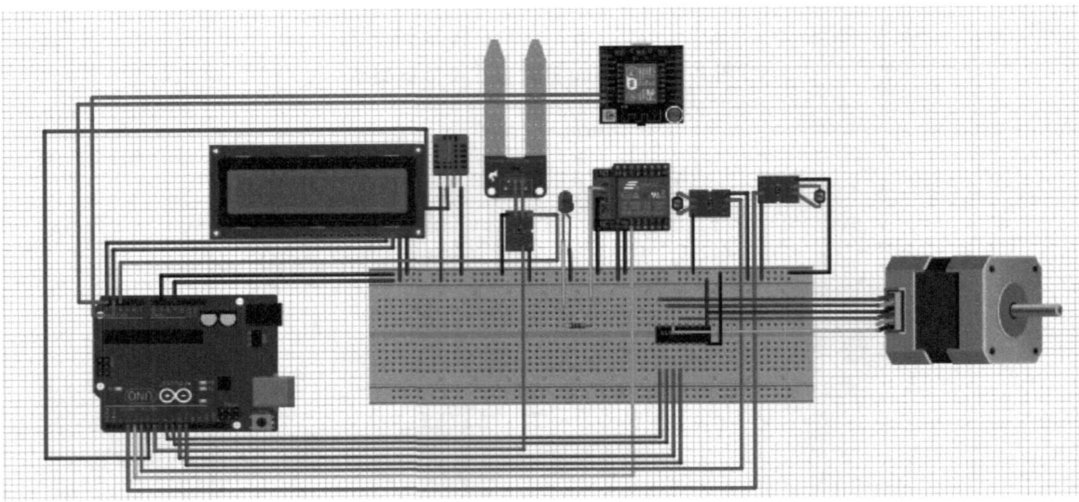

图 8-4 总电路图部分(1)

表 8-1 总电路图部分(1)引脚连接表

元件及引脚名		Arduino 开发板引脚
光敏电阻 1	DO	5
	VCC	5V
	GND	GND
光敏电阻 2	DO	3
	VCC	5V
	GND	GND
继电器	S	4
	+	5V
	—	GND
	上引脚 1	串联 LED 及 10KΩ 电阻连接 5V
	上引脚 2	GND

续表

元件及引脚名		Arduino 开发板引脚
土壤湿度传感器	AO	A3
	DO	7
	GND	GND
	VCC	5V
	＋接土壤湿度检测器两端	
	－接土壤湿度检测器两端	
温湿度传感器	S	6
	＋	5V
	－	GND
LCD1602 液晶显示模块	GND	GND
	VCC	5V
	SDA	A4
	SCL	A5
ESP8266 模块	D1	SCL
	D2	SDA
ULN2003 驱动板	IN1	8
	IN2	9
	IN3	10
	IN4	11
	－	GND
	＋	5V
	五线接口对应接步进电机	

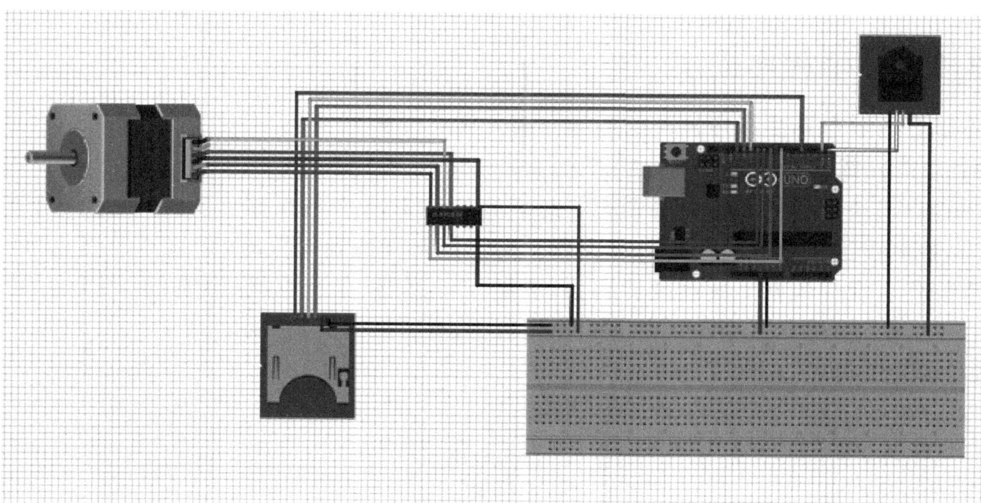

图 8-5 总电路图部分(2)

表 8-2　总电路图部分(2)引脚连接表

元件及引脚名		Arduino 开发板引脚
TTL 摄像头 OV0706	四线引脚(黑)	GND
	四线引脚(白)	0
	四线引脚(黄)	1
	四线引脚(红)	5V
MicroSD Card Adapter	CS	4
	SCK	13
	MOSI	11
	MISO	12
	VCC	5V
	GND	GND
ULN2003 驱动板	IN1	7
	IN2	8
	IN3	9
	IN4	10
	—	GND
	+	5V
	五线引脚对应接步进电机	

8.2 模块介绍

本项目主要包括主程序模块、ESP8266 模块、远程服务器模块和摄像头模块，下面分别给出各模块的功能介绍及相关代码。

8.2.1 主程序模块

本部分内容包括主程序模块的功能介绍及相关代码。

1. 功能介绍

主程序模块是将传感器收集到的数据显示在 LCD1602 液晶显示模块上，并在光照达到阈值时，控制步进电机旋转进行遮光操作；在土壤湿度达到阈值时，继电器控制 LED 亮模拟浇水操作。元件包括土壤湿度传感器、温湿度传感器、步进电机、继电器、LED、ESP8266 模块、Arduino 开发板、2 个光敏电阻和导线若干，电路如图 8-6 所示。

2. 相关代码

```
#include <Wire.h>
#include <Stepper.h>                //步进电机
#include <DHT.h>                    //温湿度
#include <LiquidCrystal_I2C.h>      //LCD 显示屏
//https://github.com/fmalpartida/New-LiquidCrystal
```

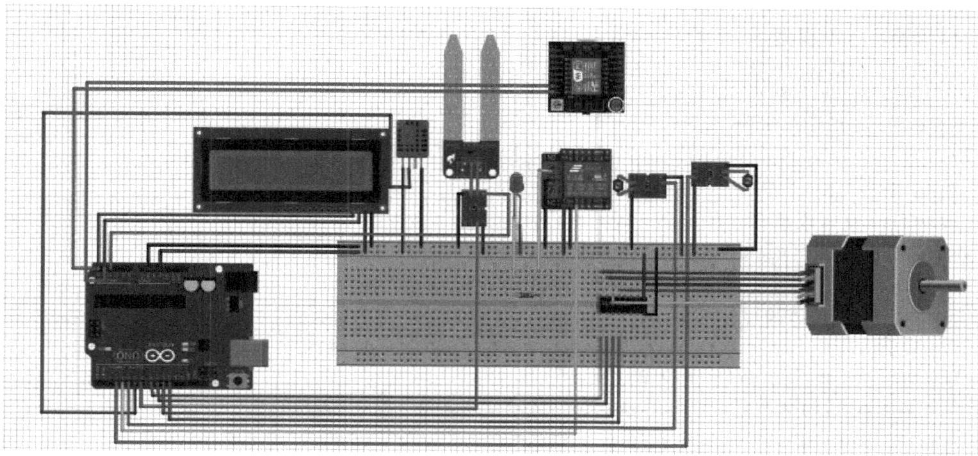

图 8-6 主程序模块电路图

```
#define Moisture A3                    //定义引脚为 A3
#define DO 7                           //定义 DO 引脚为 7
#define relay 4                        //继电器引脚为 4
//这里设置步进电机旋转一圈的步数
#define STEPS 100
//设置步进电机的步数和引脚
Stepper stepper(STEPS, 8, 9, 10, 11);
//初始化 LCD 屏幕
LiquidCrystal_I2C lcd(0x27,2,1,0,4,5,6,7);    //LCD1602 的地址,如 0x27
//初始化温湿度模块,用的是 DHT11
DHT dht(6,DHT11);
//设置全局变量
//挡光板是否已经旋转,默认为未旋转
int turnaround = 0;
//挡光板上的光敏电阻
int sunBarrier = 1;
//挡光板内部光敏电阻
int sun = 1;
//是否需要浇水
int needWater = 0;
//土壤湿度
int soilHumidity = 0;
//空气湿度,初始化为 99,为了让 LCD 显示正常
int airHumidity = 99;
//温度
int temperature = 99;
//初始化传给 ESP8266 的字符串为空串
String massage = "";
const char *msg;
```

```
void setup() {
  //设置步进电机速度
  stepper.setSpeed(180);
  //设置继电器引脚为 output
  pinMode(relay,OUTPUT);
  //Arduino 作为 I²C 协议的 slave(从机),地址为 8
  Wire.begin(8);
  //注册接收请求事件
  Wire.onRequest(requestEvent);
  //debug
  Serial.begin(9600);
  //LCD 显示屏
  LCD.begin (16,2); //16 * 2 的显示屏
  lcd.setBacklightPin(3,POSITIVE);
  lcd.setBacklight(HIGH);
  //初始化土壤湿度模块
  pinMode(Moisture, INPUT);              //定义 A0 为输入模式
  pinMode(DO, INPUT);
}
void loop() {
  //阳光
  sun = digitalRead(5);
  sunBarrier = digitalRead(3);
  //土壤湿度数据
  needWater = digitalRead(DO);
  soilHumidity = analogRead(Moisture);
  soilHumidity = 110 - sqrt((analogRead(Moisture) - 256)/7.68) * 10;
  //空气湿度数据
  soilHumidity = (soilHumidity<10)?10:soilHumidity;
  soilHumidity = (soilHumidity>99)?99:soilHumidity;
  airHumidity = dht.readHumidity();
  //温度数据
  temperature = dht.readTemperature();
  //构造传输字符串的格式,用#隔开各个数据
  String sharp = "#";
  massage = needWater + sharp + soilHumidity + sharp + airHumidity + sharp + temperature
 + sharp + sun;
  msg = massage.c_str();
  //LCD 显示部分
  lcd.home ();                           //设置在左上角显示 set cursor to 0,0
  lcd.print("soilH airH temp");          //湿度
  lcd.setCursor (1,1);                   //(x,y)将显示的游标移动到 x 列 y 行
  lcd.print(soilHumidity);
  lcd.setCursor (7,1);
  lcd.print(airHumidity);
  lcd.setCursor (12,1);
  lcd.print(temperature);
```

```
    delay(2000);
    lcd.setBacklight(LOW);
    lcd.setBacklight(HIGH);
    lcd.clear();
    //缺水响应,控制继电器,LCD 输出
    if (needWater){
      digitalWrite(relay,HIGH);
      lcd.home (); //设置在左上角显示 set cursor to 0,0
      lcd.print("watering......");          //湿度
      delay(10000);
      lcd.clear();
      digitalWrite(relay,LOW);
      delay(1000);
    }
    //Serial.print(sun);
    //光照过强响应,控制步进电机,并 LCD 输出
    if (sun == 0 && sunBarrier == 1){
      //如果内部光敏电阻强光,外部光敏电阻弱光,旋转进行挡光
      digitalWrite(relay,HIGH);
      lcd.home (); //设置在左上角显示 set cursor to 0,0
      lcd.print("shadowing......");         //湿度
      stepper.step(1024);
      delay(200);
      lcd.clear();
      turnaround = 1;                       //设置已经旋转
    }
    if (sun == 1 && sunBarrier == 1 && turnaround == 1){
      //如果内部弱光,外部弱光,并且知道挡光板已经旋转,回到原来位置
      digitalWrite(relay,HIGH);
      lcd.home (); //设置在左上角显示 set cursor to 0,0
      lcd.print("de - shadowing.....");     //湿度
      stepper.step(1024);
      delay(200);
      lcd.clear();
      turnaround = 0;                       //设置未旋转状态
    }
}
  void requestEvent() {
  //当收到 ESP8266 的请求时,传输字符串
  Wire.write(msg); //以 6 字节回应
}
```

8.2.2 ESP8266 模块

本部分内容包括 ESP8266 模块的功能介绍及相关代码。

1. 功能介绍

本部分主要是 ESP8266 模块向 Arduino 开发板发送请求，将数据发送给 ESP8266 模块并传输到远程服务器。元件包括 ESP8266 模块、Arduino 开发板和导线若干。

2. 相关代码(Python)

```
from machine import Pin, I2C
import time
import network
import usocket
#连接无线网
wlan = network.WLAN(network.STA_IF)
wlan.active(True)
wlan.scan()
wlan.connect('OPPO',"33355555")
#设置远程服务器地址
address = ('149.28.35.150',55555)
#建立 udp socket
s = usocket.socket(usocket.AF_INET, usocket.SOCK_DGRAM)
#初始化 I²C 协议
i2c = I2C(scl = Pin(5), sda = Pin(4), freq = 100000)
#主逻辑循环
while True:
    #预防因各元件初始化速度不同引发错误
    time.sleep(5)
    #从 Arduino 读取字符串数据
    data = i2c.readfrom(8,12)
    #debug
    print(data)
    #通过 udp 传输数据到服务器
    s.sendto(data,address)
    #频率不能太快
    time.sleep(5)
```

8.2.3 远程服务器模块

本部分内容包括远程服务器模块的功能介绍及相关代码。

1. 功能介绍

远程服务器首先接收 ESP8266 模块发送的数据，再通过调用微博 API 实现功能。

2. 相关代码(python)

```
# -*- coding: utf-8 -*-
import time
import socket
import subprocess
#绑定本机 55555 端口来接收数据
```

```
addr = ('',55555)
#udp
s = socket.socket(socket.AF_INET,socket.SOCK_DGRAM)
s.bind(addr)
print('start binding')
while True:
        data = ''
        data,addr = s.recvfrom(55555)
        print(data)
        if(data != ''):
                t = time.localtime()
                localtime = time.asctime(t)
                print(data.decode())
                data = data.decode();
                #print(type(data))
                data = data.split("#")
                print(data)
                message = '土壤湿度' + data[1] + '\n空气湿度' + data[2] + '\n温度' +
data[3]
                if(data[0] == '1'):
                        message += '\n warning：需要浇水'
                if(data[4] == '0'):
                        message += '\n warning：光照过强,自动处理中'
                message += '\n服务器当前美国时间' + localtime
message += '\n沙河时间：' + str(t.tm_hour+8) + '：' +str(t.tm_min) + '：' + str(t.tm_
sec)
                with open('a.txt', 'wt') as f:
                        f.write(message)
                out_bytes = subprocess.check_output(['./sweibo','new-status'], timeout =
30)
                print('done')
                data = ''
s.close()
```

8.2.4　摄像头模块

本部分内容包括摄像头模块的功能介绍及相关代码。

1. 功能介绍

本部分主要是设置摄像头定时拍照并存储到SD卡中,通过计算机读取SD卡的内容获取照片。由于第一块Arduino开发板接口不够,因此由另一个步进电机、TTL摄像头和第二块Arduino开发板共同构成了摄像头模块,其中步进电机的停顿间隔与TTL摄像头的拍摄间隔相一致。元件包括Arduino开发板、TTL摄像头、SD卡、MicroSD Card Adapter模块、步进电机和导线若干,电路如图8-7所示。

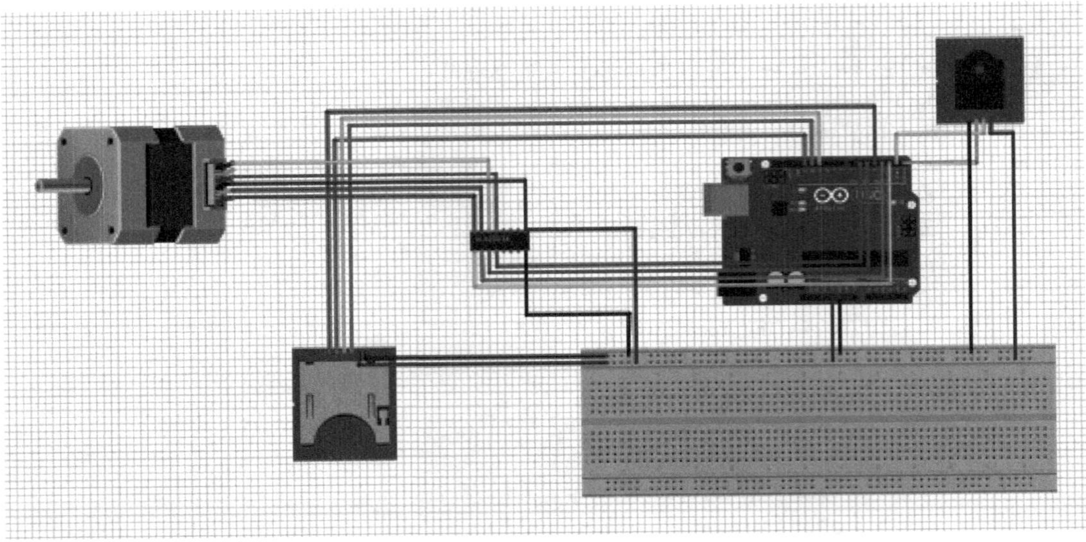

图 8-7 摄像头模块电路图

2. 相关代码

```
//摄像头二次封装
#include "SDcard.h"
//https://github.com/adafruit/Adafruit-VC0706-Serial-Camera-Library
#include "cam.h"
//使用 Arduino IDE 自带的 Stepper.h 库文件
#include <Stepper.h>
//这里设置步进电机旋转一圈的步数
#define STEPS 100
//设置步进电机的步数和引脚(就是注意点 2 里面说的驱动板上 IN1～IN4 连接的四个引脚)
//Stepper stepper(STEPS, 7, 8, 9, 10);
Stepper stepper(STEPS, 2, 3, 5, 6);
Cam cam;
void setup() {
  //初始化串口,用于调试输出信息
  Serial.begin(38400);
  cam.initial();
  cam.setSize('m');
  //设置步进电机的转速
  stepper.setSpeed(180);
}
void loop() {
  cam.takePicture();
  cam.writeToSDcard();
  Serial.println("shun");
```

```
    stepper.step(512); //4 步模式下旋转一周用 2048 步
    delay(5000);
}
```

8.3　产品展示

产品整体外观正面如图 8-8 所示，侧面如图 8-9 所示。正面为 LCD1602 液晶显示模块，用于显示检测到的数据；右侧通过支架连接挡板，用于实现遮光操作；后侧为摄像头部分，用于拍摄记录绿植的生长状况；左侧为电源连接引脚及部分传感器。

图 8-8　产品整体外观正面图

图 8-9　产品整体外观侧面图

8.4　元件清单

完成本项目所用到的元件及其数量如表 8-3 所示。

表 8-3　元件清单

元件/测试仪表	数量
Arduino UNO 开发板	2 个
继电器	1 个
28BYJ-48 步进电机	2 个
ULN2003 驱动板	2 个
导线	若干
面包板	1 个
LED	1 个
10KΩ 电阻	1 个
光敏电阻	2 个

续表

元件/测试仪表	数量
温湿度传感器	1个
土壤湿度传感器	1个
ESP8266 模块	1个
LCD1602 液晶显示模块	1个
TTL 摄像头 OV0706	1个
MicroSD Card Adapter	1个
SD卡	1个

第 9 章

环境温湿度自动调节器项目设计①

本项目基于 Arduino 平台实现通过检测环境温湿度来自动调节加湿器，可以自动控制其启用和停止，将采集到的数据上传到网页，实时监测环境温湿度，实现加湿器“智能”开关。

9.1 功能及总体设计

本项目是基于 Arduino 开发板制作的环境温湿度自动调节器，用继电器和温湿度传感器实现，通过实时监测温湿度来控制雾化片的工作，从而达到调节环境温湿度的目的。此外，还可以通过显示屏读取实时的温湿度数据，并通过 WiFi 模块上传至 OneNET 平台，实现远程的数据统计和监测。

要实现上述功能需将作品分成四部分进行设计，即输入部分、处理部分、传输部分和输出部分。输入部分选用了温湿度传感器 DHT11 读取环境中的温湿度值；处理部分主要通过 C++程序实现；传输部分使用 ESP8266 模块配合 Arduino 开发板实现；输出部分使用 LCD1602 显示屏和继电器开关实现。

1. 整体框架图

整体框架如图 9-1 所示。

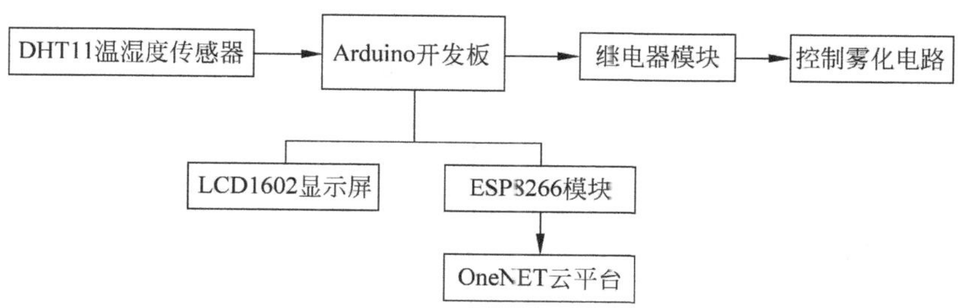

图 9-1　整体框架图

① 本章根据韦洵、操宇鑫的项目设计整理而成。

2. 系统流程图

系统流程如图 9-2 所示。

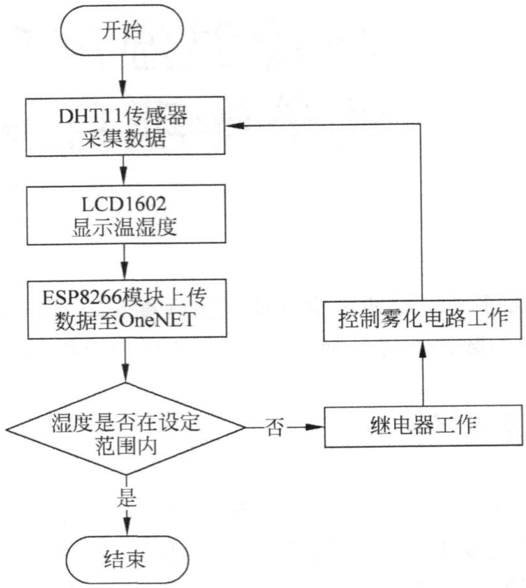

图 9-2 系统流程图

DHT11 传感器采集数据后，通过 LCD1602 显示屏分别显示温度和湿度，便于用户实际读取数据，同时编写相关程序，使用 ESP8266 模块将数据传输到 OneNET 云平台，继电器判断所采集到的数据是否在设定范围内，实现加湿器的自动“开”和“关”，一次数据判断结束。

3. 总电路图

总电路如图 9-3 所示，引脚连接如表 9-1 所示。

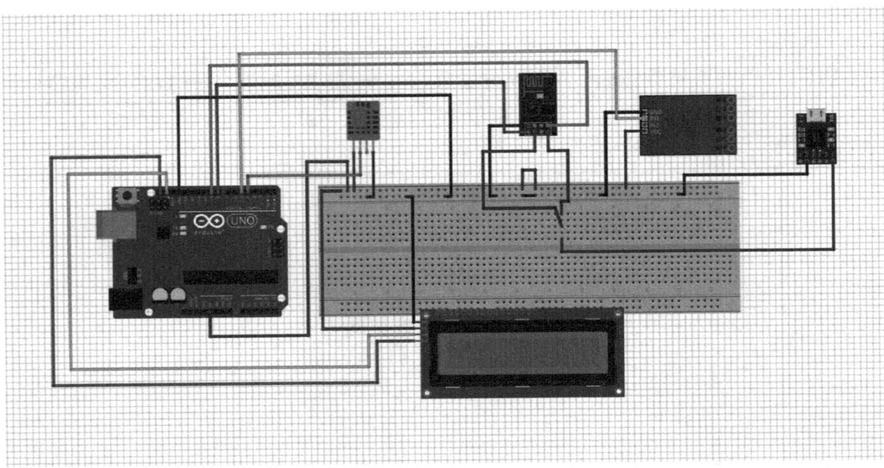

图 9-3 总电路图

表 9-1　引脚连接表

元件及引脚名		Arduino 开发板引脚
ESP8266	UTXD	8
	CH_PD	3.3V
	VCC	3.3V
	URXD	9
	GND	GND
DHT11	VDD	5V
	DATA	4
	NC	悬空
	GND	GND
LCD1602	GND	GND
	VCC	5V
	SDA	SDA
	SCL	SCL
继电器	VCC	5V
	IN1	5
	GND	GND

9.2　模块介绍

本项目主要包括温湿度采集模块、ESP8266 模块、输出显示模块和开关控制模块。下面分别给出各模块的功能介绍及相关代码。

9.2.1　温湿度采集模块

本部分内容包括温湿度采集模块的功能介绍及相关代码。

1. 功能介绍

DHT11 传感器主要用来采集周围的温湿度数据，并通过连接 ESP8266 模块和输出模块将数据显示出来。此部分主要由 C++代码实现，编译环境为 Arduino-1.8.5，通过 C++代码控制 DHT11 传感器工作，实现采集温湿度数据的功能。元件包括 DHT11 模块、Arduino 开发板和导线若干，电路如图 9-4 所示。

2. 相关代码

```
#include <dht11.h>
#include <Wire.h>
dht11 DHT;
#define DHT11_PIN
void setup(){
  Serial.begin(9600);                    //设置串口波特率为 9600
```

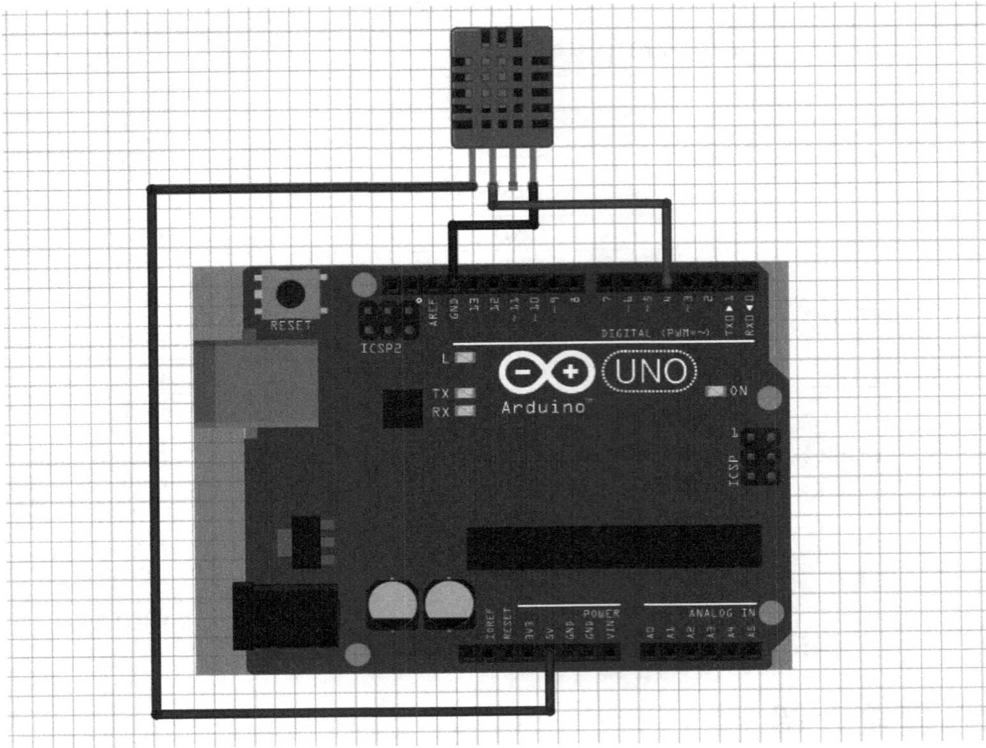

图 9-4　DHT11 与 Arduino 开发板连线图

```
  Serial.println("Type,\tstatus,\tHumidity(%),\tTemperature(C)");   //串口输出
}
void loop(){
  int chk;                                  //chk 用于存储 DHT11 传感器的数据
  Serial.print("DHT11, \t");
  //读取 DHT11 传感器的数据
  chk = DHT.read(DHT11_PIN);
  //判断数据采集状态
  switch (chk){
    case DHTLIB_OK:
                Serial.print("OK,\t");
                break;
    case DHTLIB_ERROR_CHECKSUM:
                Serial.print("Checksum error,\t");
                break;
    case DHTLIB_ERROR_TIMEOUT:
                Serial.print("Time out error,\t");
                break;
    default:
                Serial.print("Unknown error,\t");
```

```
                break;
    }
  //串口显示温湿度值
    Serial.print(DHT.humidity,1);
    Serial.print(",\t");
    Serial.println(DHT.temperature,1);
    delay(1000);
  }
```

9.2.2　ESP8266 模块

本部分内容包括 ESP8266 模块的功能介绍及相关代码。

1．功能介绍

首先将通过温湿度采集模块 DHT11 传感器采集到的数据，以 Arduino 开发板为中介，使用 ESP8266 模块传输到 OneNET 云平台。编译程序后，开发板软串口接收到相应数据，并在 ESP8266 模块连接到 WiFi 后，发出"指令"输出模块工作，实现数据的实时传递。元件包括 ESP8266 模块、Arduino 开发板、USB-TTL 转接线(提供外接 3.3V 电源)和导线若干，电路如图 9-5 所示。

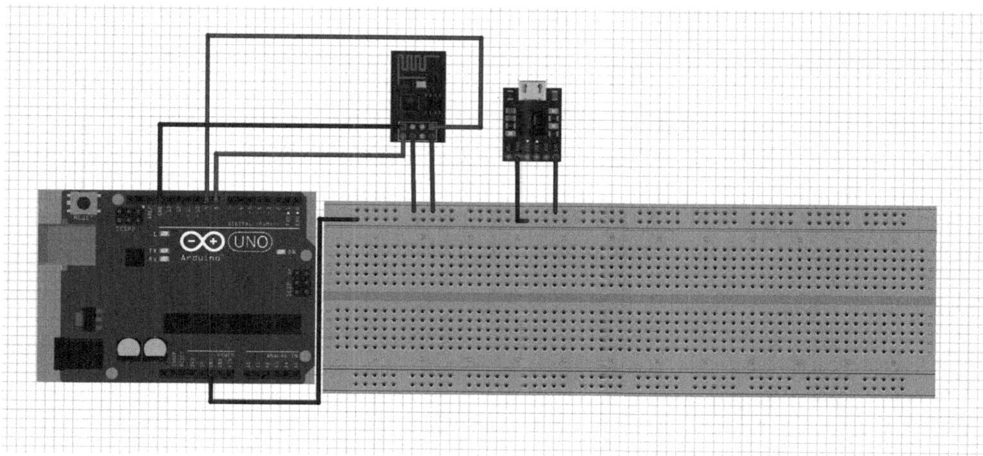

图 9-5　ESP8266 与 Arduino 开发板连线图

2．相关代码

由于 ESP8266 模块在使用前需要进行调试才能正常使用，所以代码分为调试代码以及使用代码。

1）使用前的调试代码

```
#include <SoftwareSerial.h>
SoftwareSerial mySerial(8, 9);              //RX - 8 接 ESP8266 的 TX,TX - 9 接 ESP8266 的 RX
void setup() {
```

```
  Serial.begin(9600);                          //设置串口波特率为 9600
  while (!Serial) {
    ;
  }
  Serial.println("Goodnight moon!");
  mySerial.begin(115200);                      //ESP8266 模块默认波特率为 115200,第一次上传代码
                                   //软串口波特率应设置为 115200,修改波特率后在串口显示中修改此值
  mySerial.println("AT");
}
void loop() {
  if (mySerial.available()) {
    delay(100);
    Serial.write(mySerial.read());
  }
  if (Serial.available()) {
     delay(100);
    mySerial.write(Serial.read());
  }
/* 此代码可以将 Arduino 开发板作为 USB-TTL 转接模块使用
```

(1) ESP8266 模块默认波特率为 115200,第一次上传代码软串口波特率应设置为 115200。

(2) 在串口中输入以下 AT 指令:

```
AT+CWMODE=3 设为 client 模式,
AT+CWJAP="WIFI","1234567890"连接 WiFi,例如此命令说明 WiFi 名称为 WiFi,密码是 1234567890,
在使用时应做出相应修改
AT+CIFSR 查看 IP,如果返回正常结果,代表连接成功
AT+UART=4800,8,1,0,0 将 ESP8266 波特率设置为 4800 */
```

2) ESP8266 连接 Arduino 开发板实现数据传输代码

```
#include <stdlib.h>
#include <SoftwareSerial.h>
SoftwareSerial mySerial(8, 9); //RX-8 接 ESP8266 的 TX,TX-9 接 ESP8266 的 RX
#define DeviceId "31838542"//修改为自己设备的 ID
#define apikey "VatkjhjQXs=nHL62ItNC85u2LVc="//修改为自己设备的 api-key
Serial.begin(9600);                          //设置串口波特率为 9600
  while (!Serial) {
  }
  mySerial.begin(4800);
  delay(5000);
  while(mySerial.available()>0)
     mySerial.read();
  while(Serial.available()>0)
     Serial.read();
  delay(1000);
```

```
    sendcmd("AT+CIPSTART=\"TCP\",\"183.230.40.33\",80\r\n");
    sendcmd("AT+CIPMODE=1\r\n");
    randomSeed(analogRead(A0));
}
void loop1() {
    char * value;
    char buff[10];
    value = dtostrf(chk, 3, 2, buff);
    uploaddata("temperature",value);        //上传温度数据
    uploaddata("humidity",value);           //上传湿度数据
    delay(3000);
}
void sendcmd(char * cmd)
{
     mySerial.write(cmd);
     delay(100);
     if (mySerial.available()) {
      delay(100);
      Serial.write(mySerial.read());
    }
}
void uploaddata(char * dsid,char * data)//dsid 为数据流 ID(名称),data 为要上传的数据串
{
   char jsonstring[100];
   sprintf(jsonstring,"{\"datastreams\":[{\"id\":\"%s\",\"datapoints\":[{\"value\":%
s}]}]}",dsid,data);
   sendcmd("AT+CIPSEND\r\n");
   sendcmd("POST /devices/");
   sendcmd(DeviceId);
   sendcmd("/datapoints HTTP/1.1\r\n");
   sendcmd("api-key:");
   sendcmd(apikey);
   sendcmd("\r\n");
   sendcmd("Host:api.heclouds.com\r\n");
   sendcmd("Content-Length:");
   mySerial.print(strlen(jsonstring));
   sendcmd("\r\n\r\n");
   sendcmd(jsonstring);
}
/* 此代码用于将数据上传到 OneNET 云平台,原理是 Arduino 开发板在串口监视窗口输入 AT 指令可
以控制 ESP8266,在上传此代码前请用 Arduino + 代码进行预置,代码最好插拔一次再上传 */
```

9.2.3 输出显示模块

本部分内容包括输出显示模块的功能介绍及相关代码。

1. 功能介绍

输出显示模块是将 DHT11 采集到的数据通过 LCD1602 显示屏直观显示出来，便于用户读取温湿度数值。通过 Arduino 开发板可以控制显示屏启用的功能。本项目采用内部焊接好的显示屏，外部只剩 4 个引脚需要连接到 Arduino 开发板上，在屏幕背面有外露的可变电阻，用于调节显示屏的亮度，使得数据内容清晰地呈现出来。元件包括 LCD1602 显示屏、Arduino 开发板和导线若干，电路如图 9-6 所示。

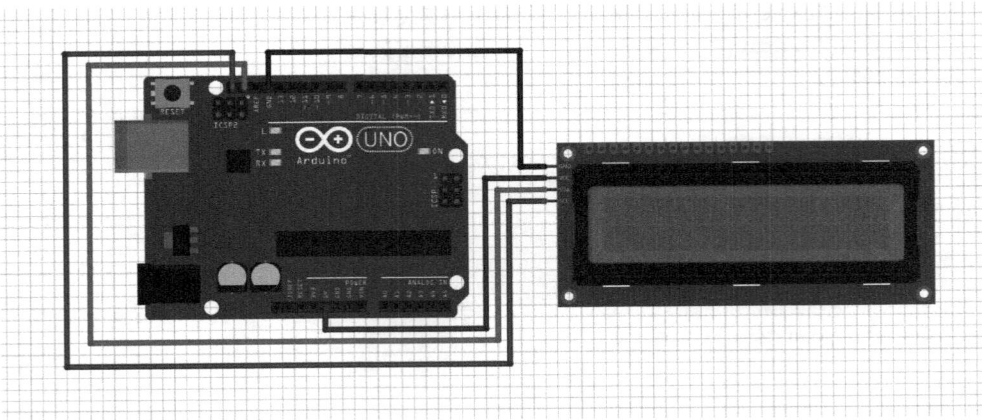

图 9-6 输出电路 LCD1602 与 Arduino 开发板连线图

2. 相关代码

```
#include <Wire.h>
#include <LiquidCrystal_I2C.h>
LiquidCrystal_I2C lcd(0x27,16,2);       //设置 LCD 的地址为 0x27,可以设置 2 行,每行 16 个字符
void setup(){
  lcd.init();                            //LCD 初始化设置
  lcd.backlight();                       //打开 LCD 背光
  Serial.begin(9600);                    //设置串口波特率为 9600
  Serial.println("Type,\tHumidity(%),\tTemperature(C)"); //串口输出
  lcd.print("Humidity(%): ");            //LCD 屏显示" Humidity(%):"
  lcd.setCursor(0, 1);                   //光标移到第 2 行,第一个字符
  lcd.print("Temp(C): ");                //LCD 屏显示"Temp(C):"
}
void loop(){
  int chk;                               //chk 用于存储 DHT11 传感器的数据
  Serial.print("DHT11, \t");
  chk = DHT.read(DHT11_PIN);             //读取 DHT11 传感器的数据
  switch (chk){                          //判断数据状态
    case DHTLIB_OK:
                Serial.print("OK,\t");
                break;
```

```
    case DHTLIB_ERROR_CHECKSUM:
                Serial.print("Checksum error,\t");
                break;
    case DHTLIB_ERROR_TIMEOUT:
                Serial.print("Time out error,\t");
                break;
    default:
                Serial.print("Unknown error,\t");
                break;
  }
//LCD 屏显示温湿度值
  lcd.setCursor(12, 0);
  lcd.print(DHT.humidity,1);
  lcd.setCursor(8, 1);
  lcd.print(DHT.temperature,1);
  delay(1000);
}
```

9.2.4　开关控制模块

本部分内容包括开关控制模块的功能介绍及相关代码。

1. 功能介绍

本部分主要是通过比较当前读取值与设定值之间的关系，判断继电器选择处于断开还是闭合状态。由于 DHT11 传感器读取了数值，要想实现加湿器的自动工作，预先设定一个取值判断范围，由于 DHT11 精度不高，温度变化不够明显，湿度变化范围更大，所以本项目选取湿度值作为判断指标。当周围湿度低于设定的某个值时，继电器导通，加湿器工作；当湿度高于某一设定值时，继电器断开，加湿器停止，这一步骤是实现加湿器"自动"的关键。元件包括：两路继电器、Arduino 开发板和导线若干。

2. 相关代码

```
int pinRelay = 5;                       //引脚 5 连接到继电器模块的信号脚
pinMode(pinRelay, OUTPUT);              //设置 pinRelay 脚为输出状态
if (DHT.humidity>80){
digitalWrite(pinRelay, HIGH);           //输出 LOW 电平,继电器模块断开
//delay(8000);                          //等待 8000ms
};
if (DHT.humidity<70) {
digitalWrite(pinRelay, LOW);            //输出 HIGH 电平,继电器模块闭合
//delay(5000);                          //等待 5000ms
};
```

9.3 产品展示

产品整体外观如图 9-7 所示。左下角为输入部分，DHT11 读取温湿度数据，左上角的 ESP8266 模块将温湿度数据上传到 OneNET 平台，右边为输出部分，LCD1602 显示温湿度数据，中间为 Arduino 开发板。

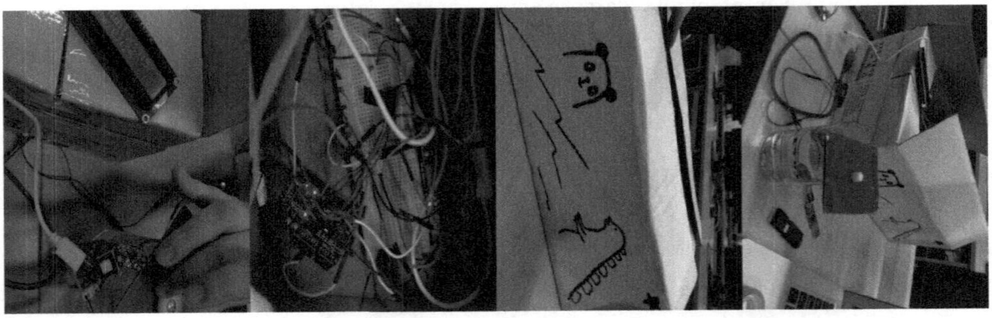

图 9-7 产品整体外观图

9.4 元件清单

完成本项目所用到的元件及其数量如表 9-2 所示。

表 9-2 元件清单

元件/测试仪表	数量
DHT11 传感器	1 个
Arduino UNO 开发板	1 个
ESP8266 模块	1 个
USB-TTL 转接线	1 个
LCD1602 模块	1 个
面包板	1 个
两路继电器	1 个
导线	若干
超声波雾化片	1 个
USB 数据线	1 个

第 10 章 室内智能环境助手项目设计①

本项目通过使用 Arduino Ethernet W5100 网络扩展板实现联网功能，用微信监控实时环境数据，并在温度、湿度和灰尘浓度超出正常范围时，通过微信发出预警。

10.1 功能及总体设计

本项目通过微信获取并监控实时环境指标数据、查看温湿度及灰尘浓度指标的变化曲线图，同时可以在超出正常值范围时通过微信提醒并做出及时预警。

要实现上述功能需将作品分成四部分进行设计，即输入部分、显示部分、数据传输部分和微信程序部分。输入部分选用了 DHT11 温湿度及 SHARP GP2Y1010AU0F 灰尘传感器；显示部分使用了搭载 SSD1306 芯片的 OLED128 * 64 显示屏；传输部分选用了 W5100 网络扩展板配合 Arduino 开发板实现；微信程序部分使用的是乐联网智能物联开发平台。

1. 整体框架图

整体框架如图 10-1 所示。

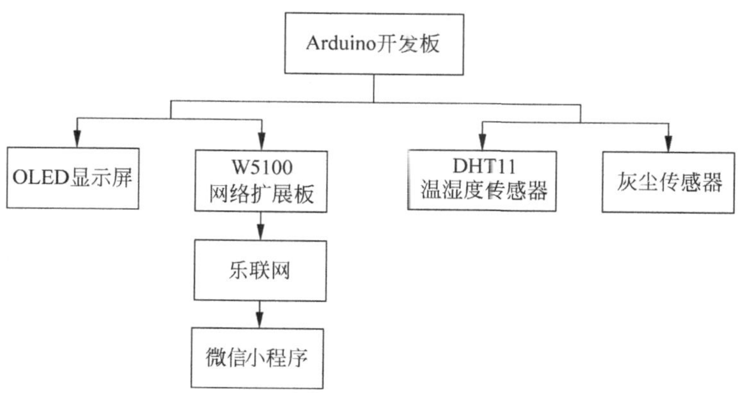

图 10-1 整体框架图

① 本章根据黄宝锐、陈祎楠的项目设计整理而成。

2. 系统流程图

系统流程如图 10-2 所示。

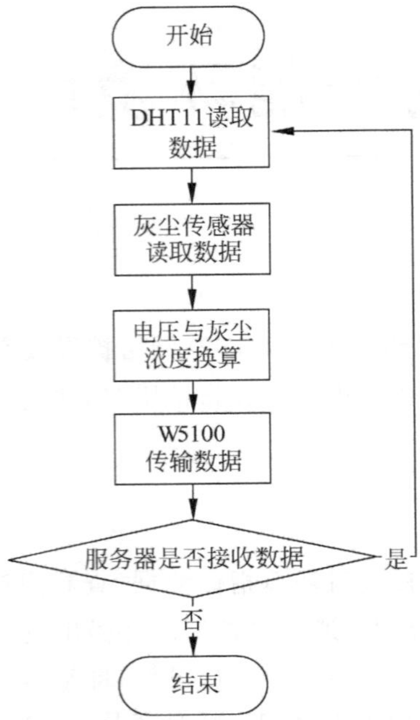

图 10-2 系统流程图

系统初始化后，读取 DHT11 温湿度和灰尘传感器数据，并通过 W5100 将数据上传到乐联网，通过微信小程序就可以查看相关的数据。

3. 总电路图

总电路如图 10-3 所示。主板由 Arduino 开发板与 Arduino Ethernet W5100 网络扩展板相同的引脚互相连接而成，图中位于下方的 Arduino 开发板已省略，显示的是 Arduino Ethernet W5100 网络扩展板板面，左侧是 DHT11 温湿度传感器，右侧是灰尘传感器。引脚连接如表 10-1 所示。

表 10-1 引脚连接表

元件及引脚名		Arduino 开发板引脚
DHT11 温湿度传感器	VDD	5V
	DATA	4
	GND	GND

续表

元件及引脚名		Arduino 开发板引脚
GP2Y1010AU0F 灰尘传感器	V-LED	5V
	LED-GND	GND
	LED	2
	S-GND	GND
	VO	A0
	VCC	5V
OLED12864 显示屏	GND	GND
	VDD	3.3V
	OLED_DC	10
	OLED_D1	9
	OLED_RST	13
	OLED_DC	11
	OLED_CS	12

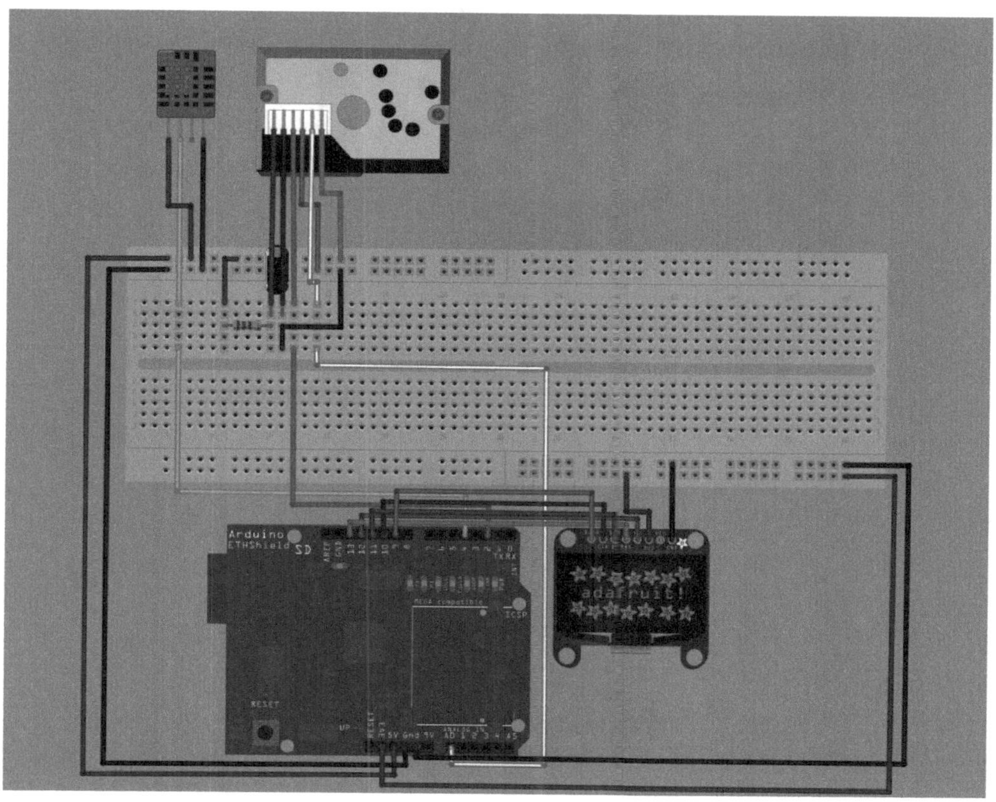

图 10-3　总电路图

10.2 模块介绍

本项目主要包括输入模块、显示模块和传输模块。下面分别给出各模块的功能介绍及相关代码。

10.2.1 输入模块

本部分内容包括传感器输入模块的功能介绍及相关代码。

1. 功能介绍

对灰尘浓度进行检测使用的是 GP2Y1010AU0F 灰尘传感器，内部接口驱动一个红外 LED，由于空气中灰尘的多少影响光的强度，通过光敏元件就可以反馈为电压的变化，最后输出到 Arduino 开发板上，得到的电压信号数据可以通过公式换算为灰尘的浓度，电路如图 10-4 所示。

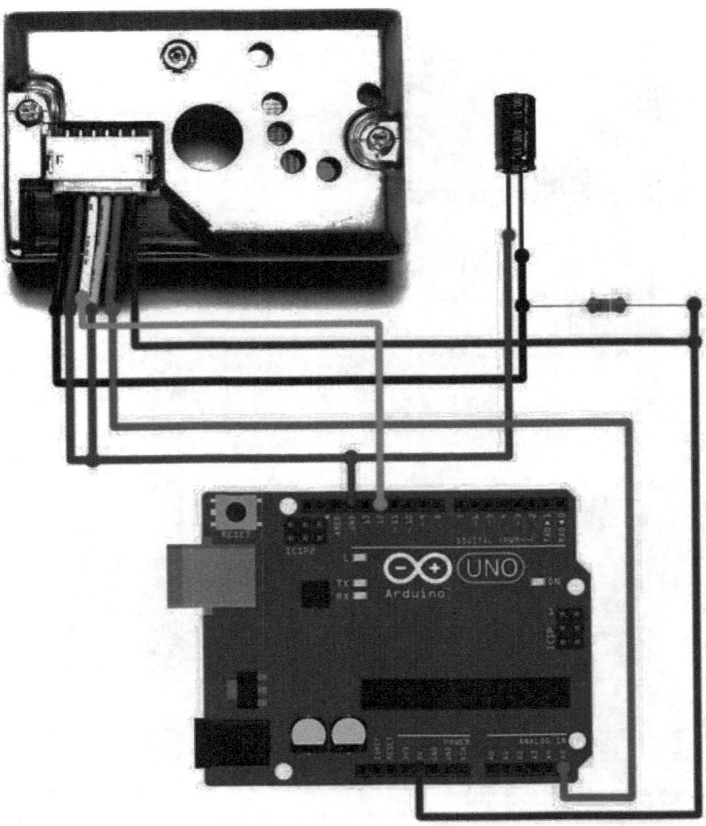

图 10-4 灰尘传感器电路连接图

使用 DHT11 模块对环境温湿度进行检测，其内部集成了感湿电阻和 NTC 热敏电阻。根据其时序原理，输出信号包含 40 位数据，其中包含 8 位湿度整数、8 位湿度小数、8 位温度整数、8 位温度小数和 8 位校验位，电路如图 10-5 所示。

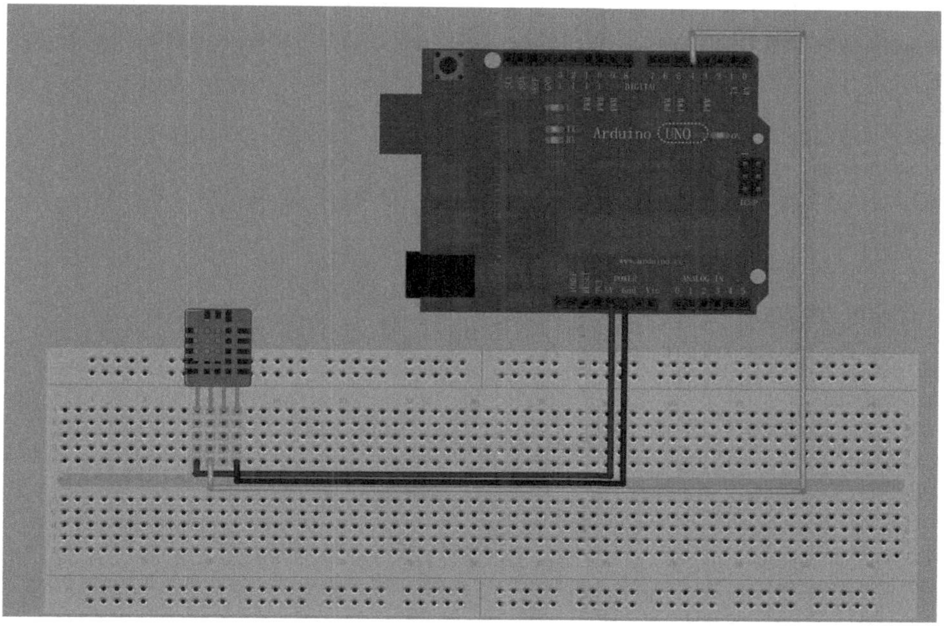

图 10-5　DHT11 电路连接图

2. 相关代码

1）获得 PM2.5 浓度的相关代码

下面示例是灰尘传感器接收信号，并在 PC 端的控制串口显示具体浓度数据的代码

```
int measurePin = A0;                    //测量引脚 A0
int ledPower = 2;
int samplingTime = 280;                 //LED 开启等待时间 280μs
int deltaTime = 40;                     //LED 关闭延迟时间 40μs
int sleepTime = 9680;
float voMeasured = 0;
float calcVoltage = 0;
float dustDensity = 0;
void setup(){
Serial.begin(9600);
pinMode(ledPower,OUTPUT);
}
void loop(){
digitalWrite(ledPower,LOW);             //LED 开启
delayMicroseconds(samplingTime);        //280μs 开启时间
voMeasured = analogRead(measurePin);    //读取模拟值
```

```
delayMicroseconds(deltaTime);                    //40μs 等待时间
digitalWrite(ledPower,HIGH);                     //LED 关闭
delayMicroseconds(sleepTime);
calcVoltage = voMeasured * (5.0 / 1024.0);       //将模拟值转换为电压值
dustDensity = 0.17 * calcVoltage - 0.1;          //将电压值转换为 PM2.5 浓度单位
Serial.print("Raw Signal Value (0 - 1023): ");
Serial.print(voMeasured);
Serial.print(" - Voltage: ");
Serial.print(calcVoltage);
Serial.print(" - Dust Density: ");
Serial.println(dustDensity);                     //最终浓度值,输出单位为 mg/m3
delay(1000);
}
```

2）获取温湿度的相关代码

```
#include <dht11.h>
dht11 DHT11;
#define DHT11PIN 4                                //定义引脚 4
void setup(){
  Serial.begin(9600);
}
void loop(){
  Serial.println("/n");
  int chk = DHT11.read(DHT11PIN);
  Serial.print("Read sensor: ");
  switch (chk)                                    //检查校验码和时延
  {
    case DHTLIB_OK:
                Serial.println("OK");
                break;
    case DHTLIB_ERROR_CHECKSUM:
                Serial.println("Checksum error");
                break;
    case DHTLIB_ERROR_TIMEOUT:
                Serial.println("Time out error");
                break;
    default:
                Serial.println("Unknown error");
                break;
  }
  Serial.print("Humidity (%): ");                 //湿度整数
  Serial.println((float)DHT11.humidity, 4);       //湿度小数
  Serial.print("Temperature (oC): ");             //温度整数
  Serial.println((float)DHT11.temperature, 4);    //温度小数
  delay(2000);
}
```

10.2.2 OLED显示模块

本部分内容包括 OLED128 * 64 显示屏模块的功能介绍及相关代码。

1. 功能介绍

显示模块使用搭载 SSD1306 芯片的 OLED128 * 64 0.96 英寸显示屏模块，采用 SPI 方式连接 Arduino 开发板，再烧入代码即可显示出环境指标数据，实现实时监控环境指标的功能，电路如图 10-6 所示。

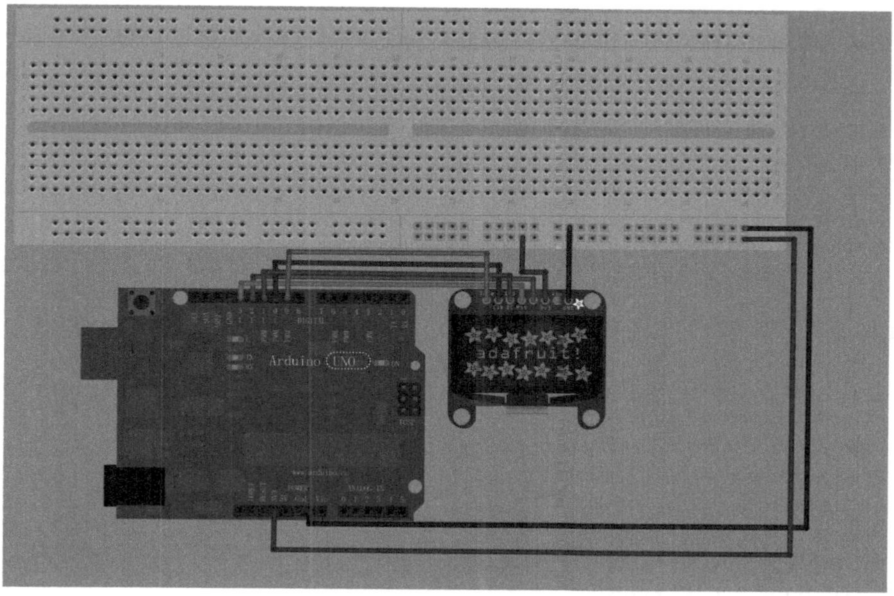

图 10-6　OLED 显示屏与 Arduino 开发板连线图

2. 相关代码

```
#include <Adafruit_SSD1306.h>
#include <Adafruit_GFX.h>
#include <dht11.h>
#include <SPI.h>
#include <Wire.h>
float str1,str2,str3;
dht11 DHT11;
#define OLED_DC 11
#define OLED_CS 12
#define OLED_CLK 10
#define OLED_MOSI 9
#define OLED_RESET 13
#define PIN_DHT11 4
Adafruit_SSD1306 display(OLED_MOSI,OLED_CLK,OLED_DC,OLED_RESET,OLED_CS);
#define NUMFLAKES 10
```

```
#define XPOS 0
#define YPOS 1
#define DELTAY 2
int measurePin = A0;
int ledPower = 2;
unsigned int samplingTime = 280;
unsigned int deltaTime = 40;
unsigned int sleepTime = 9680;
float voMeasured = 0;
float calcVoltage = 0;
float dustDensity = 0;
#define POST_INTERVAL (30 * 1000)
void setup()
{
    Serial.begin(9600);
    Wire.begin();
    display.begin(SSD1306_SWITCHCAPVCC);
    display.display();
    display.clearDisplay();
    pinMode(ledPower,OUTPUT);
}
void loop()
{
    digitalWrite(ledPower,LOW);
    delayMicroseconds(samplingTime);
    voMeasured = analogRead(measurePin);
    delayMicroseconds(deltaTime);
    digitalWrite(ledPower,HIGH);
    delayMicroseconds(sleepTime);
    calcVoltage = voMeasured * (5.0/1024);
    dustDensity = 0.17 * calcVoltage - 0.1;
    display.setTextSize(1);
    display.setTextColor(WHITE);
    display.setCursor(0,0);
    DHT11.read(PIN_DHT11);
    Serial.print("Humidity:");
    Serial.println((float)DHT11.humidity,2);
    str1 = DHT11.humidity;
    display.print("Humidity(%):");
    display.println(str1);
    Serial.print("Temperature:");
    Serial.println((float)DHT11.temperature,2);
    str2 = DHT11.temperature;
    display.print("Temperature(C):");
    display.println(str2);
    Serial.print("DustDensity:");
    Serial.println((float)dustDensity,2);
    display.println("DustDensity(mg/m3):");
    display.println(dustDensity);
    display.display();
```

```
    delay(300);
    display.clearDisplay();
}
```

10.2.3　传输模块

本部分内容包括传输模块的功能介绍、实现步骤及相关代码。

1. 功能介绍

用网线将 W5100 网络扩展板与计算机网线接口相连，IP 地址与相关网络进行配置，将环境指标数据传输到物联平台。在乐联网上注册账号后即可使用智能物联功能，实现查看实时数据、发微信预警等功能。

2. 实现步骤

传输功能的实现步骤分为计算机网络设置和乐联网设置。

1）计算机网络设置

将无线网络设置为网络共享到以太网接口，依次单击"网络和 Internet 设置"→"更改适配器选项"→右击"WLAN"→选择"属性"→"共享"→勾选"允许其他网络用户通过此计算机的 Internet 来连接"→"家庭网络连接"选项，选择"以太网"，如图 10-7 所示。

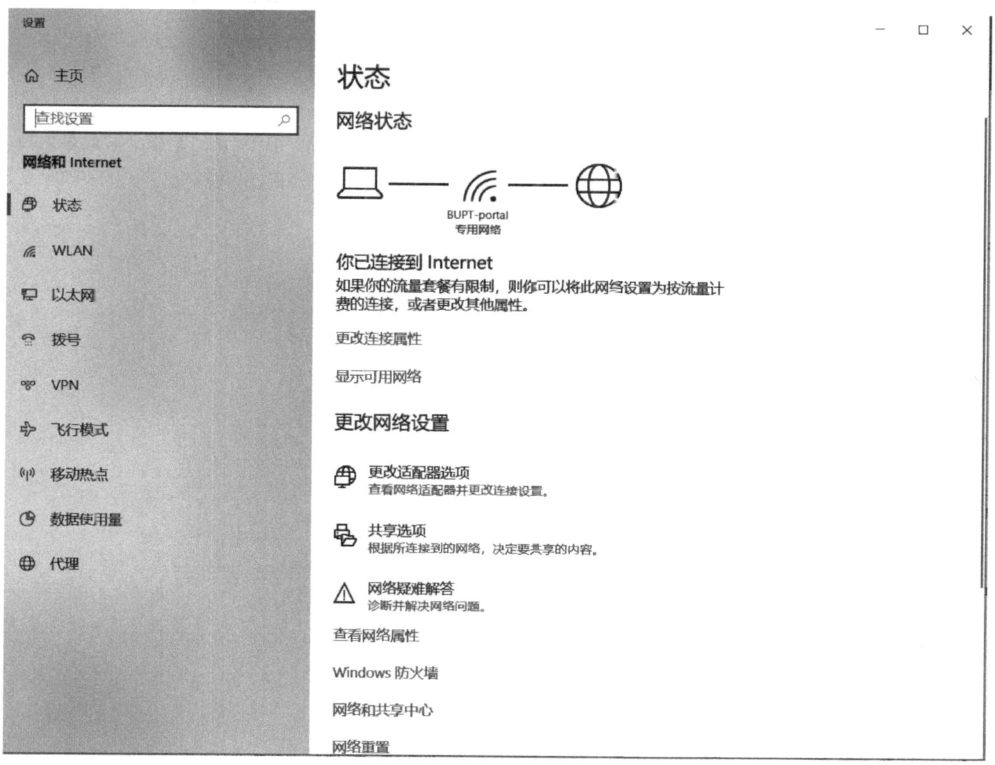

图 10-7　无线网络设置为网络共享到以太网

设置好无线网络共享后，将 Arduino Ethernet W5100 网络扩展板用网线与计算机相连，输入 arp -a 命令即可查看网络扩展板的 IP 地址，如图 10-8 所示。在无法自动获取 IP 地址的情况下可以通过代码创建一段包含 IP 地址、dns 地址、默认网关以及子网掩码的数组来初始化客户端。

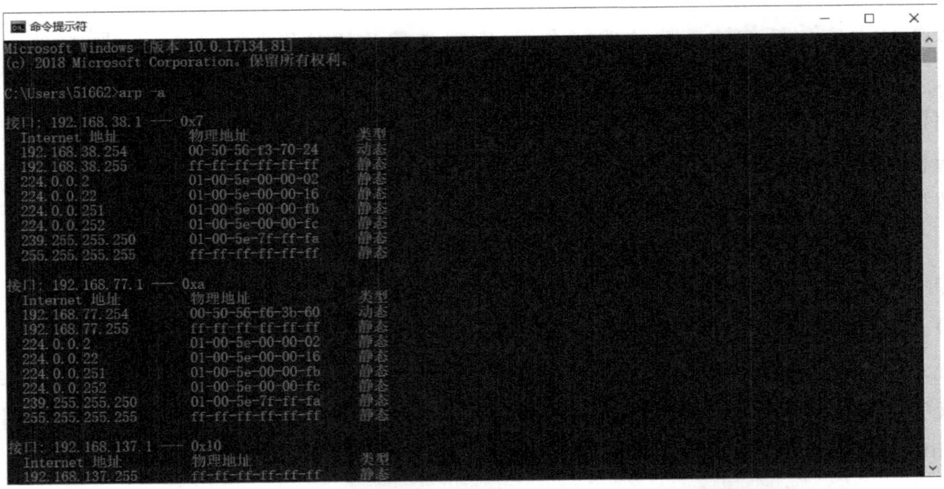

图 10-8　查看扩展板 IP 地址

2）乐联网设置

设置好计算机网络后登入乐联网 https://www.lewei50.com/进行相关设置，首先注册一个账号并记录“设置个人信息”栏的 Userkey 用于后续代码的编写，如图 10-9 所示。

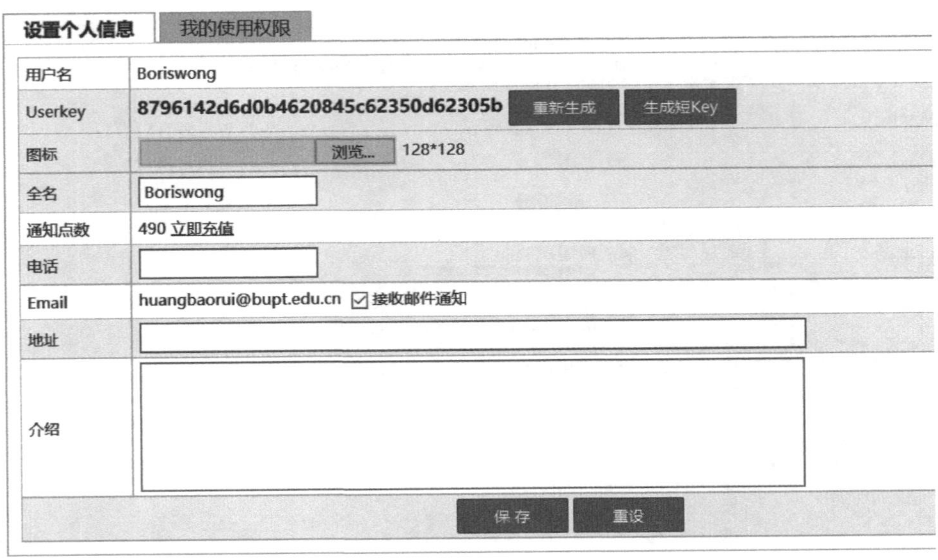

图 10-9　Userkey 示意图

进入乐联网的后台，在“我的物联”→“我的设备”中选择默认设备，填写名称并记录其标识，并将“类型”选择为“Arduino”。为了实现后续的微信预警及反馈功能，需要勾选“是否可控”以及“公网访问”，并填写好API地址及公网IP，如图10-10所示。

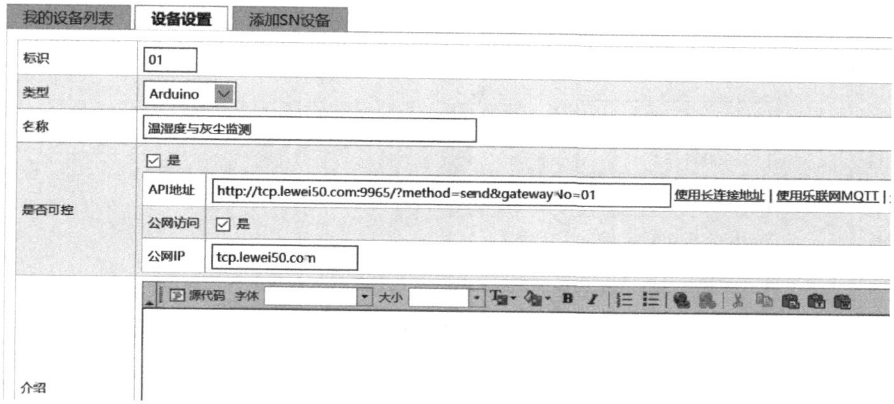

图10-10　设备设置

在乐联网后台“我的物联”→“传感器与控制器”中，新建一个传感器，依次填写其标识、类型、单位、设备及名称，记录其标识，传感器设置如图10-11所示。

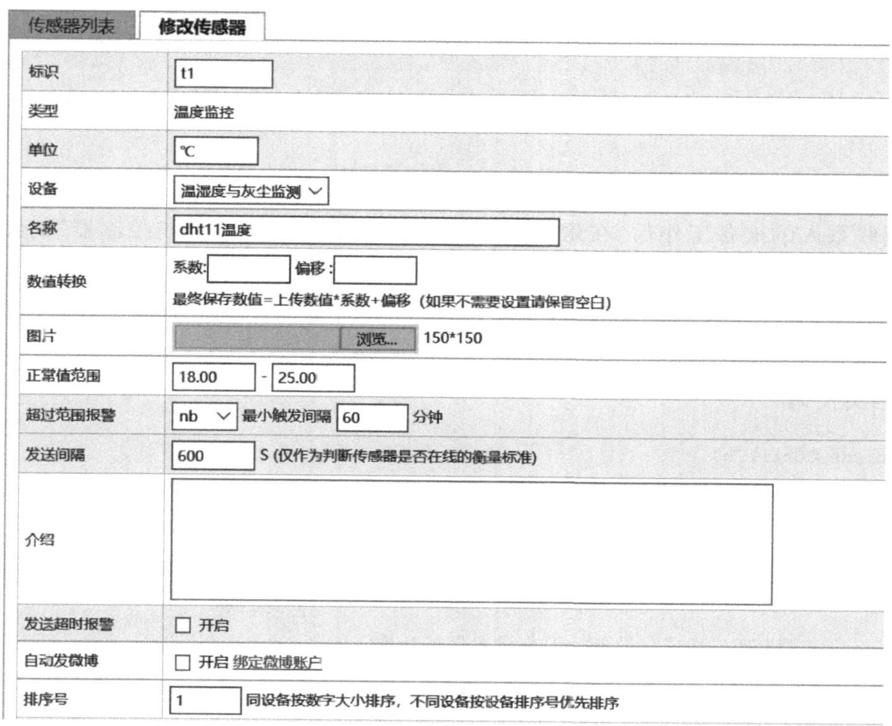

图10-11　传感器设置

至此，上传数据至乐联网的准备工作已完成，在烧入代码时，将自己账号的 Userkey、设备标识以及传感器标识都加入代码的相应位置即可完成数据上传。微信查询及预警的功能需要通过以下步骤实现：在乐联网后台单击“短信预警管理”→“我的通讯录”中添加联系人，输入手机号并通过扫码绑定微信，如图 10-12 所示。

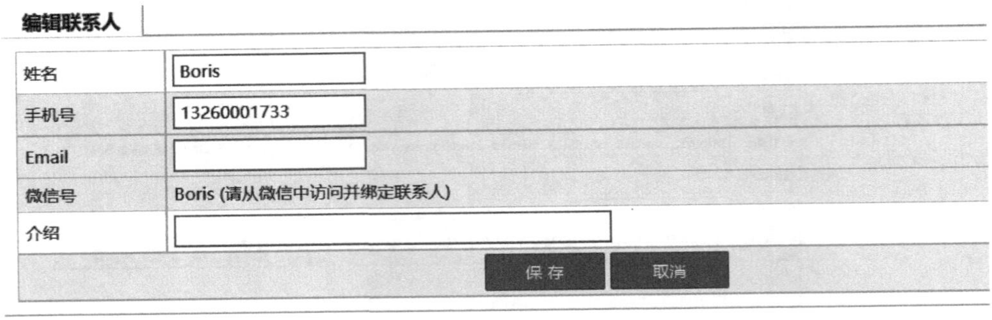

图 10-12　添加联系人

在“短信管理预警”选项卡中选择“通知组管理”，选择“添加通知组”，添加新建好的联系人，输入通知组名称后单击“保存”按钮，如图 10-13 所示。

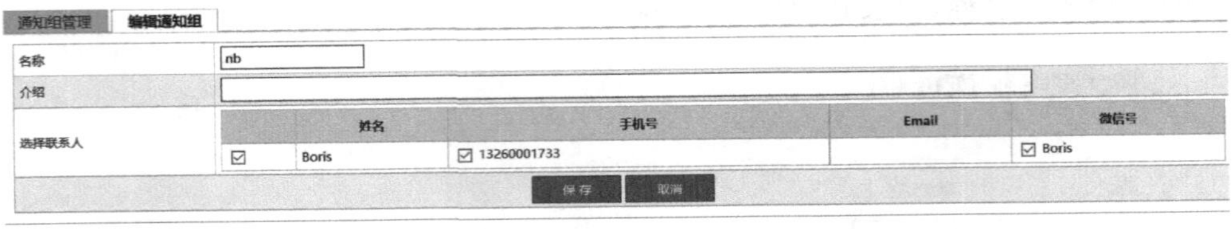

图 10-13　添加通知组

完成联系人的准备工作后，在乐联网后台“我的物联”→“传感器与控制器”的编辑中，选择“超过范围报警”，在下拉菜单中选择通知组，即可实现微信、短信自动预警。

打开微信，关注乐联网公众号，绑定账号，即可实时查询环境指标数据并接收服务器发送的报警信息。

3. 相关代码

```
#include <dht11.h>
#include <LeweiClient.h>
#include <SPI.h>
#include <Ethernet.h>
#define LW_USERKEY "8796142d6d0b4620845c62350d62305b"//这是乐联网的 Userkey 必须与账号保
                                                    //持一致
#define LW_GATEWAY "01"//设备标识与设置保持一致
int measurePin = A0;
int ledPower = 2;
unsigned int samplingTime = 280;
```

```
unsigned int deltaTime = 40;
unsigned int sleepTime = 9680;
float voMeasured = 0;
float calcVoltage = 0;
float dustDensity = 0;
#define POST_INTERVAL (30 * 1000)
dht11 DHT11;
#define DHT11PIN 4//定义引脚 4
//当无法自动获取 IP 地址时可通过取消注释下四行手动输入网络信息
//IPAddress ip(172,20,10,4);
//IPAddress mydns(172,20,10,1);
//IPAddress gw(172,20,10,1);
//IPAddress subnet(255,255,255,240);
LeWeiClient * lwc;
void setup() {
    Serial.begin(9600);
    lwc = new LeWeiClient(LW_USERKEY, LW_GATEWAY);
    //当无法自动获取 IP 地址时可选择下列方式初始化客户端
    //lwc = new LeWeiClient(LW_USERKEY, LW_GATEWAY, ip, mydns, gw, subnet);
    pinMode(ledPower,OUTPUT);
}
void loop() {
  digitalWrite(ledPower,LOW);
  delayMicroseconds(samplingTime);
  voMeasured = analogRead(measurePin);
  delayMicroseconds(deltaTime);
  digitalWrite(ledPower,HIGH);
  delayMicroseconds(sleepTime);
  calcVoltage = voMeasured * (5.0/1024);
  dustDensity = 0.17 * calcVoltage - 0.1;
  if (lwc) {
    DHT11.read(DHT11PIN);
    Serial.print("shidu:");
    Serial.println(dht11hum);
    int dht11temp = DHT11.temperature;
    int dht11humi = DHT11.humidity;
    Serial.print("wendu:");
    Serial.println(dht11temp);
    //t1,t2,t3 必须与乐联网上设置的传感器标识一致
    lwc->append("t1", dht11temp);
    lwc->append("t2", dht11humi);
    lwc->append("t3", dustDensity);
    Serial.print(" *** data send *** ");
    lwc->send();
    Serial.print(" *** send completed *** ");
   delay(POST_INTERVAL);
   }
}
```

10.3 产品展示

产品整体外观如图 10-14 所示，上方为 Arduino 开发板与 Ethernet W5100 网络扩展板相接，下方从左到右依次为 OLED 显示屏、DHT11 温湿度传感器及灰尘传感器，环境指标数据可以清晰地显示在液晶屏上。串口监视器显示如图 10-15 所示，温度数据走势如图 10-16 所示，湿度数据走势如图 10-17 所示，灰尘浓度数据走势如图 10-18 所示，微信查看数据如图 10-19 所示，微信接收预警如图 10-20 所示，短信接收预警如图 10-21 所示。

图 10-14　产品整体外观图

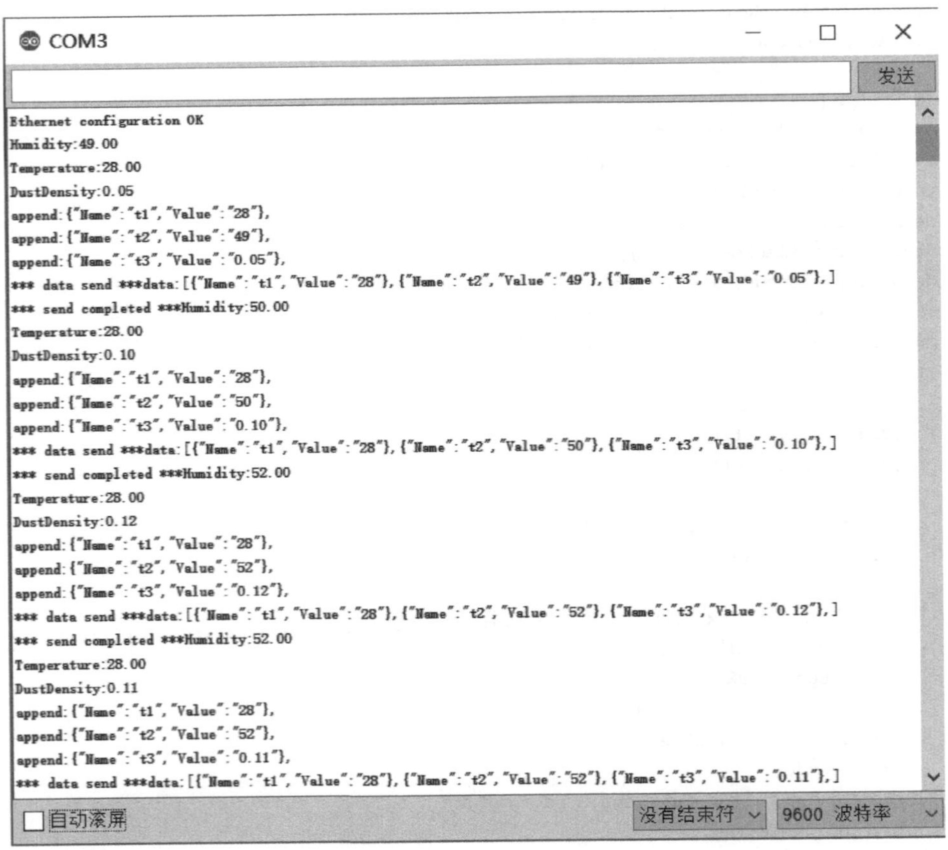

图 10-15　串口监视器

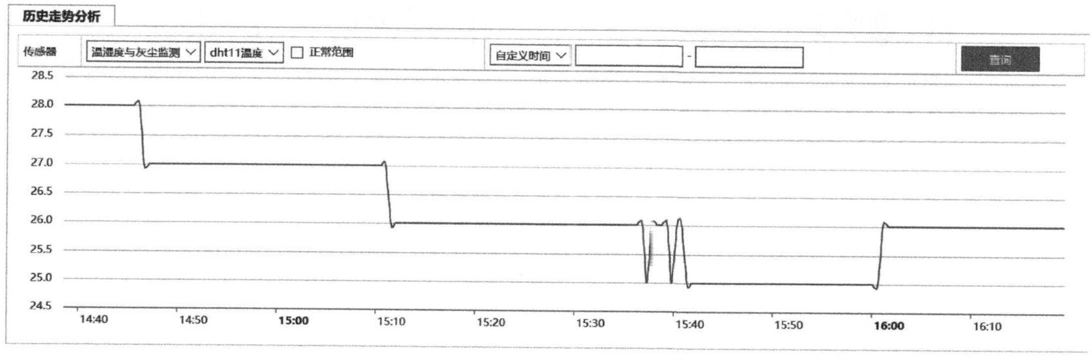

图 10-16　温度数据走势图

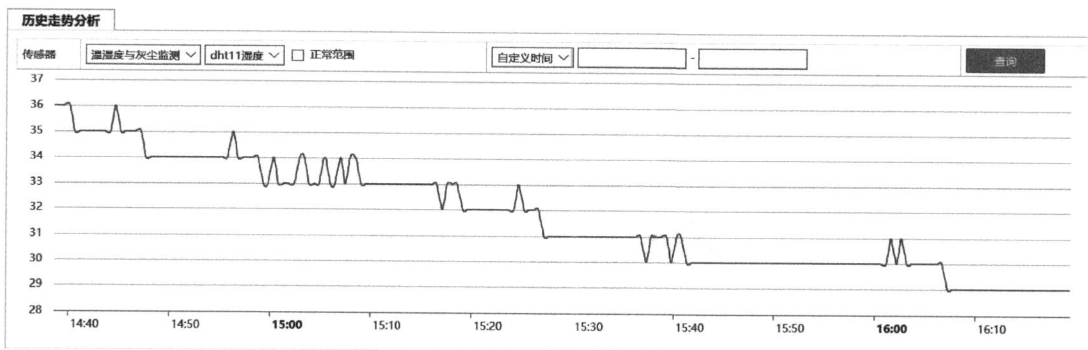

图 10-17　湿度数据走势图

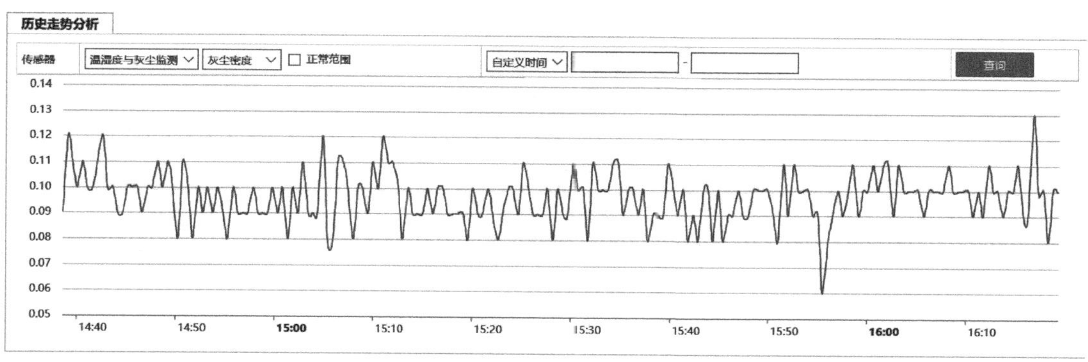

图 10-18　灰尘浓度数据走势图

图 10-19 微信查看数据

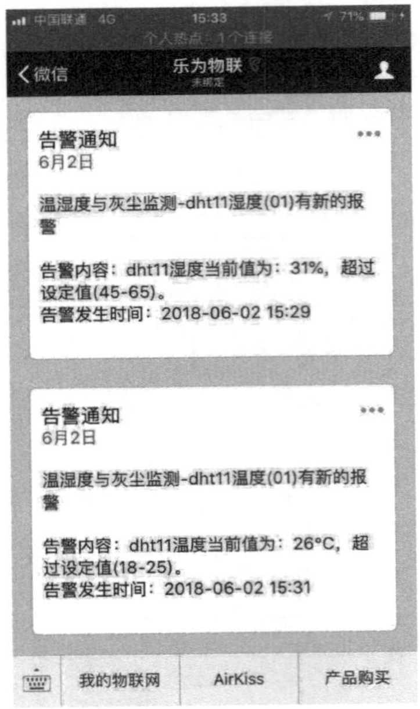

图 10-20 微信接收预警

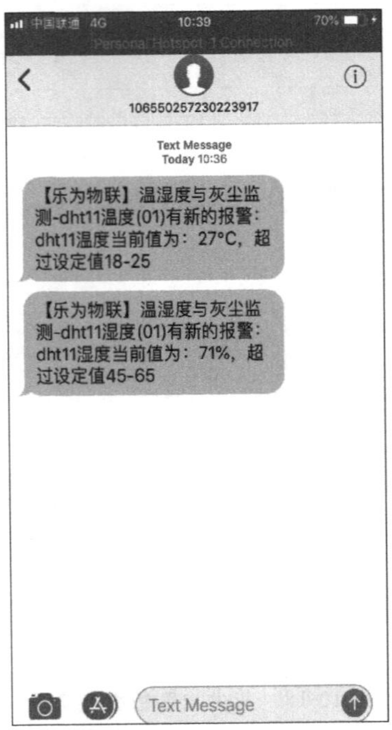

图 10-21 短信接收预警

10.4 元件清单

完成本项目所用到的元件及其数量如表 10-2 所示。

表 10-2　元件清单

元件/测试仪表	数量
Arduino UNO 开发板	1个
DHT11 温湿度传感器	1个
GP2Y1010AU0F 灰尘传感器	1个
150Ω 电阻	1个
220μF 电容	1个
导线、杜邦线	若干
面包板	1个
Arduino Ethernet W5100 网络扩展板	1个
0.96 英寸 OLED12864 7 引脚显示屏模块	1个

第 11 章

喂宠神器项目设计①

本项目通过 ESP8266 模块将计算得到的宠物食量数据传输到 OneNET 云平台，实现全自动喂宠的功能。

11.1 功能及总体设计

本项目通过附在食盒底部的称重传感器来感应食盒的重量，当食物重量低于所设定的下限时，绿色 LED 被点亮，表明舵机准备启动；启动舵机，食物出口被打开并进行投食，当食物重量达到设定的上限时，停止投食，既避免浪费，又能及时给宠物添食，使用者还可以通过 PC 端或手机端对宠物食量进行实时监控。

要实现上述功能需将作品分成四部分进行设计，即输入部分、处理部分、输出部分和显示部分。输入部分选用了称重传感器和 HX711 模块实现数据的输入；处理部分主要通过 C++程序在 Arduino 开发板实现；输出部分通过舵机、ESP826 模块和 LED 实现；显示部分是数据经过云平台，可以在计算机或手机上查看。

1. 整体框架图

整体框架如图 11-1 所示。

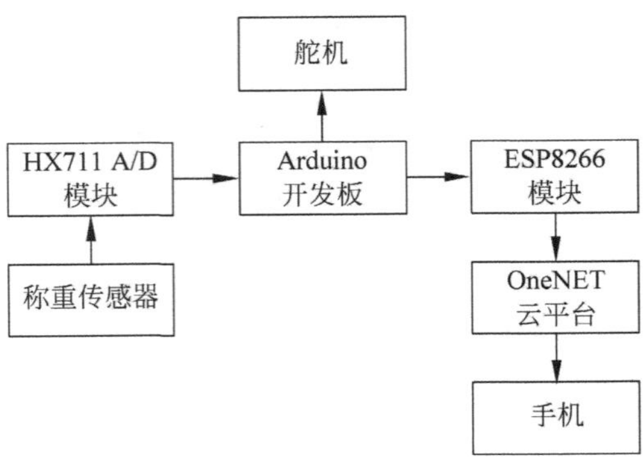

图 11-1　整体框架图

① 本章根据吴寒寒、黄甘露的项目设计整理而成。

2．系统流程图

系统流程如图 11-2 所示。

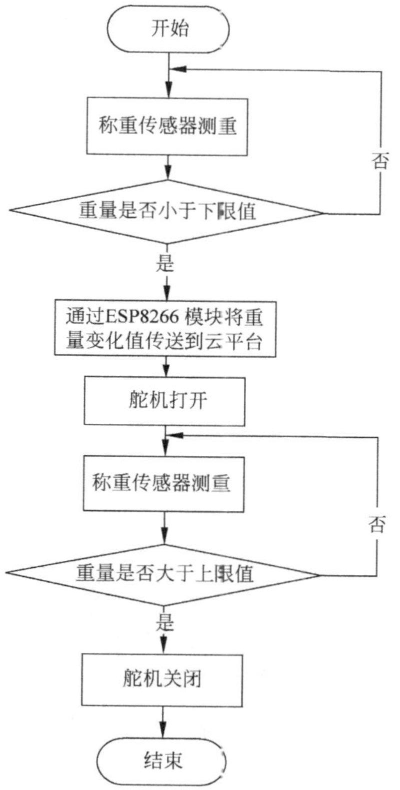

图 11-2　系统流程图

运行程序，重量在采集前为模拟信号，通过 HX711 模块以数字信号的形式输入。对数字信号处理后得到重量值，当重量值低于所设定的下限值时，舵机启动，食盒打开，通过 ESP8266 模块将重量减少量传输到云端；同时称重传感器并没有停止工作，当测得的重量值大于所设定的上限值时，舵机关闭，停止添食；当重量值不低于所设定的下限值时，返回重新测量，舵机不启动。

3．总电路图

总电路如图 11-3 所示，引脚连接如表 11-1 所示。

表 11-1　引脚连接表

模块及引脚名		HX711 引脚
称重传感器	红	E+
	白	E−
	黑	A−
	绿	A+

续表

模块及引脚名		HX711 引脚
		Arduino 开发板引脚
HX711 模块	GND	GND
	DT	3
	SCK	2
	VCC	5V
ESP8266 模块	右 1	12
	右 3	5V
	右 4	5V
	左 1	GND
	左 4	13
舵机	白	10
	红	5V
	黑	GND

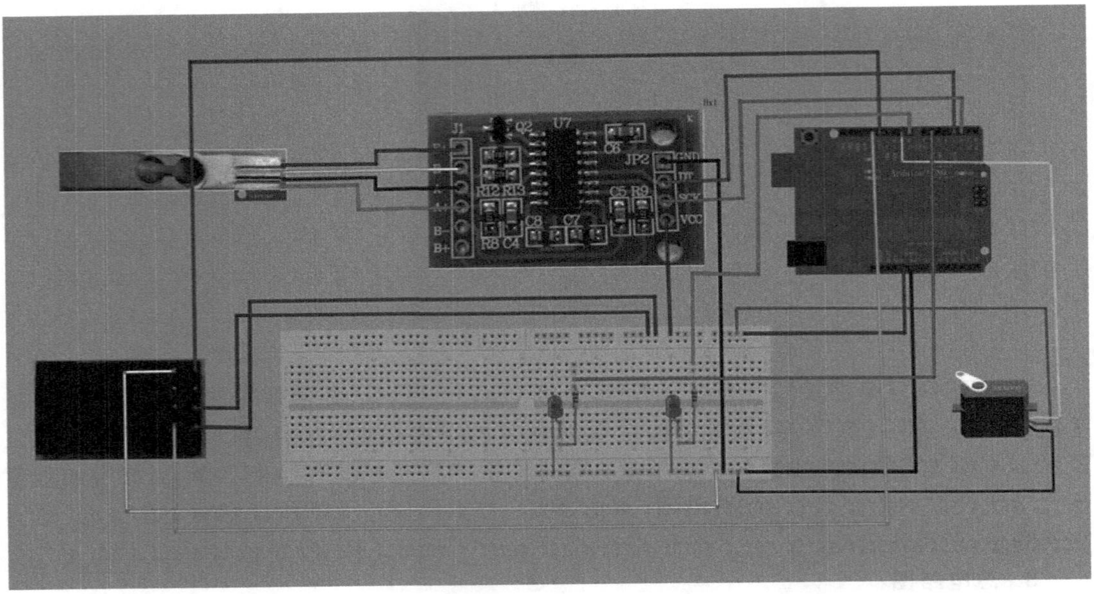

图 11-3　总电路图

11.2　模块介绍

本项目主要包括主程序模块、ESP8266 输出模块、输入模块和 OneNET 云平台的数据显示，下面分别给出各模块的功能介绍及相关代码。

11.2.1　主程序模块

本部分内容包括主程序模块的功能介绍及相关代码。

1. 功能介绍

称重传感器和 A/D 模块将采集到的模拟信号输入到 Arduino 开发板中，开发板采集数据进行计算和分析，计算结果用于控制舵机的转动，硬件部分通过称重传感器、HX711 模块和舵机来实现；数据上传部分对输入的数据进行计算分析后上传到云平台。以上功能主要由 C++代码实现，编译环境为 Arduino IDE。

2. 相关代码

```
/* 库文件地址: https://github.com/queuetue/Q2-HX711-Arduino-Library */
#ifndef Q2HX711_h
#define Q2HX711_h
#include "Arduino.h"
class Q2HX711
{
  private:
    byte CLOCK_PIN;
    byte OUT_PIN;
    byte GAIN;
    void setGain(byte gain = 128);
  public:
    Q2HX711(byte output_pin, byte clock_pin);
    virtual ~Q2HX711();
    bool readyToSend();
    long read();
};
#endif /* Q2HX711_h */
#include <Arduino.h>
#include "Q2HX711.h"
Q2HX711::Q2HX711(byte output_pin, byte clock_pin) {
  CLOCK_PIN = clock_pin;
  OUT_PIN = output_pin;
  GAIN = 1;
  pinMode(CLOCK_PIN, OUTPUT);
  pinMode(OUT_PIN, INPUT);
}
Q2HX711::~Q2HX711() {
}
bool Q2HX711::readyToSend() {
  return digitalRead(OUT_PIN) == LOW;
}
void Q2HX711::setGain(byte gain) {
  switch (gain) {
```

```
    case 128:
      GAIN = 1;
      break;
    case 64:
      GAIN = 3;
      break;
    case 32:
      GAIN = 2;
      break;
  }
  digitalWrite(CLOCK_PIN, LOW);
  read();
}
long Q2HX711::read() {
   while (!readyToSend());
  byte data[3];
  for (byte j = 3; j--;) {
      data[j] = shiftIn(OUT_PIN,CLOCK_PIN, MSBFIRST);
  }
  for (int i = 0; i < GAIN; i++) {
    digitalWrite(CLOCK_PIN, HIGH);
    digitalWrite(CLOCK_PIN, LOW);
  }
  data[2] ^= 0x80;
  return ((uint32_t) data[2] << 16) | ((uint32_t) data[1] << 8) | (uint32_t) data[0];
}
/*头文件,用于将称重传感器和A/D模块采集的数据进行处理,实现电子秤的功能*/
#ifndef weigh_h
#define weigh_h
#include <Q2HX711.h>
const byte hx711_data_pin = 3;
const byte hx711_clock_pin = 2;
Q2HX711 hx711(hx711_data_pin,hx711_clock_pin);
const float A = 8.39,B = 84408;
/* A、B为电子秤参数,称重传感器的输出值y与被测物重量x呈线性关系,设y = Ax + B,通过两
个100g砝码计算得出A = 8.39,B = 84408.测出未知重量物体的x = (y - B)/A. */
class weigh
{
  public:
weigh(float a,float b);                       //设置食物的下限值和上限值
  void RT_weigh();                            //称实时净重
  void rough_weigh();                         //称毛重
  void get_initial_weight();
  float get_delta_w();                        //计算重量实时变化量
  //private:
  float rough_weight = 0;                     //毛重
  float RT_weight = 0;                        //实时净重
```

```
  float initial_weight = 0;                     //初始净重
  float delta_w = 0;                            //实时变化量
  float upper_limit_value = 0;                  //重量上限值
  float lower_limit_value = 0;                  //重量下限值
  };
  weigh::weigh(float a,float b)
    {
      lower_limit_value = a;
      upper_limit_value = b;
      }
  void weigh::rough_weigh()
  {
    rough_weight = (hx711.read()/100 - B)/A;
    Serial.println("rough weigh is finished.");
    }
  void weigh::RT_weigh()
  {
    //if(rough_weight = 0)
    //Serial.println("error,please weigh the rough weight first.");
    RT_weight = ((hx711.read()/100 - B)/A) - rough_weight;
    }
  void weigh::get_initial_weight()
  {
    RT_weigh();
    initial_weight = RT_weight;
    }
  float weigh::get_delta_w()
  {
    delta_w = initial_weight - RT_weight;
    if(delta_w < 0) delta_w = 0;
    return delta_w;
    }
    #endif /* weigh_h */
/* 实现代码将测得的数据经过处理后上传到 OneNET 平台,利用 Arduino 软串口通过 AT 指令控制
ESP8266 模块,上传此代码前已对 Arduino 开发板进行预设置 */
#include <SoftwareSerial.h>
#define DeviceId "31710050"                     //设备 ID
#define apikey "ca1pXuLkNa2Lrpno9la93RiXwSA = " //设备的 api - key
#include <Q2HX711.h>                            //HX711 模块头文件
#include <Servo.h>
#include "weigh.h"                              //电子秤头文件
#define PIN_SERVO 10                            //舵机输出连接引脚 10
byte led_red = 6;
byte led_green = 9;
Servo myservo;
```

```
SoftwareSerial mySerial(12, 13); //引脚 12 连接 ESP8266 的 TX,引脚 13 连接 ESP8266 的 RX
void sendcmd(char * cmd)
{
   mySerial.write(cmd);
   delay(100);
   if (mySerial.available()) {
    delay(100);
    Serial.write(mySerial.read());
  }
}
void uploaddata(char * dsid,char * data) //dsid 为数据流 ID(名称),data 为要上传的数据串
{
 char jsonstring[100];
 sprintf(jsonstring,"{\"datastreams\":[{\"id\":\"%s\",\"datapoints\":[{\"value\":%
s}]}]}",dsid,data);
 sendcmd("AT+CIPSEND\r\n");
 sendcmd("POST /devices/");
 sendcmd(DeviceId);
 sendcmd("/datapoints HTTP/1.1\r\n");
 sendcmd("api-key:");
 sendcmd(apikey);
 sendcmd("\r\n");
 sendcmd("Host:api.heclouds.com \r\n");
 sendcmd("Content-Length:");
 mySerial.print(strlen(jsonstring));
 sendcmd("\r\n\r\n");
 sendcmd(jsonstring);
  char end_c[2];
  end_c[0] = 0x1a;
  end_c[1] = '\0';
 mySerial.write(end_c);
}
void setup() {
   Serial.begin(9600);
   while (!Serial) {
   }
   mySerial.begin(4800);
   delay(5000);
   while(mySerial.available() > 0)
      mySerial.read();
   while(Serial.available() > 0)
      Serial.read();
   delay(1000);
    randomSeed(analogRead(A0));
   myservo.attach(PIN_SERVO);                    //舵机引脚
```

```
  pinMode(led_red,OUTPUT);                        //电源 LED 显示
  pinMode(led_green,OUTPUT);                      //开始投食 LED 显示
}
  float i;                                        //定义上传的数据
void loop()
{
  delay(1000);
  weigh myweigh(110,190); //设置食物的上限值和下限值,低于下限值投食口打开,高于上限值投
                          //食口关闭
  myweigh.rough_weigh();                          //除食物以外的毛重
  Serial.print("rough weight: ");
  Serial.println(myweigh.rough_weight);
  digitalWrite(led_red, HIGH);                    //红灯亮起,表示一切准备就绪
  myservo.write(-90);
  Serial.println("feeding.....");
  delay(10000);                                   //投食时间
  myservo.write(90);
  Serial.println("finish");
  float upload_w = 0;
  delay(3000);
  for(int m = 0; m<100; m++)
  {
    myweigh.get_initial_weight();                 //计算食物初始重量
    Serial.print("initial weight: ");
    Serial.println(myweigh.initial_weight);
  do{
    delay(1000);
    myweigh.RT_weigh();
    Serial.println(myweigh.RT_weight);
  }while(myweigh.RT_weight>myweigh.lower_limit_value);
//检测食物重量是否低于下限值,若是则跳出循环
   sendcmd("AT+CIPSTART=\"TCP\",\"183.230.40.33\",80\r\n");
   sendcmd("AT+CIPMODE=1\r\n");    //向云端发送连接请求 upload_w = upload_w + myweigh.
                                   //get_delta_w();
   i = upload_w;                                  //总食量
   char *value1;
   char buff1[10];
   value1 = dtostrf(i, 3, 2, buff1);
   uploaddata("delta_w",value1);                  //上传总食量
   Serial.write("upload_w = ");
   Serial.println(upload_w);
   digitalWrite(led_green, HIGH) ;                //绿灯亮起,开始投食
   myservo.write(-90); do{
   myweigh.RT_weigh();
   Serial.println(myweigh.RT_weight);
```

```
    }while(myweigh.RT_weight < myweigh.upper_limit_value);
  //检测投食中的食物重量是否高于上限值,若是则跳出循环
   myservo.write(90);                              //投食结束,绿灯熄灭
   digitalWrite(led_green, LOW) ;
   delay(1000);
   }
}
/*
此代码将对 Arduino 开发板进行预设值,可以将 Arduino 开发板作为 USB - TTL 模块使用,ESP8266 模块默认波特率为 115200,第一次上传代码软串口波特率应设置为 115200
串口监视器输入:
AT + CWMODE = 3                                    //设为 client 模式,
AT + CWJAP = "OPPO R9s","11223344"//连接 WiFi,此命令说明 WiFi 名称为 OPPO R9s,密码是 11223344
AT + CIFSR                                         //查看 IP,如果返回正常结果,代表连接成功
AT + UART = 4800,8,1,0,0 //将 ESP8266 模块波特率设置为 4800
*/
#include <SoftwareSerial.h>
SoftwareSerial mySerial(12, 13);
void setup() {
  Serial.begin(9600);
  while (!Serial) {
  }
  Serial.println("Goodnight moon!");
  mySerial.begin(4800);
//ESP8266 模块默认波特率为 115200,第一次上传代码软串口波特率应设置为 115200,修改后为此值
//mySerial.println("AT");
}
void loop() {
  if (mySerial.available()) {
    delay(100);
    Serial.write(mySerial.read());
  }
  if (Serial.available()) {
     delay(100);
    mySerial.write(Serial.read());
  }
}
```

11.2.2 ESP8266 模块

本部分内容包括 ESP8266 模块的功能介绍及相关代码。

1. 功能介绍

本部分将 Arduino 开发板接收到的数字信号实时上传到云平台,元件包括 ESP8266 模块、Arduino 开发板和导线若干,电路如图 11-4 所示。

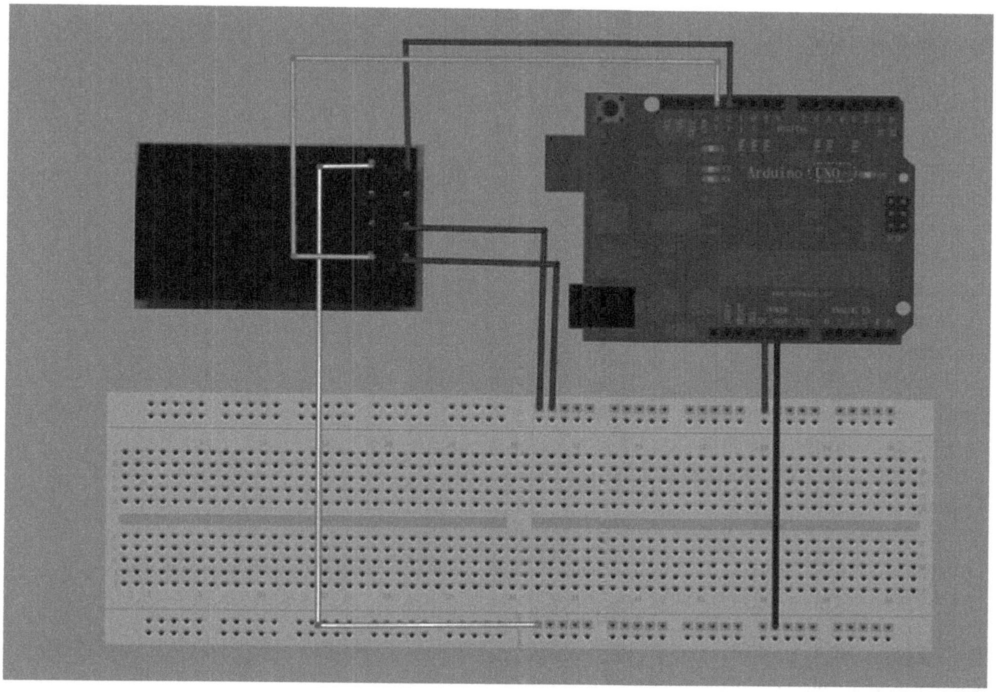

图 11-4　ESP8266 模块与 Arduino 开发板连线图

2. 相关代码

```
/＊此代码用于将数据上传到 OneNET 平台,利用 ArduinoKA 软串口通过 AT 指令控制 ESP8266,
在上传此代码前已对 Arduino 开发板进行预设置,代码拔插一次数据线再上传＊/
#include <SoftwareSerial.h>
#define DeviceId "31710050"                     //设备 ID
#define apikey "ca1pXuLkNa2Lrpno9la93RiXwSA = " //设备的 api - key
SoftwareSerial mySerial(12,13);
void sendcmd(char ＊cmd)
{
   mySerial.write(cmd);
   delay(100);
   //if (mySerial.available())
   {
   //delay(100);
   //Serial.write(mySerial.read());
  }
}
void uploaddata(char ＊ dsid,char ＊ data)
//dsid 是数据流 ID(名称),data 是要上传的数据串
{
 char jsonstring[100];
```

```
 char end_c[2];
 end_c[0] = 0x1a;
 end_c[1] = '\0';
 sprintf(jsonstring,"{\"datastreams\":[{\"id\":\"%s\",\"datapoints\":[{\"value\":%
s}]}]}",dsid,data);
 sendcmd("AT+CIPSTART=\"TCP\",\"183.230.40.33\",\"80\"\r\n");
 sendcmd("AT+CIPSEND\r\n");
 sendcmd("POST /devices/");
 sendcmd(DeviceId);
 sendcmd("/datapoints HTTP/1.1\r\n");
 sendcmd("api-key:");
 sendcmd(apikey);
 sendcmd("\r\n");
 sendcmd("Host:api.heclouds.com\r\n");
 sendcmd("Content-Length:");
 mySerial.print(strlen(jsonstring));
 sendcmd("\r\n\r\n");
 sendcmd(jsonstring);
 mySerial.write(end_c);
 sendcmd("AT+CIPCLOSE=1\r\n");
}
void setup() {
Serial.begin(9600);
while (!Serial) {
}
mySerial.begin(9600);
delay(5000);
while(mySerial.available()>0)
   mySerial.read();
while(Serial.available()>0)
   Serial.read();
 delay(1000);
 sendcmd("AT+CGCLASS=\"B\"\r\n");
 sendcmd("AT+CGDCONT=1,\"IP\",\"CMNET\"\r\n");
 sendcmd("AT+CGATT=1\r\n");;
 delay(3000);
 sendcmd("AT+CIPCSGP=1,\"CMNET\"\r\n");
 delay(3000);
 sendcmd("AT+CLPORT=\"TCP\",\"2000\"\r\n");
 delay(3000);
 randomSeed(analogRead(A0));
}
float i;                                        //上传的数据
void loop() {
 i = random(500);
 char *value;
 char buff[10];
```

```
    value = dtostrf(i, 3, 2, buff);
    uploaddata("temperature",value);                    //随机数测试
    uploaddata("Location","{\"lon\":116.2950369010,\"lat\":40.1548081709}");    //测试经纬度
    delay(3000);
  }
/* 此代码对 Arduino 开发板进行预设值,可以将 Arduino 开发板作为 USB - TTL 模块使用,ESP8266 模块默认波特率为 115200,第一次上传代码软串口波特率应设置为 115200
串口监视器输入:
AT + CWMODE = 3                                         //设为 client 模式
AT + CWJAP = "OPPO R9s","11223344" //连接 WiFi,此命令说明 WiFi 名称为 OPPO R9s,密码是 11223344
AT + CIFSR                                              //查看 IP,如果返回正常结果,代表连接成功
AT + UART = 4800,8,1,0,0                                //将 ESP8266 模块波特率设置为 4800
*/
#include <SoftwareSerial.h>
SoftwareSerial mySerial(12, 13);
void setup() {
  Serial.begin(9600);
  while (!Serial) {
; //打开串行通信
}
  Serial.println("Goodnight moon!");
  //等待串口连接
  mySerial.begin(4800);
//ESP8266 模块默认波特率为 115200,第一次上传代码软串口波特率应设置为 115200,修改后为此值
  mySerial.println("AT");
}
void loop() {
  if (mySerial.available()) {
    delay(100);
    Serial.write(mySerial.read());
  }
  if (Serial.available()) {
     delay(100);
    mySerial.write(Serial.read());
  }
}
```

11.2.3 输入模块

本部分内容包括称重传感器和 HX711 模块的功能介绍及相关代码。

1. 功能介绍

称重传感器和 HX711 转换器对模拟信号进行采集得到数字信号,并将数据传输到 Arduino IDE 以供下一步操作,元件包括:称重传感器、HX711 模块、Arduino 开发板和导线若干,输出电路如图 11-5 所示。

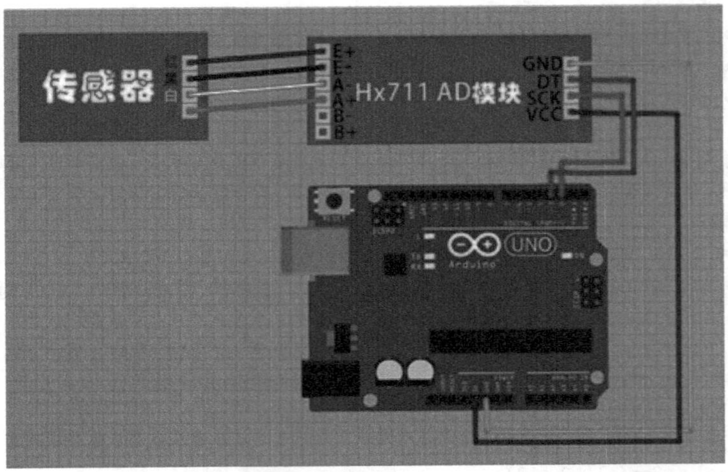

图 11-5 输出电路原理图

2. 相关代码

```
/* 库文件地址: https://github.com/queuetue/Q2-HX711-Arduino-Library */
#ifndef Q2HX711_h
#define Q2HX711_h
#include "Arduino.h"
class Q2HX711
{
  private:
    byte CLOCK_PIN;
    byte OUT_PIN;
    byte GAIN;
    void setGain(byte gain = 128);
  public:
    Q2HX711(byte output_pin, byte clock_pin);
    virtual ~Q2HX711();
    bool readyToSend();
    long read();
};
#endif /* Q2HX711_h */
#include <Arduino.h>
#include "Q2HX711.h"
Q2HX711::Q2HX711(byte output_pin, byte clock_pin) {
  CLOCK_PIN = clock_pin;
  OUT_PIN = output_pin;
  GAIN = 1;
  pinMode(CLOCK_PIN, OUTPUT);
  pinMode(OUT_PIN, INPUT);
}
```

```
Q2HX711::~Q2HX711() {
}
bool Q2HX711::readyToSend() {
  return digitalRead(OUT_PIN) == LOW;
}
void Q2HX711::setGain(byte gain) {
  switch (gain) {
    case 128:
      GAIN = 1;
      break;
    case 64:
      GAIN = 3;
      break;
    case 32:
      GAIN = 2;
      break;
  }
  digitalWrite(CLOCK_PIN, LOW);
  read();
}
long Q2HX711::read() {
   while (!readyToSend());
  byte data[3];
  for (byte j = 3; j--;) {
      data[j] = shiftIn(OUT_PIN,CLOCK_PIN, MSBFIRST);
  }
  //设置增益
  for (int i = 0; i < GAIN; i++) {
    digitalWrite(CLOCK_PIN, HIGH);
    digitalWrite(CLOCK_PIN, LOW);
  }
  data[2] ^= 0x80;
  return ((uint32_t) data[2] << 16) | ((uint32_t) data[1] << 8) | (uint32_t) data[0];
}
#include <Q2HX711.h>
const byte hx711_data_pin = 3;
const byte hx711_clock_pin = 2;
Q2HX711 hx711(hx711_data_pin, hx711_clock_pin);
void setup() {
  Serial.begin(9600);
}
void loop() {
  Serial.println(hx711.read());
  delay(1000);
}
```

11.2.4 OneNET 云平台

本部分内容包括 OneNET 云平台的功能介绍、传输协议、使用方法及数据显示。

1. 功能介绍

在 OneNET 云平台上，通过 ESP8266 模块上传的数据以折线图的方式清晰地展现出来，图中横轴为每次自动喂食的时间点，纵轴为从喂食器启动以来宠物的总食量。

2. 传输协议

本部分采用 HTTP 上传数据到 OneNET 云平台，定义数据类型为文本，采用 POST 方法，HTTP 报文格式如图 11-6 所示。

```
POST /devices/1078739/datapoints?type=5 HTTP/1.1
api-key:bryNsFvy26sbj91Isu5mHXp322fwIvtc=
Host:api.heclouds.com
Content-Length:10

,;pm2.5,89
```

图 11-6 HTTP 报文格式

3. 相关代码

数据格式如下："temperature,2015-03-22T22:31:12,22.5;102;pm2.5,89"，此段数据一共包括 3 个数据点，基本格式为：

```
{
  "datastreams":[
    {
      "id":"temperature",
      "datapoints":[
        {
          "at":"2015 - 03 - 22T22:31:12",
          "value":"22.5"
        }
      ]
    },
    {
      "id":"1",
      "datapoints":[
        {
          "value":"102"
        }
      ]
    },
    {
      "id":"pm2.5",
      "datapoints":[
```

```
            {
              "value":"89"
            }
          ]
        }
      ]
    }
```

4. 数据显示

产品信息如图 11-7 所示，所查看数据的地址如下：

https://open.iot.10086.cn/appview/p/ab19b41dc2255d867cd7b124b86ea0bd.

图 11-7　产品信息

计算机及手机端查看数据如图 11-8 和图 11-9 所示。

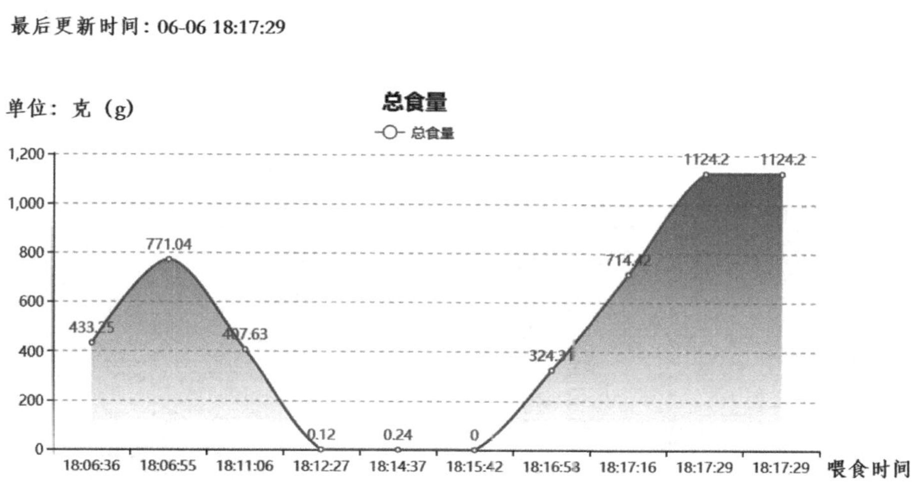

图 11-8　计算机端查看数据

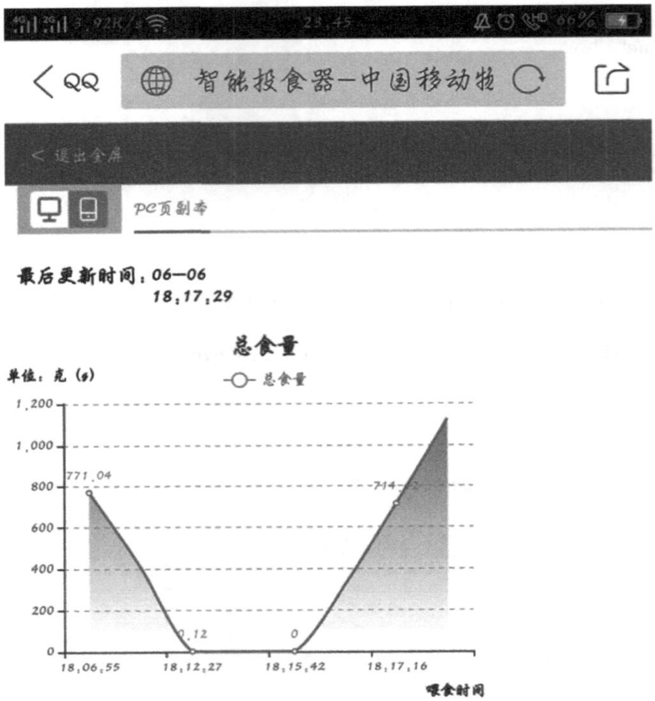

图 11-9　手机端查看数据

11.3　产品展示

产品的内部构造如图 11-10 所示，整体外观如图 11-11 所示，内部结构包含 Arduino 开发板与 ESP8266 模块，盒子正前方为输入模块称重传感器和 Hx711 模块，盒子上方是舵机，铁架台上是投食盒。

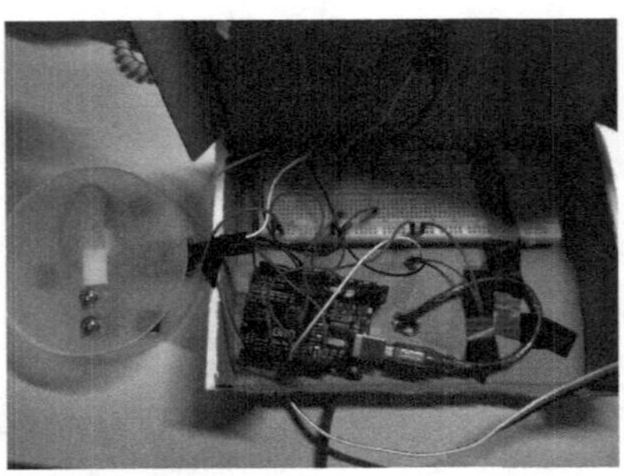

图 11-10　产品内部构造图

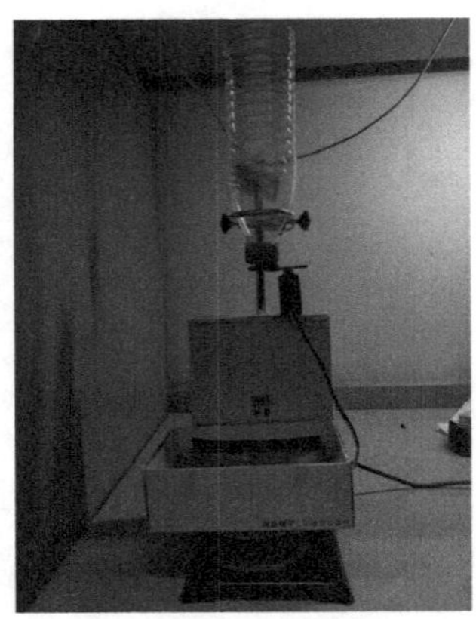

图 11-11　产品整体外观图

11.4　元件清单

完成本项目所用到的元件及其数量如表 11-2 所示。

表 11-2　元件清单

元件/测试仪表	数量
称重传感器	1个
HX711 模块	1个
Arduino UNO 开发板	1个
ESP8266 模块	1个
导线	若干
舵机	1个
面包板	1个

第 12 章

智能小管家项目设计①

本项目基于 Arduino 平台设计一款智能小管家，实现语音控制时间显示、床头灯开关以及防盗警报的功能。

12.1　功能及总体设计

本项目模拟人工智能管家，通过语音控制床头灯开关以及人体红外传感器，可实现夜里的防盗警报。用 LED 模拟床头灯，LCD12864 液晶显示屏显示时间、日期、温度，用蜂鸣器模拟警报器，用人体红外传感器控制蜂鸣器。说出“开灯”口令，LED 点亮，说出“关灯”口令，LED 熄灭；说出“显示时间”，则动态显示时间，说出“再见”，显示屏则关闭。如果有人经过红外传感器，人体发出的红外线会被接收到，则被人体红外传感器控制的蜂鸣器发出响声，同时 LED 亮。

要实现上述功能需将作品分成三部分进行设计，即输入模块、输出模块和报警模块。输入模块由 LD3320 语音识别模块和 LM35 温度传感器组成；输出模块由 LED 和液晶显示屏组成；报警模块由 HC-SR501 人体红外传感模块、蜂鸣器和 LED 组成。

1. 整体框架图

整体框架如图 12-1 所示。

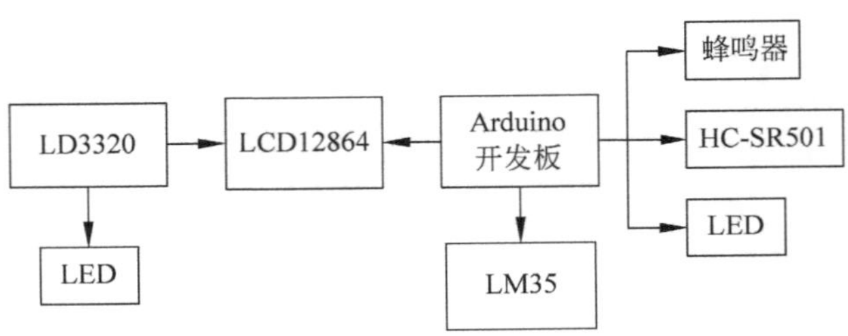

图 12-1　整体框架图

2. 系统流程图

系统流程如图 12-2 所示。

① 本章根据郑馥嘉、褚晨雨的项目设计整理而成。

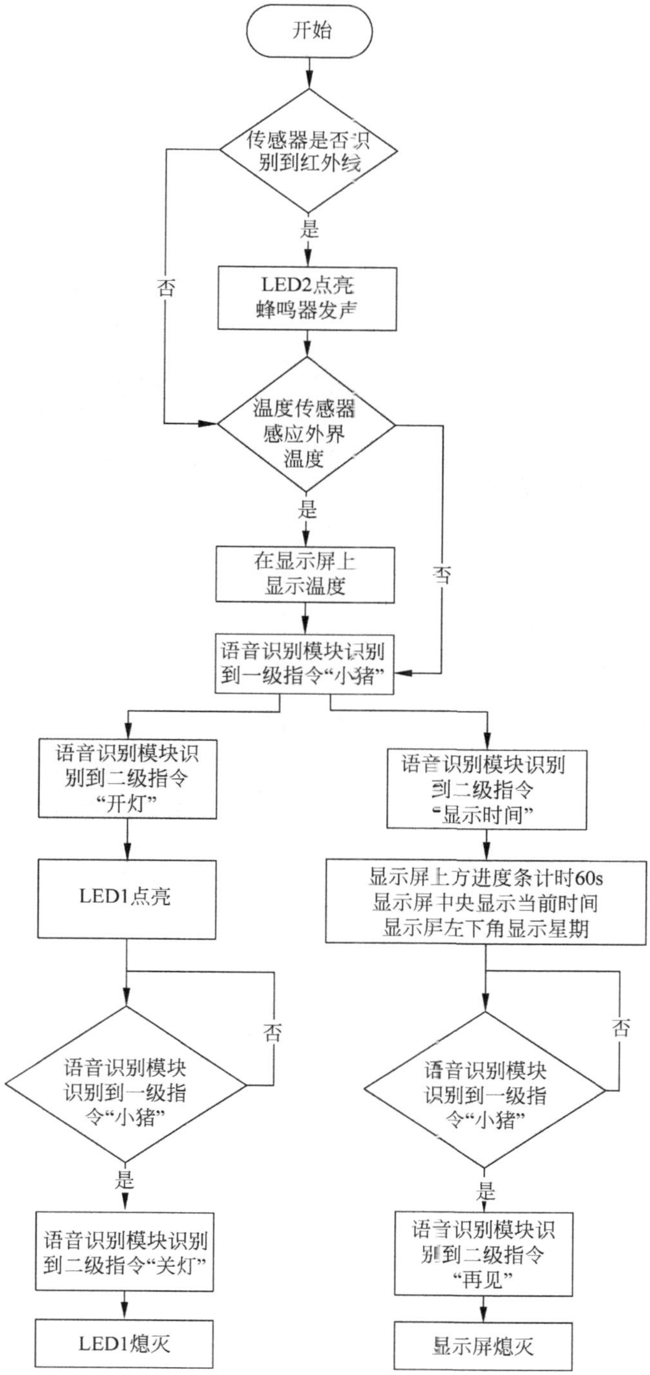
开始
传感器是否识别到红外线
是
否
LED2点亮
蜂鸣器发声
温度传感器感应外界温度
是
否
在显示屏上显示温度
语音识别模块识别到一级指令"小猪"
语音识别模块识别到二级指令"开灯"
语音识别模块识别到二级指令"显示时间"
LED1点亮
显示屏上方进度条计时60s
显示屏中央显示当前时间
显示屏左下角显示星期
否
语音识别模块识别到一级指令"小猪"
否
语音识别模块识别到一级指令"小猪"
是
是
语音识别模块识别到二级指令"关灯"
语音识别模块识别到二级指令"再见"
LED1熄灭
显示屏熄灭

图 12-2　系统流程图

系统启动后，通过人体红外检测是否有人入侵，如有则 LED 点亮、蜂鸣器报警。正常情况下，温湿度传感器将数据显示在屏幕上，使用者可以通过语音识别模块，完成对 LED 的控制及对显示屏幕的控制。

3. 总电路图

总电路如图 12-3 所示，引脚连接如表 12-1 所示。

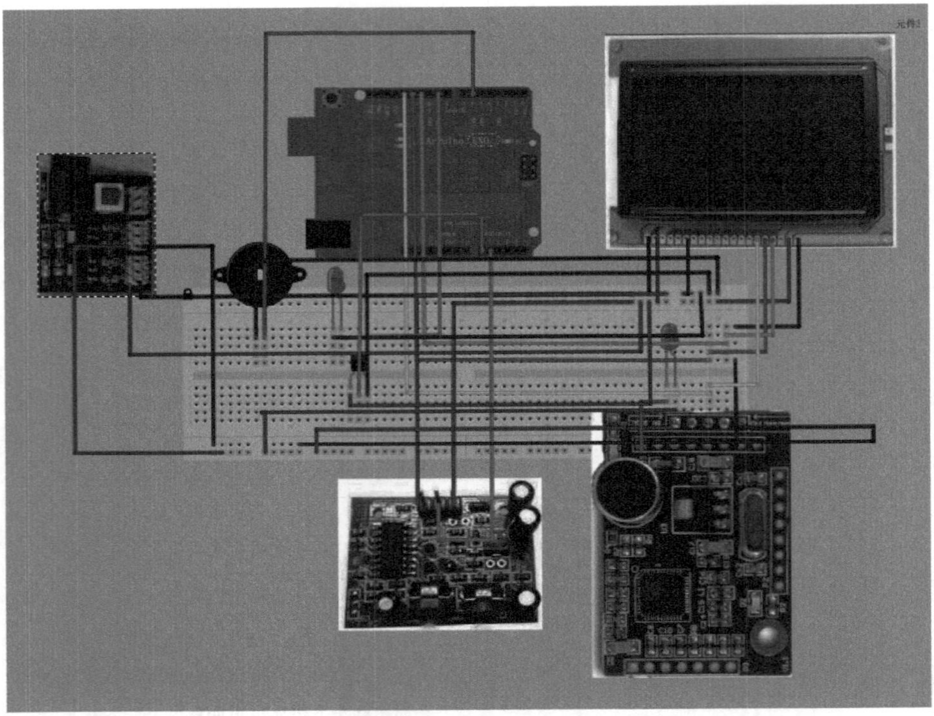

图 12-3 总电路图

表 12-1 引脚连接表

元件及引脚名		Arduino 开发板引脚
LD3320	3.3V	3.3V
	GND	GND
	P1.0	GND
	P1.6	GND
LCD12864	GND	GND
	VCC	5V
	RS	11
	R/W	12
	E	13
	PSB	GND
	BLA	5V
	BLK	GND

续表

元件及引脚名		Arduino 开发板引脚
HC-SR501	VCC	5V
	OUT	A1
	GND	GND
LM35	+Vs	3.3V
	OUTPUT	A0
	GND	GND
其他	LED 正极	9
	LED 负极	GND
	蜂鸣器正极	6
	蜂鸣器负极	GND

12.2 模块介绍

本项目主要包括 LD3320 语音识别模块、LCD12864 液晶显示屏和 HC-SR501 人体红外传感器，下面分别给出各模块的功能介绍及相关代码。

12.2.1 LD3320 语音识别模块

本部分内容包括 LD3320 语音识别模块的功能介绍、调试过程及相关代码。

1. 功能介绍

语音识别 LD3320 模块采用非特定语音识别技术，不需要用户进行录音训练，可动态编辑并识别关键词语列表，只需要把识别的关键词语以字符串的形式传送至芯片，在下次识别中立即生效。

2. 调试过程

LD3320 语音识别模块的调试过程包括串口调试、修改程序、下载新程序和串口再次调试。

1）串口调试

首先打开串口调试助手，得到初始测试口令。说出一级口令“小猪”后，串口调试界面会显示“收到”，说出二级口令“开灯”，界面会显示“‘开灯’命令识别成功”，说明模块正常工作，如图 12-4 所示。

2）修改程序、下载新程序

模块的相关程序用 keil Uvision4 编译器打开，修改程序后需要使用专用的软件下载程序，先尝试修改一些口令：

```
#ifdef TEST
    PrintCom("一级口令: 小猪\r\n"); /* text..... */
```

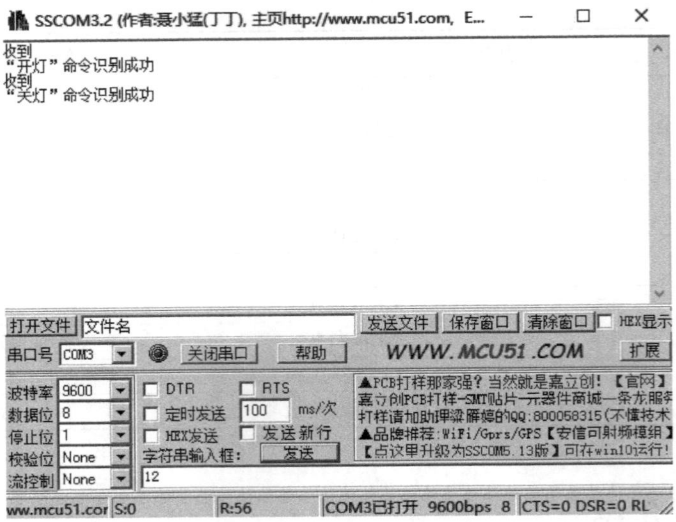

图 12-4　串口调试图

```
    PrintCom("二级口令：1、代码测试\r\n"); /＊text.....＊/
    PrintCom("2、开发板验证\r\n"); /＊text.....＊/
    PrintCom("3、开灯\r\n"); /＊text.....＊/
    PrintCom("4、关灯\r\n"); /＊text.....＊/
    PrintCom(" 5、显示时间\r\n"); /＊text.....＊/
    PrintCom("6、上海\r\n"); /＊text.....＊/
    PrintCom("7、广州\r\n"); /＊text.....＊/
    #endif
switch(dat)
    {
    case CODE_DMCS:                                     /＊命令"测试"＊/
        PrintCom(""代码测试"命令识别成功\r\n");         //串口输出提示信息
        PA1 = 1;                                        //让 PA1 引脚为高电平
        break;
    case CODE_KFBYZ: /＊命令"全开"＊/
        PrintCom(""开发板验证"命令识别成功\r\n");       //串口输出提示信息
        PA2 = 1;                                        //让 PA2 引脚为高电平
        break;
    case CODE_KD:                                       /＊命令"复位"＊/
        PrintCom(""开灯"命令识别成功\r\n");             //串口输出提示信息
        PA3 = 0;                                        //让 PA3 引脚为高电平
        LED2 = 0; //开灯
        break;
    case CODE_GD:                                       /＊命令"复位"＊/
        PrintCom(""关灯"命令识别成功\r\n");             //串口输出提示信息
```

```
            PA3 = 1;                                         //让 PA3 引脚为低电平
            LED2 = 1;                                        //关灯
            break;
        case CODE_BJ:                                        /* 命令"复位" */
    PrintCom(""显示时间"命令识别成功但就是不告诉你\r\n");  //串口输出提示信息
            PA4 = 1;                                         //让 PA4 引脚为高电平
            break;
        case CODE_SH:                                        /* 命令"复位" */
            PrintCom(""上海"命令识别成功\r\n");              //串口输出提示信息
            PA5 = 1;                                         //让 PA5 引脚为高电平
            break;
        case CODE_GZ:                                        /* 命令"复位" */
            PrintCom(""广州"命令识别成功\r\n");              //串口输出提示信息
            PA6 = 1;                                         //让 PA6 引脚为高电平
            break;
        default:PrintCom("请重新识别发口令\r\n");            //串口输出提示信息
            break;
                }
            }
            else
              {
              PrintCom("请说出一级口令\r\n");                //串口输出提示信息
              }
    }
    uint8 code sRecog[DATE_A][DATE_B] = {
        "xiao zhu",\
        "kai fa ban yan zheng",\
        "dai ma ce shi",\
        "kai deng",\
        "guan deng",\
        "xian shi shi jian",\
        "shang hai",\
        "guang zhou"
    };
```

编译成功后，用 STC-ISP(V6.85)软件下载程序，如图 12-5 所示：

把新的程序下载到模块，然后在串口调试助手中进行调试，如图 12-6 所示。

3) I/O 模式测试

与 I/O 模式相关的程序下载到模块中之后，将模块与 Arduino 开发板相连，定义 P1.0 引脚为外接 LED 的引脚，将 LED 接 Arduino 开发板，用于提供电源。说出命令“开灯”，LED 和模块中的指示灯同时亮；说出命令“关灯”，LED 和模块中的指示灯同时熄灭，说明模块能够正常工作。

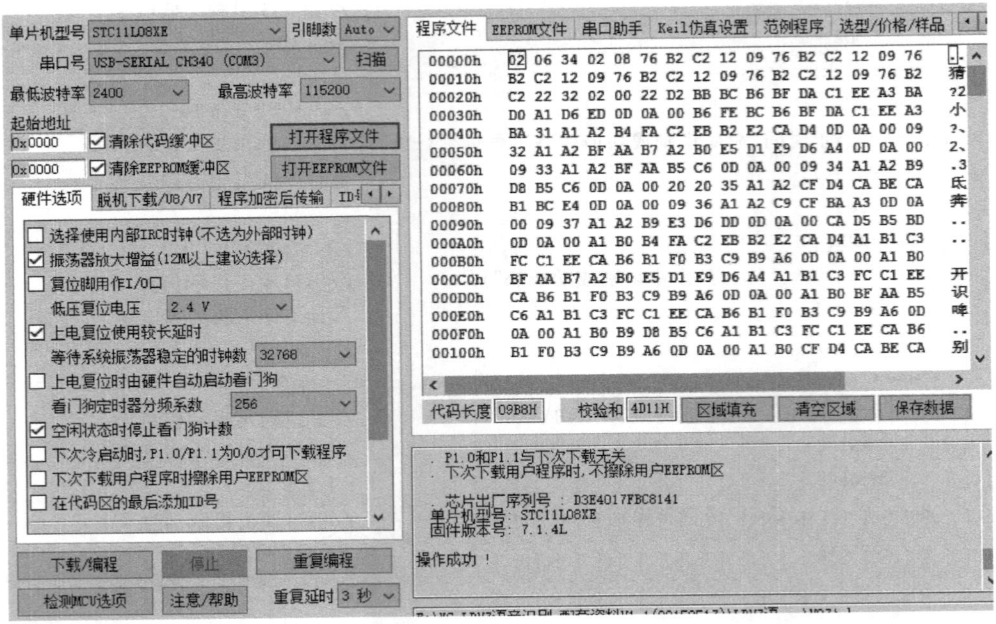

图 12-5 程序下载图

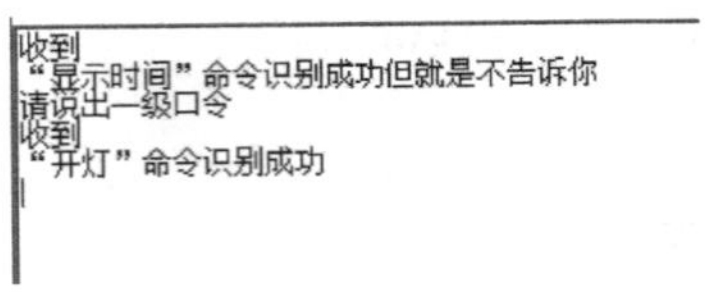

图 12-6 下载新程序后的串口调试图

3. 相关代码

1）驱动程序

```
#include "config.h"
extern void delay(unsigned long uldata);0
uint8 idata ucRegVal;
extern uint8 idata nAsrStatus;
void ProcessInt0(void);
{
    RSTB = 1;
    delay(1);
    RSTB = 0;
    delay(1);
    RSTB = 1;
    delay(1);
    CSB = 0;
    delay(1);
```

```
    CSB = 1;
    delay(1);
}
void LD_Init_Common()
{
    LD_ReadReg(0x06);
    LD_WriteReg(0x17, 0x35);
    delay(10);
    LD_ReadReg(0x06);
    LD_WriteReg(0x89, 0x03);
    delay(5);
    LD_WriteReg(0xCF, 0x43);
    delay(5);
    LD_WriteReg(0xCB, 0x02);
    LD_WriteReg(0x11, LD_PLL_11);
    LD_WriteReg(0x1E,0x00);
    LD_WriteReg(0x19, LD_PLL_ASR_19);
    LD_WriteReg(0x1B, LD_PLL_ASR_1B);
    LD_WriteReg(0x1D, LD_PLL_ASR_1D);
    delay(10);
    LD_WriteReg(0xCD, 0x04);
    //LD_WriteReg(0x17, 0x4c);
    delay(5);
    LD_WriteReg(0xB9, 0x00);
    LD_WriteReg(0xCF, 0x4F);
    LD_WriteReg(0x6F, 0xFF);
}
{
    LD_Init_Common();
    LD_WriteReg(0xBD, 0x00);
    LD_WriteReg(0x17, 0x48);
    delay( 10 );
    LD_WriteReg(0x3C, 0x80);
    LD_WriteReg(0x3E, 0x07);
    LD_WriteReg(0x38, 0xff);
    LD_WriteReg(0x3A, 0x07);
    LD_WriteReg(0x40, 0);
    LD_WriteReg(0x42, 8);
    LD_WriteReg(0x44, 0);
    LD_WriteReg(0x46, 8);
    delay( 1 );
}
void ProcessInt0(void)
{
    uint8 nAsrResCount = 0;
    EX0 = 0;
    ucRegVal = LD_ReadReg(0x2B);
```

```
    LD_WriteReg(0x29,0) ;
    LD_WriteReg(0x02,0) ;
    if((ucRegVal & 0x10) &&
        LD_ReadReg(0xb2) == 0x21 &&
        LD_ReadReg(0xbf) == 0x35)          //识别成功
    {
        nAsrResCount  =  LD_ReadReg(0xba);
        if(nAsrResCount > 0 && nAsrResCount <= 4)
        {
            nAsrStatus = LD_ASR_FOUNDOK;
        }
        else
     {
            nAsrStatus = LD_ASR_FOUNDZERO;
        }
    }
    else
    {
        nAsrStatus = LD_ASR_FOUNDZERO;
    }
    LD_WriteReg(0x2b, 0);
    LD_WriteReg(0x1C,0);                    //写不可用
    LD_WriteReg(0x29,0) ;
    LD_WriteReg(0x02,0) ;
    LD_WriteReg(0x2B, 0);
    LD_WriteReg(0xBA, 0);
    LD_WriteReg(0xBC,0);
    LD_WriteReg(0x08,1);                    //清除数据
    LD_WriteReg(0x08,0);                    //清除数据后,再次写入
    EX0 = 1;
}
uint8 RunASR(void)
{
    uint8 i = 0;
    uint8 asrflag = 0;
    for (i = 0; i < 5; i++)
    //防止由于硬件原因导致 LD3320 芯片工作不正常,所以一共尝试 5 次启动 ASR 识别流程
    {
        LD_AsrStart();
        delay(50);
        if (LD_AsrAddFixed() == 0)
        {
            LD_Reset();                     //LD3320 芯片内部出现不正常,立即重启 LD3320 芯片
            delay(50);                      //从初始化开始重新 ASR 识别流程
            continue;
        }
        delay(10);
```

```
        if (LD_AsrRun() == 0)
        {
            LD_Reset();                   //LD3320 芯片内部出现不正常,立即重启 LD3320 芯片
            delay(50);
            continue;
        }
        asrflag = 1;
        break;              //ASR 流程启动成功,退出当前 for 循环,等待 LD3320 送出的中断信号
    }
    return asrflag;
}
uint8 LD_Check_ASRBusyFlag_b2()
{
    uint8 j;
    uint8 flag = 0;
    for (j = 0; j < 10; j++)
    {
        if (LD_ReadReg(0xb2) == 0x21)
        {
            flag = 1;
            break;
        }
        delay(10);
    }
    return flag;
}
void LD_AsrStart()
{
    LD_Init_ASR();
}
uint8 LD_AsrRun()
{
    EX0 = 0;
    LD_WriteReg(0x35, MIC_VOL);
    LD_WriteReg(0x1C, 0x09);
    LD_WriteReg(0xBD, 0x20);
    LD_WriteReg(0x08, 0x01);
    delay( 1 );
    LD_WriteReg(0x08, 0x00);
    delay( 1 );
    if(LD_Check_ASRBusyFlag_b2() == 0)
    {
        return 0;
    }
//LD_WriteReg(0xB6, 0xa);                  //识别时间为 1s
//LD_WriteReg(0xB5, 0x1E);                 //背景音段时间为 300ms
//LD_WriteReg(0xB8, 10);                   //结束时间
```

```
    //LD_WriteReg(0x1C, 0x07);            //配置双通道音频信号作为输入信号
    LD_WriteReg(0x1C, 0x0b);              //配置麦克风作为输入信号
    LD_WriteReg(0xB2, 0xff);
    delay( 1);
    LD_WriteReg(0x37, 0x06);
    delay( 1 );
    LD_WriteReg(0x37, 0x06);
    delay( 5 );
    LD_WriteReg(0x29, 0x10);
    LD_WriteReg(0xBD, 0x00);
    EX0 = 1;
    return 1;
}
uint8 LD_AsrAddFixed()
{
    uint8 k, flag;
    uint8 nAsrAddLength;
    #define DATE_A 8                      //数组二维数值
    #define DATE_B 20                     //数组一维数值
    uint8 code sRecog[DATE_A][DATE_B] = {
    "xiao zhu",\
    "kai fa ban yan zheng",\
    "dai ma ce shi",\
    "kai deng",\
    "guan deng",\
    "bei jing",\
    "shang hai",\
    "guang zhou"
    };                                    //添加关键词,可修改
uint8 code pCode[DATE_A] = {
CODE_CMD,\
CODE_KFBYZ,\
CODE_DMCS,\
CODE_KD,\
CODE_GD,\
CODE_BJ,\
CODE_SH,\
CODE_GZ
};  //添加识别码,可修改
    flag = 1;
    for (k = 0; k < DATE_A; k++)
    {
        if(LD_Check_ASRBusyFlag_b2() == 0)
        {
            flag = 0;
            break;
        }
```

```
            LD_WriteReg(0xc1, pCode[k] );
            LD_WriteReg(0xc3, 0 );
            LD_WriteReg(0x08, 0x04);
            delay(1);
            LD_WriteReg(0x08, 0x00);
            delay(1);
            for (nAsrAddLength = 0; nAsrAddLength < DATE_B; nAsrAddLength++)
            {
                if (sRecog[k][nAsrAddLength] == 0)
                    break;
                LD_WriteReg(0x5, sRecog[k][nAsrAddLength]);
            }
            LD_WriteReg(0xb9, nAsrAddLength);
            LD_WriteReg(0xb2, 0xff);
            LD_WriteReg(0x37, 0x04);
        }
        return flag;
}
uint8 LD_GetResult()
{
    return LD_ReadReg(0xc5 );
}
```

2）读写程序

```
#include "config.h"
#define LD_INDEX_PORT     (*((volatile unsigned char xdata *)(0x8100)))
#define LD_DATA_PORT     (*((volatile unsigned char xdata *)(0x8000)))
void LD_WriteReg( unsigned char address, unsigned char dataout )
        {
            LD_INDEX_PORT = address;
            LD_DATA_PORT = dataout;
        }
unsigned char LD_ReadReg( unsigned char address )
        {
            LD_INDEX_PORT = address;
            return (unsigned char)LD_DATA_PORT;
        }
```

3）测试程序

```
#include "config.h"
uint8 idata nAsrStatus = 0;
void MCU_init();
void ProcessInt0();                          //识别处理函数
void delay(unsigned long uldata);
void User_handle(uint8 dat);                 //用户执行操作函数
void Led_test(void);                         //单片机工作指示
```

```
void Delay200ms();
uint8_t G0_flag = DISABLE;                    //运行标志,ENABLE:运行; DISABLE:禁止运行
sbit LED = P4 ^2;                             //信号指示灯
//应用 I/O 引脚定义
sbit PA1 = P1 ^0;                             //对应引脚 P1.0
sbit PA2 = P1 ^1;                             //对应引脚 P1.1
sbit PA3 = P1 ^2;                             //对应引脚 P1.2
sbit PA4 = P1 ^3;                             //对应引脚 P1.3
sbit PA5 = P1 ^4;                             //对应引脚 P1.4
sbit PA6 = P1 ^5;                             //对应引脚 P1.5
sbit PA7 = P1 ^6;                             //对应引脚 P1.6
sbit PA8 = P1 ^7;                             //对应引脚 P1.7
sbit LED2 = P1 ^0;                            //外接 LED
void main(void)
{
    uint8 idata nAsrRes;
    uint8 i = 0;
    Led_test();
    MCU_init();
    LD_Reset();
    UartIni();                                //串口初始化
    nAsrStatus  =  LD_ASR_NONE;               //初始状态
    #ifdef TEST
    PrintCom("一级口令: 小猪\r\n");
    PrintCom("二级口令: 1、代码测试\r\n");
    PrintCom("   2、开发板验证\r\n");
    PrintCom("   3、开灯\r\n");
    PrintCom("   4、关灯\r\n");
    PrintCom("   5、北京\r\n");
    PrintCom("   6、上海\r\n");
    PrintCom("   7、广州\r\n");
    #endif
    while(1)
    {
        switch(nAsrStatus)
        {
            case LD_ASR_RUNING:
            case LD_ASR_ERROR:
                break;
            case LD_ASR_NONE:
            {
                nAsrStatus = LD_ASR_RUNING;
                if (RunASR() == 0)          //启动一次 ASR 识别流程
                {
                    nAsrStatus  =  LD_ASR_ERROR;
                }
                break;
```

```
            }
            case LD_ASR_FOUNDOK:              //一次 ASR 识别流程结束,获取 ASR 识别结果
            {
                nAsrRes = LD_GetResult(); //获取结果
                User_handle(nAsrRes);     //用户执行函数
                nAsrStatus = LD_ASR_NONE;
                break;
            }
            case LD_ASR_FOUNDZERO:
            default:
            {
                nAsrStatus = LD_ASR_NONE;
                break;
            }
        }
    }
}
void Led_test(void)
{
    LED = ～LED;
    Delay200ms();
    LED = ～ LED;
    Delay200ms();
    LED = ～ LED;
    Delay200ms();
    LED = ～ LED;
    Delay200ms();
    LED = ～ LED;
    Delay200ms();
    LED = ～ LED;
}
void MCU_init()
{
    P0  =  0xff;
    P1  =  0x00;
    P2  =  0xff;
    P3  =  0xff;
    P4  =  0xff;
    P1M0 = 0XFF;                //P1 引脚设置为推挽输出功能,提高 I/O 能力,驱动继电器模块工作
    P1M1 = 0X00;
    LD_MODE  =  0;                          //设置 MD 引脚为低,以并行模式读写
    IE0 = 1;
    EX0 = 1;
    EA = 1;
}
void Delay200μs()                           //@22.1184MHz
{
```

```
    unsigned char i, j;
    _nop_();
    _nop_();
    i = 5;
    j = 73;
    do
    {
    while (--j);
    } while (--i);
}
void delay(unsigned long uldata)
{
    unsigned int j = 0;
    unsigned int g = 0;
    while(uldata--)
    Delay200μs();
}
void Delay200ms()                                //@22.1184MHz
{
    unsigned char i, j, k;
    i = 17;
    j = 208;
    k = 27;
    do
    {
        do
        {
        while (--k);
        } while (--j);
    } while (--i);
}
void ExtInt0Handler(void) interrupt 0
{
    ProcessInt0();                               //LD3320 发出中断信号,ASR 和播放 MP3 中断,分别处理
}
void  User_handle(uint8 dat)
{
        UARTSendByte(dat);                       //串口识别码(十六进制)
        if(0 == dat)
        {
          G0_flag = ENABLE;
          LED = 0;
        }
        else if(ENABLE == G0_flag)
        {
          G0_flag = DISABLE;
          LED = 1;
          switch(dat)                            //对结果执行相关操作,客户修改
          {
          case CODE_DMCS:                        //命令"测试"
```

```
        PrintCom(""代码测试"命令识别成功\r\n"); //串口输出提示信息
        PA1 = 1;                         //让 PA1 引脚为高电平
        break;
    case CODE_KFBYZ:                     //命令"全开"
        PrintCom(""开发板验证"命令识别成功\r\n");   //串口输出信息
        PA2 = 1;                         //让 PA2 引脚为高电平
        break;
    case CODE_KD:                        //命令"复位"
        PrintCom(""开灯"命令识别成功\r\n");  //串口输出提示信息
        PA3 = 0;                         //让 PA3 引脚为高电平
        LED2 = 0;                        //开灯
        break;
    case CODE_GD:                        //命令"复位"
        PrintCom(""关灯"命令识别成功\r\n"); //串口输出提示信息
        PA3 = 1;                         //让 PA3 引脚为低电平
        LED2 = 1;                        //关灯
        break;
    case CODE_BJ:                        //命令'复位"
        PrintCom(""北京"命令识别成功\r\n"); //串口输出提示信息
        PA4 = 1;                         //让 PA4 引脚为高电平
        break;
    case CODE_SH:                        //命令'复位"
        PrintCom(""上海"命令识别成功\r\n"); //串口输出提示信息
        PA5 = 1;                         //让 PA5 引脚为高电平
        break;
    case CODE_GZ:                        //命令'复位"
        PrintCom(""广州"命令识别成功\r\n");  //串口输出提示信息
        PA6 = 1;                         //让 PA6 引脚为高电平
        break;
        default:PrintCom("请重新识别发口令\r\n");   //串口输出提示信息
        break;
        }
    }
    else
    {
    PrintCom("请说出一级口令\r\n"); //串口输出提示信息
    }
}
```

12.2.2　LCD12864 液晶显示屏

本部分内容包括 LCD12864 液晶显示屏的功能介绍及相关代码。

1. 功能介绍

LCD12864 液晶显示屏有两种工作方式：一种是通过设置代码动态显示日期和时间，读取 LM35 温度传感器得到的数据，并经过公式计算准确显示时间；另一种是通过 YS-LDV7 语音识别模块控制显示屏的状态，将显示屏的 GND 接到语音识别模块，通过口令控制引脚电平的高低，电路连接如图 12-7 所示。

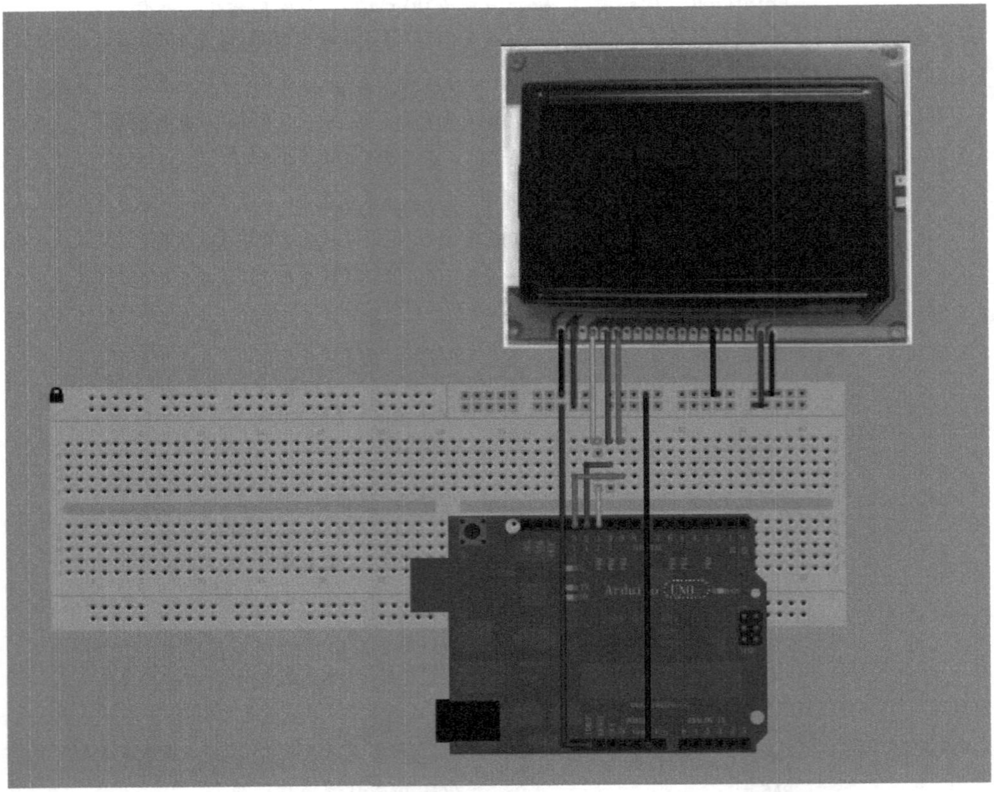

图 12-7　显示屏与 Arduino 开发板连接图

2. 相关代码

```
#include <U8glib.h>
#define BUZZER 10                              //扬声器引脚
U8GLIB_ST7920_128X64_4X u8g(13, 12, 11);       //配置屏幕引脚
int base = 0, ms = 0, s = 0, mi = 55, hr = 14, week = 5;   //进行初始化时间
int nMi = 0, nHr = 8;                          //闹钟时间
double tem = 0;                                //温度
void setup() {
  pinMode(BUZZER, OUTPUT);
  u8g.setRot180();                             //旋转屏幕 180°
  base = millis();                             //初始化基准时间
}
void loop() {
  calc();                                        //更新时间
  func();                                        //处理函数
  u8g.firstPage(); do draw(); while (u8g.nextPage());  //刷新屏幕
}
void func() {
  tem = (double)analogRead(A0) * (5 / 10.23);  //读取并计算温度
```

```
}
void calc() {
  ms = millis() - base;
  if (ms > 999) {
    ms = 0;
    base = millis() - 61;                    //用于校正误差,每过 1s 提前 61ms
    if (++s > 59) {
      s = 0;
      base = millis() + 8;                   //用于校正误差,每过 1min 延迟 8ms
      if (++mi > 59) {
        mi = 0;
        base = millis() - 38;                //用于校正误差,每过 1h 提前 38ms
        if (++hr > 23) {
          hr = 0;
          base = millis() - 8;               //用于校正误差,每过 1day 提前 8ms
          if (++week > 6) week = 0;
        }
      }
    }
  }
}
void draw() {
  for (int x = 0; x < 2 * s; x++)            //按照秒数绘制宽 4 个像素的进度条
    for (int y = 0; y < 4; y++)
      u8g.drawPixel(x + 5, y + 3);
  u8g.setFont(u8g_font_gdb30n);              //设置 gdb30 像素数字类字体
  if (hr > 9) {                              //如果数字只有一位就添加 0 在前面
    u8g.setPrintPos( 8, 41);
  } else {
    u8g.drawStr(10, 41, "0");
    u8g.setPrintPos( 32, 41);
  }
  u8g.print(hr);
  if (s % 2 == 0)                       //冒号在秒数为偶数时才绘制,达到冒号闪烁的效果
    u8g.drawStr( 56, 37, ":");
  if (mi > 9) {                              //如果数字只有一位就添加 0 在前面
    u8g.setPrintPos( 70, 41);
  } else {
    u8g.drawStr(70, 41, "0");
    u8g.setPrintPos( 94, 41);
  }
  u8g.print(mi);
  u8g.setFont(u8g_font_gdb14r);              //设置 gdb14 像素常用类字体
  switch (week) {                            //绘制星期示数到屏幕
    case 0: u8g.drawStr(6, 61, "Sun"); break;
    case 1: u8g.drawStr(6, 61, "Mon"); break;
    case 2: u8g.drawStr(6, 61, "Tue"); break;
    case 3: u8g.drawStr(6, 61, "Wed"); break;
    case 4: u8g.drawStr(6, 61, "Thu"); break;
    case 5: u8g.drawStr(6, 61, "Fri"); break;
```

```
    default: u8g.drawStr(6, 61, "Sat");
  }
  u8g.setPrintPos( 56, 61);                          //绘制温度示数到屏幕
  u8g.print(tem);
  u8g.drawStr(111, 61, "C");
}
```

12.2.3 HC-SR501 人体红外传感器

本部分内容包括 HC-SR501 传感器功能介绍及相关代码。

1. 功能介绍

HC-SR501 具有单次检测模式和连续检测模式。单次检测模式是指传感器检测到移动,输出高电平后,延迟时间结束,输出从高电平变成低电平。连续检测模式指传感器检测到移动,输出高电平后,如果人体继续在检测范围内移动,传感器一直保持高电平,直到人离开后才将高电平变为低电平,连续模式下 HC-SR501 与 Arduino 的连接如图 12-8 所示。

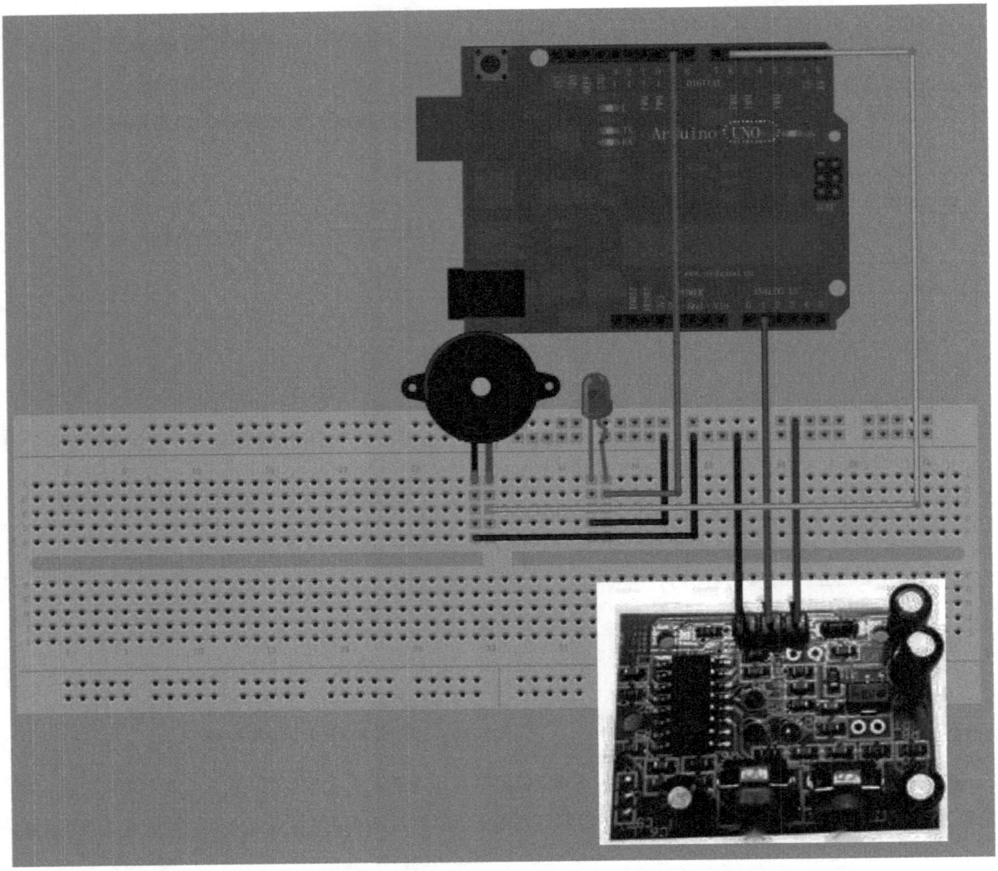

图 12-8 HC-SR501 人体红外传感器与 Arduino 开发板连接图

2. 相关代码

```
#define IR_pin 1                        //定义红外距离传感器所使用的模拟引脚
#define LED_PIN 9                       //定义 LED 引脚
#define FENG_PIN 6                      //定义蜂鸣器引脚
int IR_Value;                           //声明变量：红外距离传感器测量的数据
void setup()
{
pinMode(LED_PIN,OUTPUT);                //配置 LED 的引脚为输出模式
pinMode(FENG_PIN,OUTPUT);               //配置蜂鸣器的引脚为输出模式
}
void lcop()
{
  IR_Value = analogRead(IR_pin);
  if(IR_Value > 512)                    //这是模拟电压读数 0~1023 对应 0~5V 的直流电压信号
  {
    digitalWrite(LED_PIN,HIGH);         //输出高电平
    digitalWrite(FENG_PIN,HIGH);        //输出高电平
  }
  else
  {
    digitalWrite(LED_PIN,LOW);          //其他情况 LED 引脚输出低电平
    digitalWrite(FENG_PIN,LOW);         //其他情况 LED 引脚输出低电平
  }
}
```

12.3 产品展示

产品整体外观如图 12-9 所示。最下方是电池，通过一个电压转换器为 Arduino 开发板和语音识别模块供电，除了语音识别模块为 3.3V 供电之外，其他元件都是 5V 供电。最下方和右方分别为 Arduino 开发板和语音识别模块，Arduino 开发板的左侧为 HC-SR501 人体红外传感器，是输入和传输模块，最上方为 LCD12864 液晶显示屏，用于显示时间和温度。

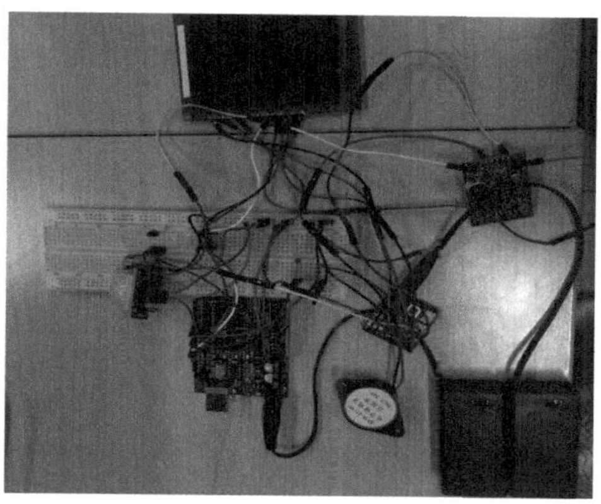

图 12-9　产品整体外观图

12.4 元件清单

完成本项目所用到的元件及其数量如表 12-2 所示。

表 12-2 元件清单

元件/测试仪表	数量
Arduino UNO 开发板	1 个
LD3320 语音识别模块	1 个
LCD12864 液晶屏	1 个
HC-SR501 人体红外感应模块	1 个
LM35 温度传感器	1 个
蜂鸣器	1 个
电压转换模块	1 个
LED 发光二极管	2 个
电池盒	2 个
9V 电池	2 个
杜邦线	若干
焊接板	1 个
瓦楞纸	若干

第 13 章 智能晾衣架项目设计①

本项目基于 Arduino 开发板设计一款可以根据衣服的干湿度，及时提醒收衣服的智能晾衣架。

13.1 功能及总体设计

本项目用温湿度传感器判断衣服的干湿状态，并用蓝牙模块将信息发送到手机，让用户知道衣服的状态，当衣服晾干时，用户手机会收到提醒。

要实现上述功能需将作品分成三部分进行设计，即湿度模块，处理部分和蓝牙模块。湿度模块选用了 DHT11 温湿度传感器；处理部分通过 C++ 程序设计；蓝牙模块选用了 HC-06 配合 Arduino 开发板实现。

1. 整体框架图

整体框架如图 13-1 所示。

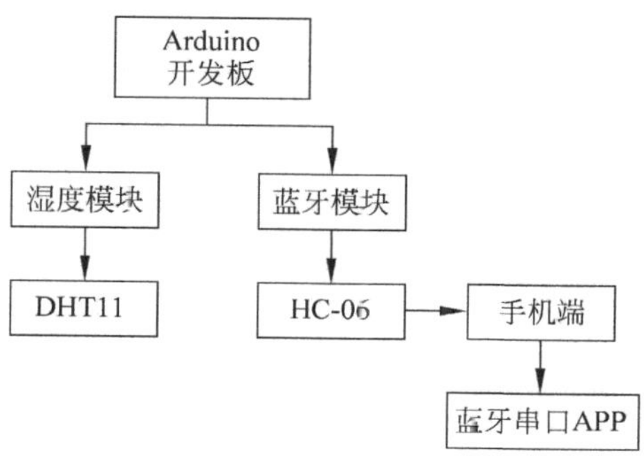

图 13-1 整体框架图

2. 系统流程图

系统流程如图 13-2 所示。

① 本章根据刘正阳、许啸岳的项目设计整理而成。

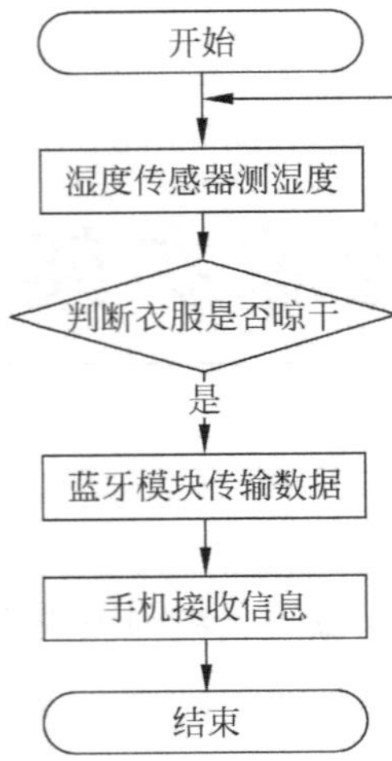

图 13-2　系统流程图

系统启动后，对比温湿度传感器的数据，如果衣服已经晾干，则通过蓝牙将数据发送给手机，使用者收到提示信息后，收取自己的衣物。

3. 总电路图

总电路如图 13-3 所示，引脚连接如表 13-1 所示。

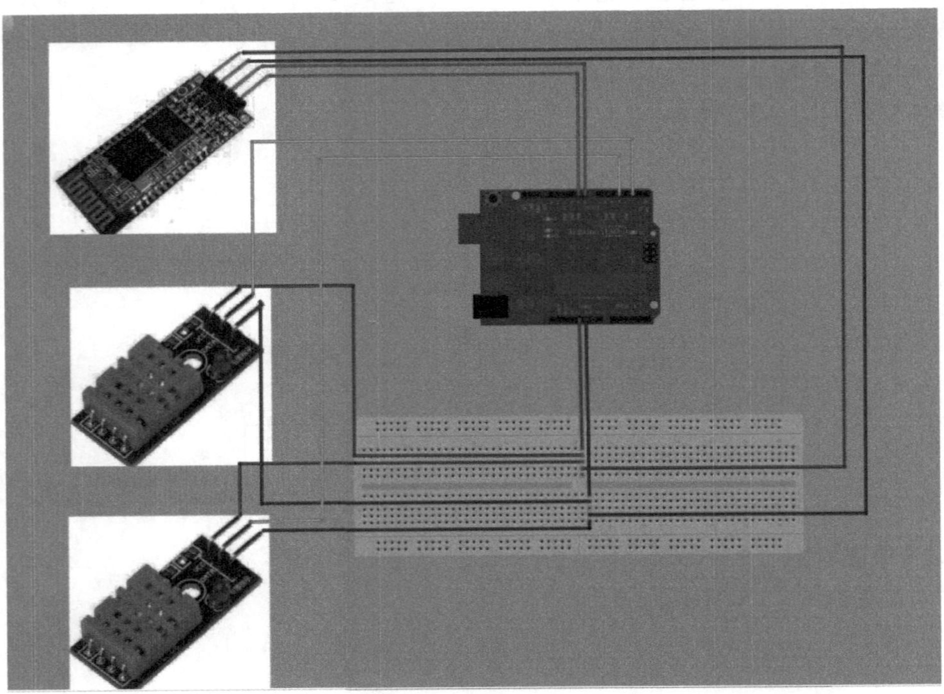

图 13-3　总电路图

表 13-1　引脚连接表

元件及引脚名		Arduino 开发板引脚
HC-06	TX	8
	RX	9
	VCC	5V
	GND	GND
DHT11	VCC	5V
	GND	GND
	DAT	两个 DHT11 分别连 2、4

13.2　模块介绍

本项目主要包括湿度模块、蓝牙模块和蓝牙串口 APP 模块，下面分别给出各模块的功能介绍及相关代码。

13.2.1　湿度模块

本部分内容包括湿度模块的功能介绍及相关代码。

1. 功能介绍

本部分使用 2 个 DHT11 温湿度传感器，分别测得空气湿度和衣服湿度，并进行比较。元件包括 DHT11 模块、Arduino 开发板和导线若干，电路如图 13-4 所示。

2. 相关代码

```
#include <DHT.h>
//定义引脚
#define DHT11aPIN 2
#define DHT11bPIN 4
//定义类型
#define DHTTYPE DHT11
//初始设置
DHT dht11a(DHT11aPIN,DHTTYPE);
DHT dht11b(DHT11bPIN,DHTTYPE);
void setup() {
  Serial.begin(9600);
  //DHT 开始工作
  dht11a.begin();
  dht11b.begin();
}
void loop() {
//读空气湿度
float a = dht11a.readHumidity();
//读衣服湿度
```

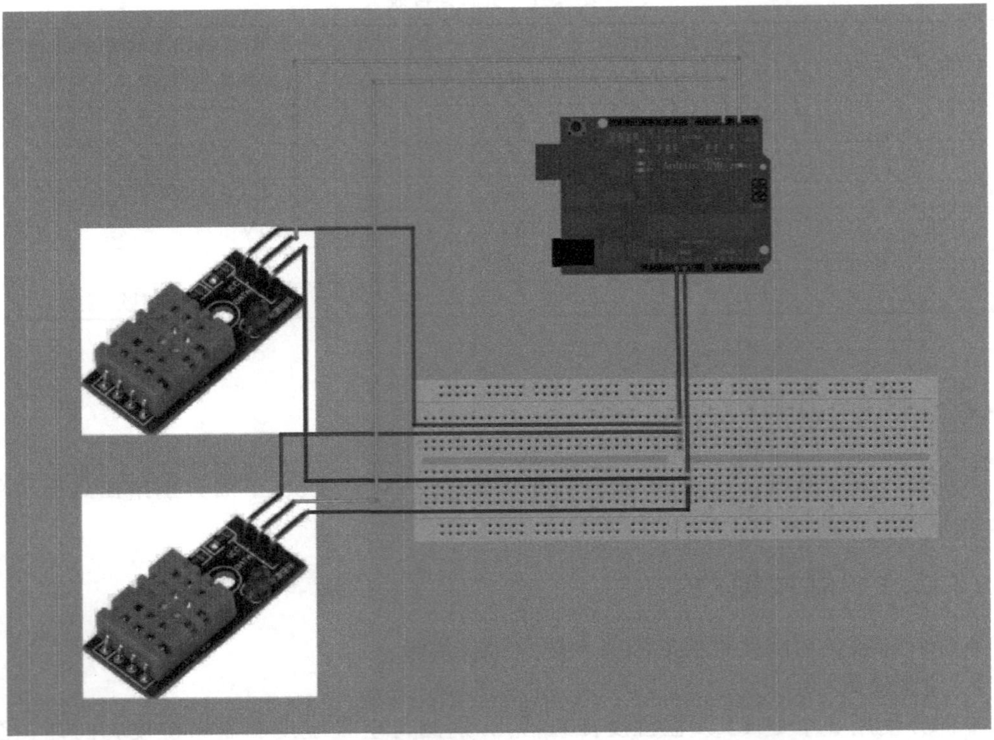

图 13-4 DHT11 与 Arduino 开发板连线图

```
float b = dht11b.readHumidity();
//输出数据
Serial.print("Humidity a: ");
Serial.println(a);
Serial.print("Humidity b: ");
Serial.println(b);
//判断
if (a<b)
  Serial.println("no");
else
  Serial.println("yes");
}
```

13.2.2 蓝牙模块

本部分内容包括蓝牙模块的功能介绍及相关代码。

1. 功能介绍

蓝牙模块负责将比较后得到衣服的干湿情况传输到手机。元件包括 HC-06 模块、Arduino 开发板和导线若干，电路连接如图 13-5 所示。

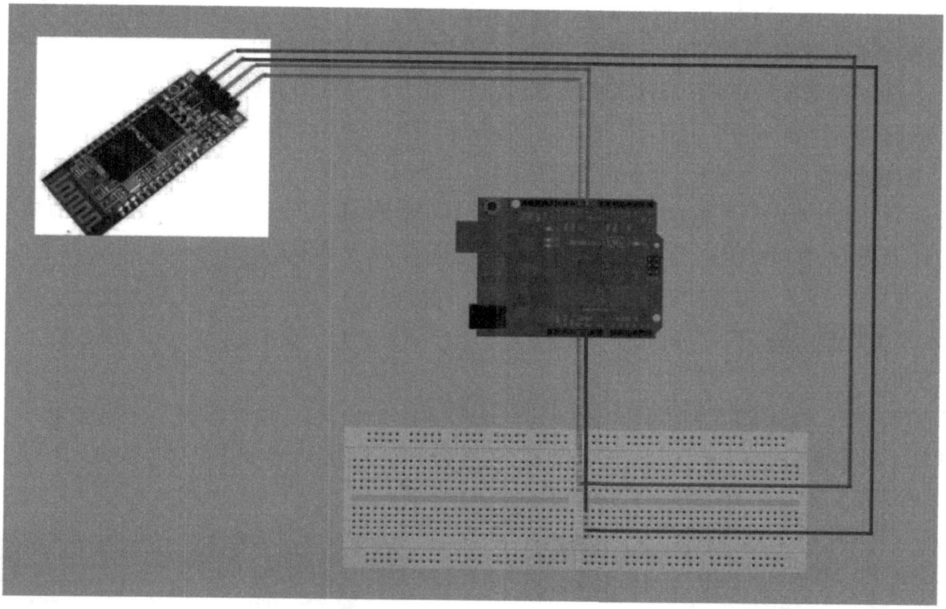

图 13-5　HC-06 与 Arduino 开发板连线图

2．相关代码

```
#include <SoftwareSerial.h>
SoftwareSerial BluetoothSerial(8, 9);
char value;
void setup() {
Serial.begin(9600);
while (!Serial) {
            ; //等待串口连接
        }
        Serial.println("Serial Connected!");
        BluetoothSerial.begin(9600);          //设置蓝牙串口通信的速率,HC-06 默认是 9600
}
void loop() {
if(a>=b)
           {
            BluetoothSerial.write(" * yes");  //蓝牙模块将数据发送给手机
          }
  delay(6000);                                //延时
}
```

13.2.3　蓝牙串口 APP 模块

本部分内容主要包括蓝牙串口 APP 的功能介绍及连接步骤。

1．功能介绍

蓝牙串口是蓝牙 APP(串口)通信工具，它可以连接任何支持串行端口模式的蓝牙设备，如手机、单片机、Arduino 开发板或者树莓派。蓝牙串口特点：可以搜索蓝牙设备；支持蓝牙客户端和蓝牙服务器模式；键盘视图，可以自定义按键；可以用来与其他 Android 手机通信。设置过程为 ASCII、HEX 显示模式、终端、聊天视图、连接到蓝牙 MCU、连接到蓝牙调制解调器。

2. 连接步骤

将蓝牙串口 APP 下载到手机后，打开蓝牙，搜索到 HC-06 并进行连接，初始密码为 1234。打开蓝牙串口 APP，连接成功后，手机端即可接收到从 Arduino 开发板发送的信息。

13.3 产品展示

产品整体外观如图 13-6 所示，左上方 DHT11 用于测量衣服的湿度，右上方是 HC-06 蓝牙模块，面包板上的 DHT11 用于测量空气湿度，下方是 Arduino 开发板，产品实物如图 13-7 所示。

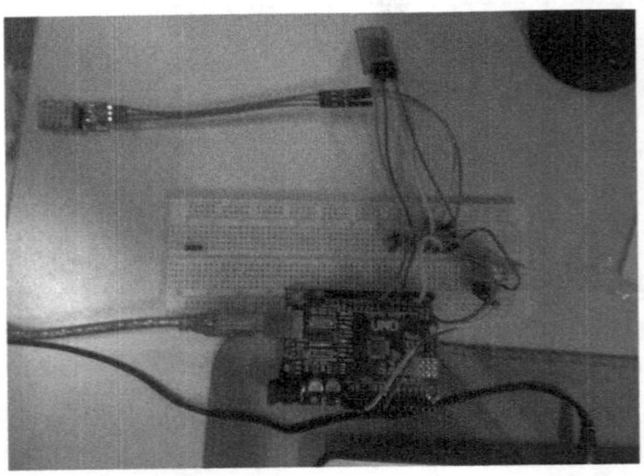

图 13-6 产品整体外观图

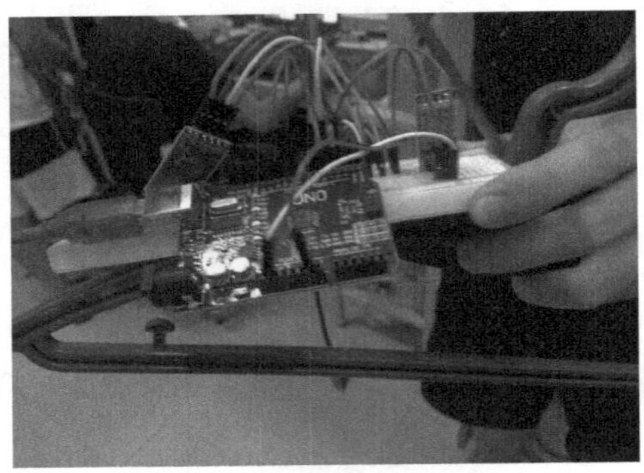

图 13-7 产品实物图

13.4 元件清单

完成本项目所用到的元件及其数量如表 13-2 所示。

表 13-2 元件清单

元件/测试仪表	数量
DHT11 温湿度传感器	2 个
导线	若干
Arduino UNO 开发板	1 个
HC-06 蓝牙模块	1 个

第14章

智能微家居项目设计[①]

本项目基于 Arduino 开发板设计一套智能微家居，可以实现摔倒检测、环境温湿度检测、有害气体检测等基本功能。

14.1 功能及总体设计

本项目实现一套智能微家居的设计。通过语音识别模块，该系统可以识别屋内个体发出的语音串，将语音串转换为 LED 指向灯的闪烁，指明目的地所在地点；通过三轴加速度传感器，系统可以感应个体的摔倒情况并发出警报；温湿度传感器、气体检测传感器能够对室内的温度、湿度以及有害气体浓度做出实时监测；汇总所有数据之后，通过 WiFi 将其与云平台连接，利用云平台将所有的数据显示。

要实现上述功能需将作品分成三部分进行设计，即模块功能实现部分、数据传输和输出部分。模块功能分别使用 ADXL335 三轴加速度传感器、ASRM-08 语音识别传感器、DHT11 温湿度传感器以及 MQ-2 气体检测传感器实现所需功能；数据传输部分使用 ESP8266 模块配合 Arduino 开发板实现；输出部分使用 OneNET 平台显示输出数据。

1. 整体框架图

整体框架如图 14-1 所示。

2. 系统流程图

系统流程如图 14-2 所示。

系统启动后，检测温湿度并传送到云平台；检测有害气体浓度并传送给云平台进行比较，浓度过高则输出报警；三轴加速器检测角度是否过大，如果过大，则输出报警；语音识别模块如果检测到有效的语音输入，则点亮指示灯。

3. 总电路图

总电路如图 14-3 所示，引脚连接如表 14-1 所示。

① 本章根据范方舟、欧阳曼的项目设计整理而成。

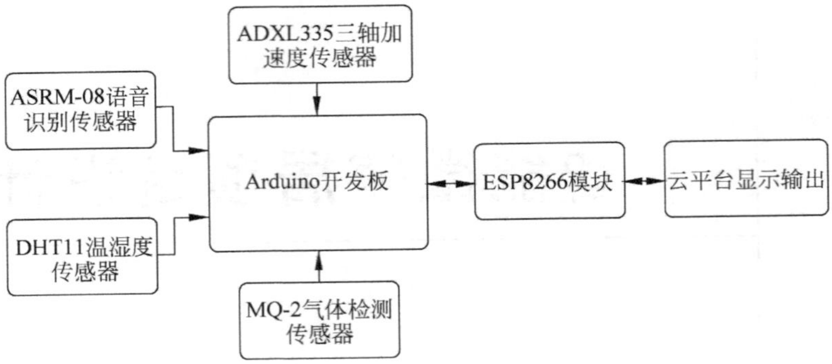

图 14-1 整体框架图

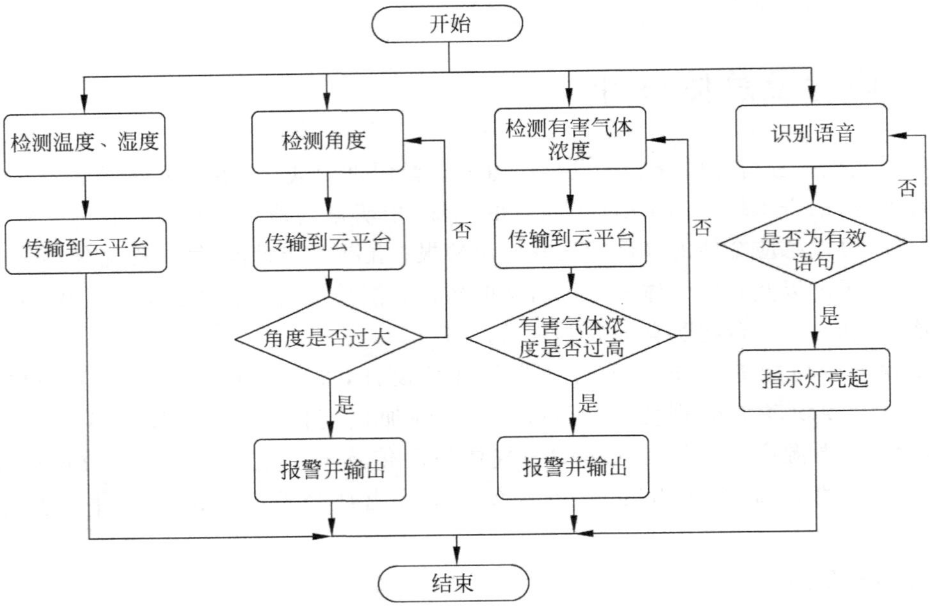

图 14-2 系统流程图

表 14-1 引脚连接表

元件及引脚名		Arduino 开发板引脚
ESP8266	TX	10
	RX	11
	VCC	3V3
	CH_PD	3V3
	GND	GND

续表

元件及引脚名		Arduino 开发板引脚
ADXL335 三轴加速度传感器	X	A0
	Y	A1
	Z	A2
	VCC	3V3
	GND	GND
ASRM-08 语音识别传感器	RX	TX
	TX	RX
	VCC	3V3
	GND	GND
MQ-2 气体检测传感器	DATA	8
	VCC	3V3
	GND	GND
DHT11 温湿度传感器	DATA	7
	VCC	3V3
	GND1	GND
	GND2	GND
LED	正极	A5
	负极	GND

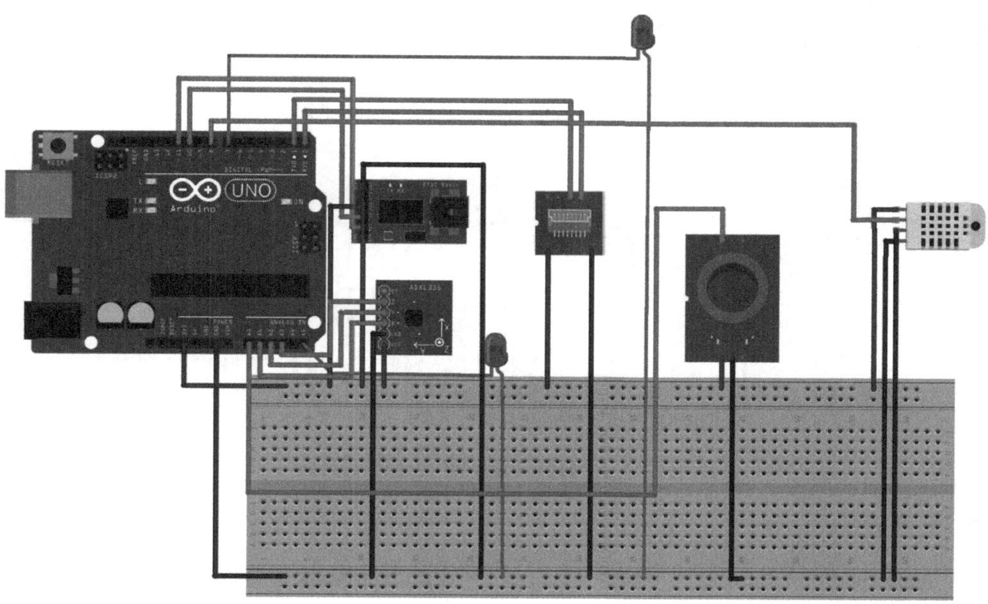

图 14-3 总电路图

14.2 模块介绍

本项目主要包括 DHT11 温湿度传感器模块、语音识别模块、MQ-2 气体检测传感器模块、AXDL335 三轴加速度传感器模块和 ESP8266 模块。下面分别给出各模块的功能介绍及相关代码。

14.2.1 温湿度传感器 DHT11

1. 功能介绍

将 DHT11 的数据输出端接入 Arduino 开发板，使其接收温湿度传感器模块传输的数据，并进行分组处理，分辨出温度数据与湿度数据，再通过网络连接装置将数据上传至云平台，帮助用户更好地体验智能时代，电路如图 14-4 所示。

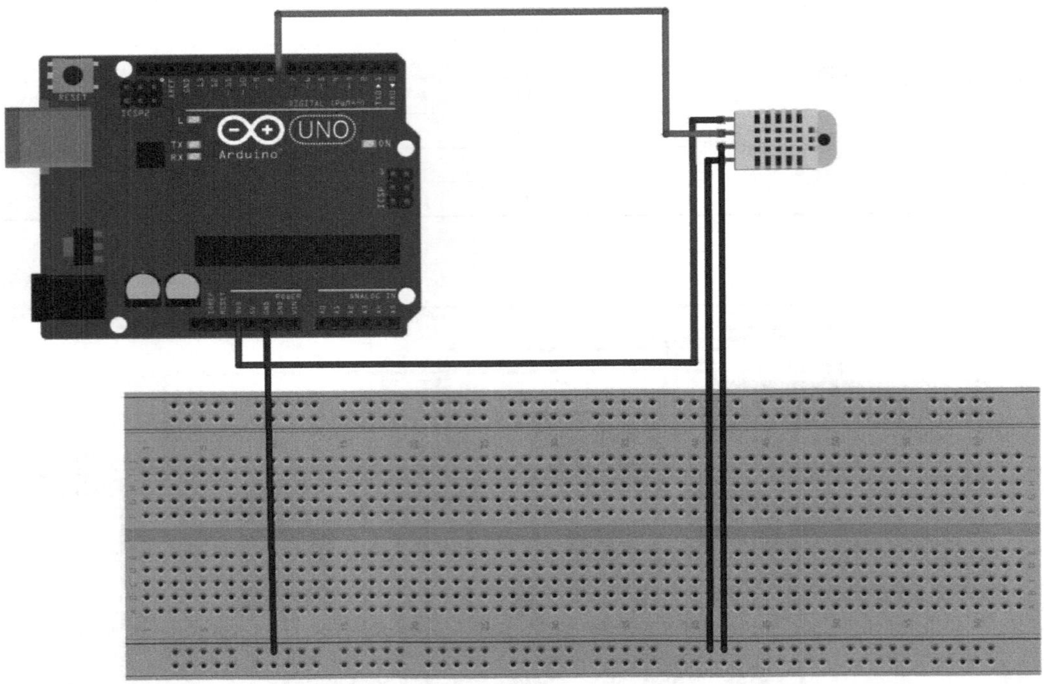

图 14-4 DHT11 温湿度传感器电路图

2. 相关代码

```
int dht11 = 8;                                    //定义 DHT11 连接到数字引脚 8
byte dat [5];                                     //设置 5 字节的数组
byte read_data()
{
  byte data;
```

```
    for (int i = 0;i < 8;i++)
    {
      if(digitalRead(dht11) == LOW)
      {
        while(digitalRead(dht11) == LOW);     //等待 50μs
        delayMicroseconds(30);                //判断高电平的持续时间,以判断数据是 0 还是 1
        if(digitalRead(dht11) == HIGH)
        data |= (1 << (7 - i));               //高位在前,低位在后
        while(digitalRead(dht11) == HIGH);    //如果数据是 1,等待下一位的接收
        }
    }
    return data;
  }
void start_test()
{
  digitalWrite(dht11,LOW);                    //拉低总线,发送开始信号
  delay(30);                                  //延时需要大于 18ms
  digitalWrite(dht11,HIGH);                   //开始信号
  delayMicroseconds(40);                      //等待 DHT11 响应
  pinMode(dht11,INPUT);                       //改为输入模式
  while(digitalRead(dht11) == HIGH);
  delayMicroseconds(80);                      //DHT11 发出响应,拉高总线 80μs
  if(digitalRead(dht11) == LOW);
  delayMicroseconds(80);                      //拉低总线 80μs 后开始发送数据
  for(int i = 0;i < 4;i++)                    //接收温湿度数据,不考虑校验位
  dat[i] = read_data();
  pinMode(dht11,OUTPUT);                      //改为输出模式
  digitalWrite(dht11,HIGH);                   //发送完一次数据后释放总线,等待主机下一次
                                              //信号的开始
  }
void setup()
{
Serial.begin(9600);
pinMode(dht11,OUTPUT);
}
void loop()
{
 start_test();
 Serial.print("Current humdity = ");
 Serial.print(dat[0],DEC);                    //显示湿度的整数位
 Serial.print('.');
 Serial.print(dat[1],DEC);                    //显示湿度的小数位
 Serial.println('%');
 Serial.print("Current temperature = ");
 Serial.print(dat[2],DEC);                    //显示温度的整数位
 Serial.print('.');
 Serial.print(dat[3],DEC);                    //显示温度的小数位
```

```
    Serial.println('C');
    delay(700);
   }
```

14.2.2 语音识别模块

本部分内容包括语音模块的功能介绍及相关代码。

1. 功能介绍

通过智能语音控制，用户能够得到更好的智能体验，只需一句话，便能点亮灯泡。

ASRM08-B是非特定语音识别模块，通过拼音来进行语音识别。设置参数是在软件模块中进行的，当识别到特定语音信息时，将相应数字通过串口传输到Arduino开发板上进行处理。

2. 相关代码

```
@mic_vol,078,vag,08,bnv,0, $                 //灵敏度设置
@Baud,9600, $                                //波特率设置
@enrst,1, $                                  //串口指令发出后重启模块
@PasswordTrigger,0, $                        //循环检测模式
@Start,FF,End,EE,Enable,0, $                 //校验码
@erase $                                     //清除关键词
@00,ha ha ha,255, $                          //关键词设置
@01,ni hao,255, $
@02,cheng gong le,255, $
@03,zhe ge,255, $
@04,bu shi,255, $
@05,zhe yang de,255, $
@06,hei hei,255, $
@07,tai hao le,255, $
@08,jiu zhe yang,255, $
@09,sha bi,255, $
@10,kai deng,255, $
@11,guan deng,255, $
@12,yao ba san,255, $
@13,ce shi,255, $
@14,ce zhi,255, $
@15,che dan,255, $
@16,zai jian,255, $
@17,ce suo,001, $
@all $
```

14.2.3 MQ-2气体检测传感器模块

本部分内容包括MQ-2气体检测传感器模块的功能介绍及相关代码。

1. 功能介绍

本模块可以实时监测室内的可燃性气体浓度，当气体浓度过大时发出警告，使人们作出

对应的防护措施，保证人身安全，避免发生意外。同时将数据实时传输至云平台，帮助用户离家万里仍能对家中实时监控，也能及时应对紧急情况，电路如图 14-5 所示。

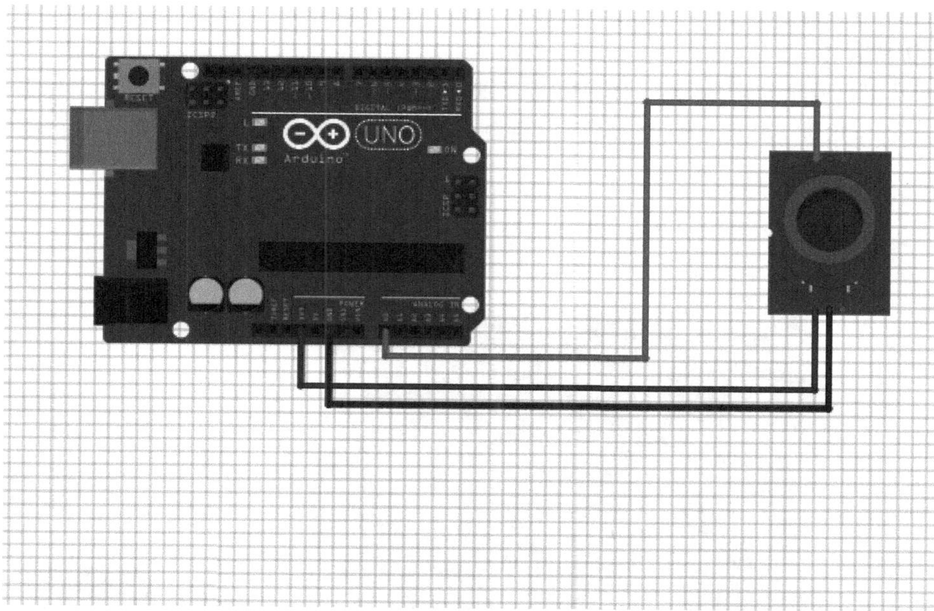

图 14-5　MQ-2 气体检测传感器电路图

2. 相关代码

```
int yanwu = 40;
int LED = 8;                                //引脚 8 连接 LED
void setup()
{
  pinMode(LED,OUTPUT);                      //定义引脚 8 为输出模式
  Serial.begin(9600);
}
void loop()
{
  int val;
  val = analogRead(0);
  Serial.println(val,DEC);
  while(val < 500)
     {
        digitalWrite(LED,HIGH);             //LED 不亮
        val = analogRead(0);
        Serial.println(LED,DEC);
     }
  digitalWrite(LED,LOW);                    //LED 点亮
}
```

14.2.4 AXDL335 三轴加速度传感器

本部分内容包括三轴加速度传感器的功能介绍及相关代码。

1. 功能介绍

AXDL335 能够实时检测所处空间的三轴加速度。将该模块放置在使用者身上能实时监控加速度与角度,数据上传至云平台,当触发器判断为摔倒时,发出警报,电路如图 14-6 所示。

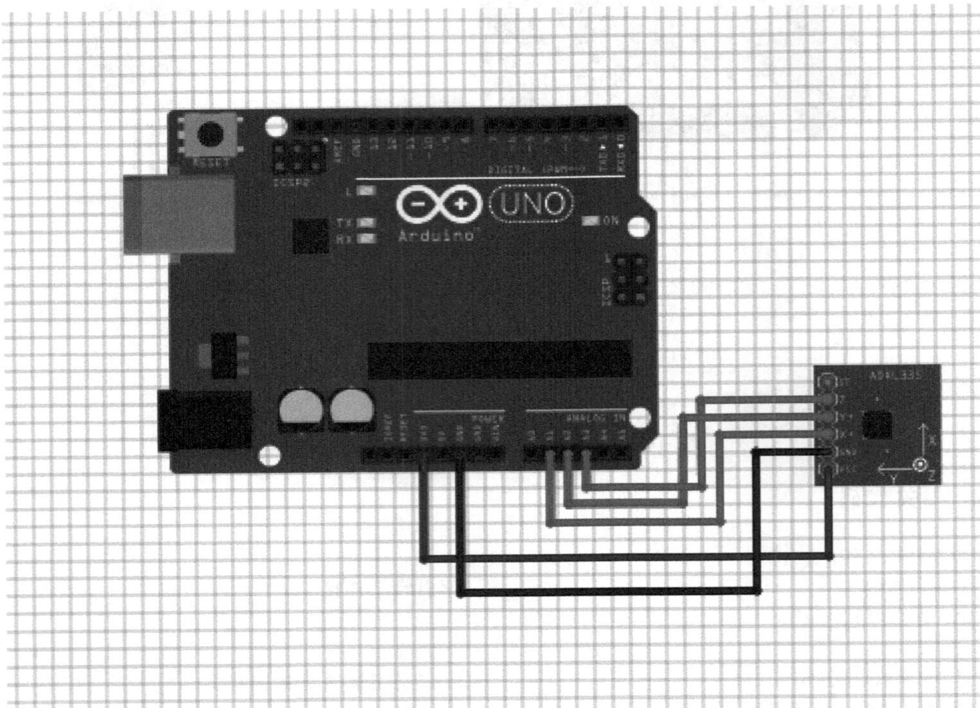

图 14-6 ADXL335 三轴加速度传感器电路图

2. 相关代码

```
const int xpin = A0;                          //x - axis
const int ypin = A1;                          //y - axis
const int zpin = A2;                          //z - axis
const String XHEADER = "X: ";
const String YHEADER = "Y: ";
const String ZHEADER = "Z: ";
const String ANGLE = "∠: ";
const String TAB = "\t";
float calculateTilt(float ax,float ay,float az)//计算角度
```

```
 {
   float g = 9.80665;
   float temp;
   float Tiltangle = 0;
   temp = ((sqrt(2)/2) * g/10);
   if(az >((sqrt(2)/2) * g/10))
   {
   Tiltangle = (1 - ay * ay) - (1 - ax * ax);
   if(Tiltangle < 0)
   Tiltangle = - Tiltangle;
   Tiltangle = acos(sqrt(Tiltangle));
   Tiltangle = Tiltangle/PI * 180;
   }
   else
   {
     Tiltangle = asin(az);
     Tiltangle = Tiltangle/PI * 180;
    }
  return Tiltangle;
}
void setup()
{
  Serial.begin(9600);
  delay(3000);
}
void loop()
{
float ax = analogRead(xpin)/360.0, ay = analogRead(ypin)/360.0, az = analogRead(zpin)/360.0;
   float jiaodu1 = calculateTilt(ax,ay,az);
   jiaodu1 = 90 * (jiaodu1 - 68.0)/12;
   float jiaodu = 90.0;
   jiaodu = (jiaodu + jiaodu1)/2;
   Serial.print(XHEADER + ax + TAB);
   Serial.print(YHEADER + ay + TAB);
   Serial.print(ZHEADER + az + TAB);
   Serial.print(ANGLE + jiaodu + TAB);
}
```

14.2.5　ESP8266 模块

本部分内容包括 ESP8266 模块的功能介绍及相关代码。

1. 功能介绍

通过 ESP8266 模块可以将数据传输到 Arduino 开发板的 RX 软串口，编译程序后，开发板软串口收到指定字符，并等待开关被按下以执行输出模块，电路如图 14-7 所示。

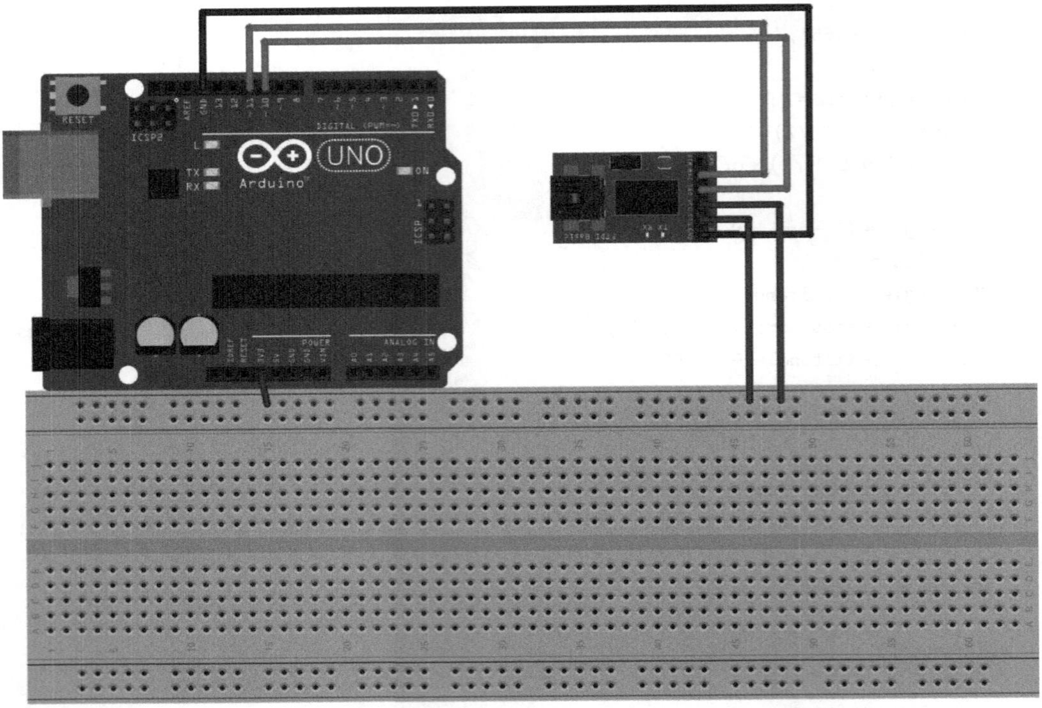

图 14-7　ESP8266 模块连接图

2. 相关代码

```
#include <SoftwareSerial.h>
#define DeviceId "31450007"//修改为自己设备的 ID
#define apikey "7qUXeB42C5CwXCdi1QJJHeDxc = Y = "//修改为自己设备的 api - key
SoftwareSerial mySerial(10,11);
void setup() {
  Serial.begin(9600);
  while (!Serial) {
  }
  mySerial.begin(4800);
  delay(5000);
  while(mySerial.available() > 0)
     mySerial.read();
  while(Serial.available() > 0)
     Serial.read();
  delay(1000);
  sendcmd("AT + CIPSTART = \"TCP\",\"183.230.40.33\",80,6000\r\n");
  sendcmd("AT + CIPMODE = 1\r\n");
  randomSeed(analogRead(A0));
}
```

```
float i;                                                    //上传的数据
void loop() {
 i = random(500);
 char * value;
 char buff[10];
 value = dtostrf(i, 3, 2, buff);
 uploaddata("temperature",value);                           //随机数测试
 uploaddata("Location","{\"lon\":116.2950369010,\"lat\":40.1548081709}");
//测试经纬度
 uploaddata("wendu",100);
 delay(3000);
}
void sendcmd(char * cmd)
{
   mySerial.write(cmd);
   delay(100);
   if (mySerial.available()) {
    delay(100);
    Serial.write(mySerial.read());
   }
}
void uploaddata(char * dsid,char * data)//dsid 为数据流 ID 名称,data 为上传的数据串
{
 char jsonstring[100];
 char end_c[2];
 end_c[0] = 0x1a;
 end_c[1] = '\0';

 sprintf(jsonstring,"{\"datastreams\":[{\"id\":\"%s\",\"datapoints\":[{\"value\":%
s}]}]}",dsid,data);
 sendcmd("AT+CIPSEND\r\n");
 sendcmd("POST /devices/");
 sendcmd(DeviceId);
 sendcmd("/datapoints HTTP/1.1\r\n");
 sendcmd("api-key:");
 sendcmd(apikey);
 sendcmd("\r\n");
 sendcmd("Host:api.heclouds.com\r\n");
 sendcmd("Content-Length:");
 mySerial.print(strlen(jsonstring));
 sendcmd("\r\n\r\n");
 sendcmd(jsonstring);
 mySerial.write(end_c);
}
/*1,设置模块的工作模式为 Client 模式 AT+CWMODE=3
2,复位 AT+RST
3,发送 AT+CWJAP="WIFI","1234567890"
4,AT+UART=4800,8,1,0,0*/
```

14.3 产品展示

产品整体外观如图 14-8 所示。

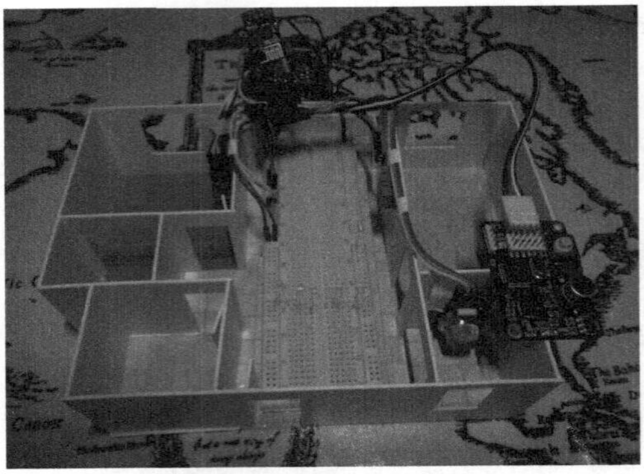

图 14-8 产品整体外观图

14.4 元件清单

完成本项目所用到的元件及其数量如表 14-2 所示。

表 14-2 元件清单

元件/测试仪表	数量
Arduino UNO 开发板	1 个
ADXL335 三轴加速度传感器	1 个
ASRM-08 语音识别传感器	1 个
ESP8266 模块	1 个
DHT11 温湿度传感器	1 个
MQ-2 气体检测传感器	1 个
LED 彩灯	若干
导线	若干
面包板	1 个

第 15 章

睡眠监控闹钟项目设计[1]

本项目基于 Arduino 开发板设计一款可远程监控人体数据的睡眠监控闹钟，监测者可以对其进行远程监测并控制闹铃，实现叫醒功能。

15.1 功能及总体设计

本项目的主要服务对象包括监测者与被监测者，被监测者可通过 LCD 显示屏查看自己的心率和血氧浓度，如果心率和血氧浓度处在异常范围，蜂鸣器自动鸣响；监测者可通过微信查看被监测者的心率和血氧浓度，并使被监测者的蜂鸣器鸣响，叫醒被监测者。被监测者要关闭蜂鸣器需完成一道简单的计算题，以此增加叫醒的成功率。

要实现上述功能需将作品分成两部分进行设计，即物联网部分、测量与控制部分。测量与控制部分使用 MAX30100 心率血氧传感器监测获取数据，LCD1602 显示屏显示数据，按键开关控制蜂鸣器；物联网部分使用 W5100 网络扩展模块将本地服务器与云平台相连，微信客户端可以查看实时更新的数据或远程开关蜂鸣器。

1. 整体框架图

整体框架如图 15-1 所示。

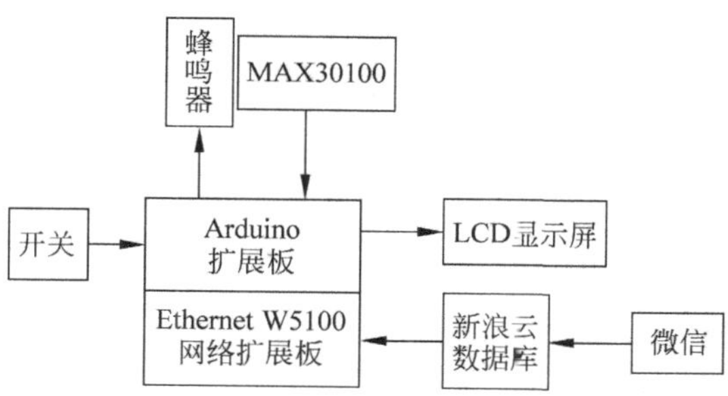

图 15-1　整体框架图

① 本章根据陈至言、韩之阳的项目设计整理而成。

2. 系统流程图

系统流程如图 15-2 所示。

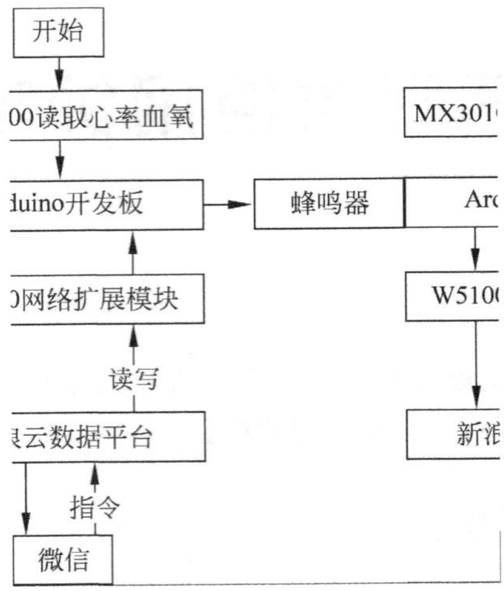

图 15-2 系统流程图

系统启动后，Arduino 开发板检测心率和血氧的值，如果心率和血氧浓度处在异常范围，蜂鸣器自动鸣响。同时，将心率和血氧的值，通过新浪云平台发送给微信客户端，微信客户端与被检测者进行交互，完成系统功能。

3. 总电路图

总电路如图 15-3 所示，引脚连接如表 15-1 所示。

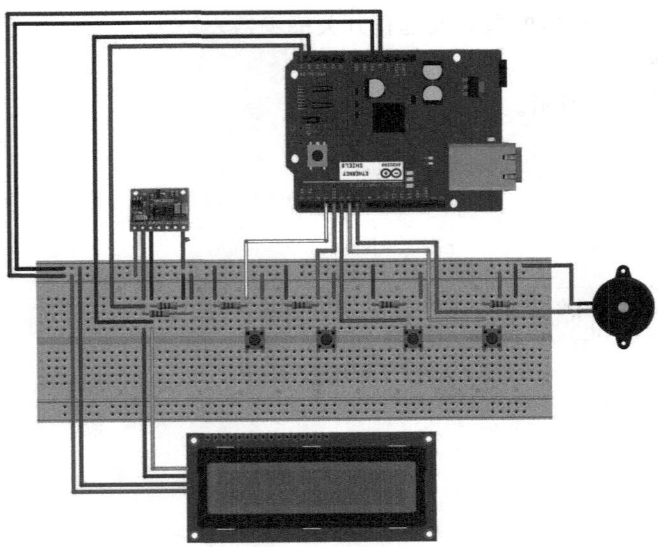

图 15-3 总电路图

表 15-1 引脚连接表

元件及引脚名		Arduino 开发板引脚
W5100 网络扩展板		直接堆叠
MAX30100	UIN	5V
	SCL	A5 接 10 千欧上拉电阻
	SDA	A4 接 10 千欧上拉电阻
	GND	GND
LCD1602	VCC	5V
	GND	GND
	SCL	A5
	SDA	A4
蜂鸣器	红正极	7
	黑负极	6
开关	引脚	均为 5V
	引脚	3、4、5、6，通过 10 千欧下拉电阻接 GND

15.2 模块介绍

本项目主要包括数据采集模块、网络通信模块、本地输出模块和远程监控模块，下面分别给出各个模块的功能介绍及相关代码。

15.2.1 数据采集模块

1. 功能介绍

MAX30100 是一种非侵入式集成的脉搏血氧饱和度和心脏速率监视的心率血氧传感器，它结合了 2 个发光二极管，1 个光检测器，通过优化光学和低噪声的仿真信号处理，可以检测脉搏血氧饱和度和心脏速率信号，只需要将手指紧贴在传感器上，就能预测脉搏血氧饱和度(SpO2)及脉搏(相当于心跳)。本项目通过传感器读取被监测者的心率、血氧浓度数据，过滤无效数据后将有效数据显示在 LCD 屏幕上，如有效数据处在异常范围，则使蜂鸣器鸣响，电路连接如图 15-4 所示。

2. 相关代码

```
#include <Wire.h>
#include "MAX30100_PulseOximeter.h"
#define REPORTING_PERIOD_MS 1000
double Hea = 100;                         //上传心率
double bp = 100;                          //上传血氧
double recordH = 666;
double recordb = 666;
char state = '0';                         //蜂鸣器开关
```

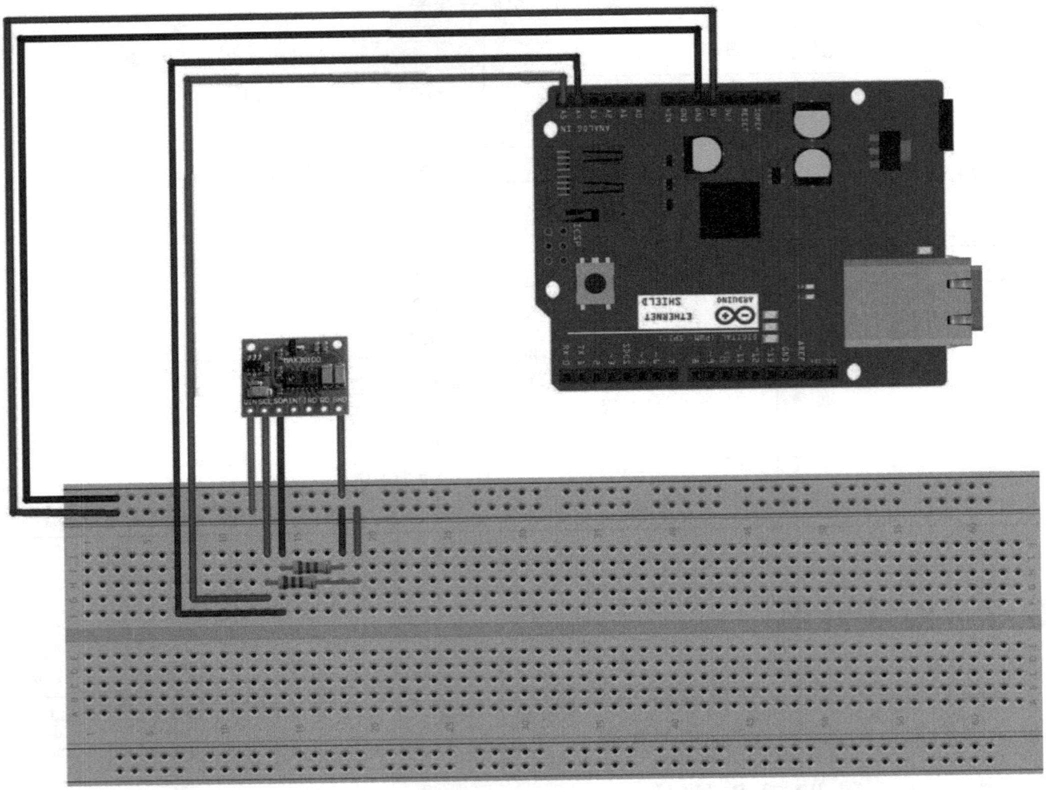

图 15-4　MAX30100 心率血氧传感器与 Arduino 开发板连接图

```
PulseOximeter pox;
uint32_t tsLastReport = 0;
void onBeatDetected()
{
    Serial.println("Beat!");
}
void setup()
{
    Serial.begin(115200);
    Serial.print("Initializing pulse oximeter..");
    if (!pox.begin()) {
        Serial.println("FAILED");
        for(;;);
    } else {
        Serial.println("SUCCESS");
    }
    pox.setOnBeatDetectedCallback(onBeatDetected);
}
void loop(){
```

```
Serial.print("Initializing pulse oximeter..");//心率传感器接触良好
if (!pox.begin())
  { Serial.println("FAILED");
    for(;;); }
else {
     Serial.println("SUCCESS");
    }
    pox.setOnBeatDetectedCallback(onBeatDetected);
    int i = 0;
do{
    Hea = 0;
    bp = 0;
    pox.update();
    if (millis() - tsLastReport > REPORTING_PERIOD_MS) {
        Serial.print("HeartRate:");
        Serial.print(pox.getHeartRate());
        Serial.print("bpm / SpO2:");
        Serial.print(pox.getSpO2());
        Serial.println(" % ");
        i++;
    if((pox.getHeartRate()!= recordH)||(pox.getSpO2()!= recordb))
    {
      Hea = (double)pox.getHeartRate();
      bp = (double)pox.getSpO2();
     }
     state = 0;
    if((Hea >= 30)||(bp >= 80))
   {
    recordH = Hea;
    recordb = bp;

    if((Hea < 40)||(Hea > 160))
    state = 1;
   }
    Serial.println(Hea);
    tsLastReport = millis();}//打印心率传感器数据,更新上传值,间隔为 1000ms
}while((Hea < 30)||(bp < 80));
}
```

15.2.2 网络通信模块

1. 功能介绍

W5100 网络扩展板允许 Arduino 开发板连接至互联网,完成通过网络控制读写 Arduino 开发板的数字和模拟引脚等网络应用的功能。本项目通过 W5100 将 Arduino 开发板与新浪云数据库连接,实现对云端数据库的读写。

2. 相关代码

```
#include <Ethernet.h>
#include <Wire.h>
#include <SPI.h>
char state = '0';                                //蜂鸣器开关
char c;                                          //数据库与 state 中转
byte mac[] = { 0xDE, 0xAD, 0xBE, 0xEF, 0xFE, 0xED};
IPAddress ip(192, 168, 137, 18);
//IPAddress myDns(192,168,137,1);
EthernetClient client;
char server[] = "ruarua.applinzi.com";           //服务器地址
double Hea = 0;                                  //上传心率
double bp = 0;                                   //上传血氧
unsigned long lastConnectionTime = 0;
boolean lastConnected = false;
const unsigned long postingInterval = 1000;      //网络连接准备
void setup(){
  Serial.begin(9600);
  delay(1000);
  Ethernet.begin(mac,ip);
  Serial.print("My IP address: ");
  Serial.println(Ethernet.localIP());            //以太网工作准备
void loop(void){
  if(client.available()){
    //char c = client.read();
    Serial.println("client.available!");
    Serial.print(client.read());
    }//验证 client.available
  while(client.available()) {
    c = client.read();
    if (c == '{'){
      state = client.read();
      Serial.print(client.read());
    }//接收 state 数据
  }
  if (client.connected());
  {Serial.println("client connected!");
  Serial.println(client.connected());}           //验证 client.connected
  if (millis() - lastConnectionTime > postingInterval){
  Serial.println("millis() - lastConnectionTime > postingInterval! ");}
  else{
    Serial.println(millis());
    Serial.println(lastConnectionTime);
    Serial.println(postingInterval);
  }//验证连接间隔时间是否到达 10s
  if (!client.connected() && lastConnected) {
```

```
      Serial.println("disconnecting...");
      client.stop();
    }//连接中断的情况
//上一次连接已结束,再次发送请求
  if(!client.connected() && (millis() - lastConnectionTime > postingInterval))
{
    if (client.connect(server, 80)) {
      Serial.println("connecting!");
      client.print("GET /downup.php?token = sean&data1 = ");
      client.print(Hea);
      //Serial.println(Hea);
      client.print("&data2 = ");
      client.print(bp);
      client.println(" HTTP/1.1");
      client.println("Host: ruarua.applinzi.com");
      client.println("User - Agent: arduino - ethernet");
      client.println("Connection: close");
      client.println();
      Serial.println("finished!");
      lastConnectionTime = millis();          //向服务器发送请求
    }else {
      Serial.println("connection failed");    //连接中断
      Serial.println("disconnecting.");
      client.stop();
    }
  }
  lastConnected = client.connected();         //初始值定义为假,连接后为真
}
```

15.2.3 显示输出模块

1. 功能介绍

本项目中使用液晶屏显示采集到的心率血氧数，当蜂鸣器鸣响时，显示屏将显示一道简单的数学题，使用者选择正确按钮并按下后，先显示语句，再恢复显示心率血氧，连接如图 15-5 所示。

2. 相关代码

```
#include <LiquidCrystal_I2C.h>
LiquidCrystal_I2C lcd(0x27,16,2);
#if defined(ARDUINO) && ARDUINO >= 100
#define printByte(args) write(args);
#else
#define printByte(args) print(args,BYTE);
#endif
double Hea = 0;
```

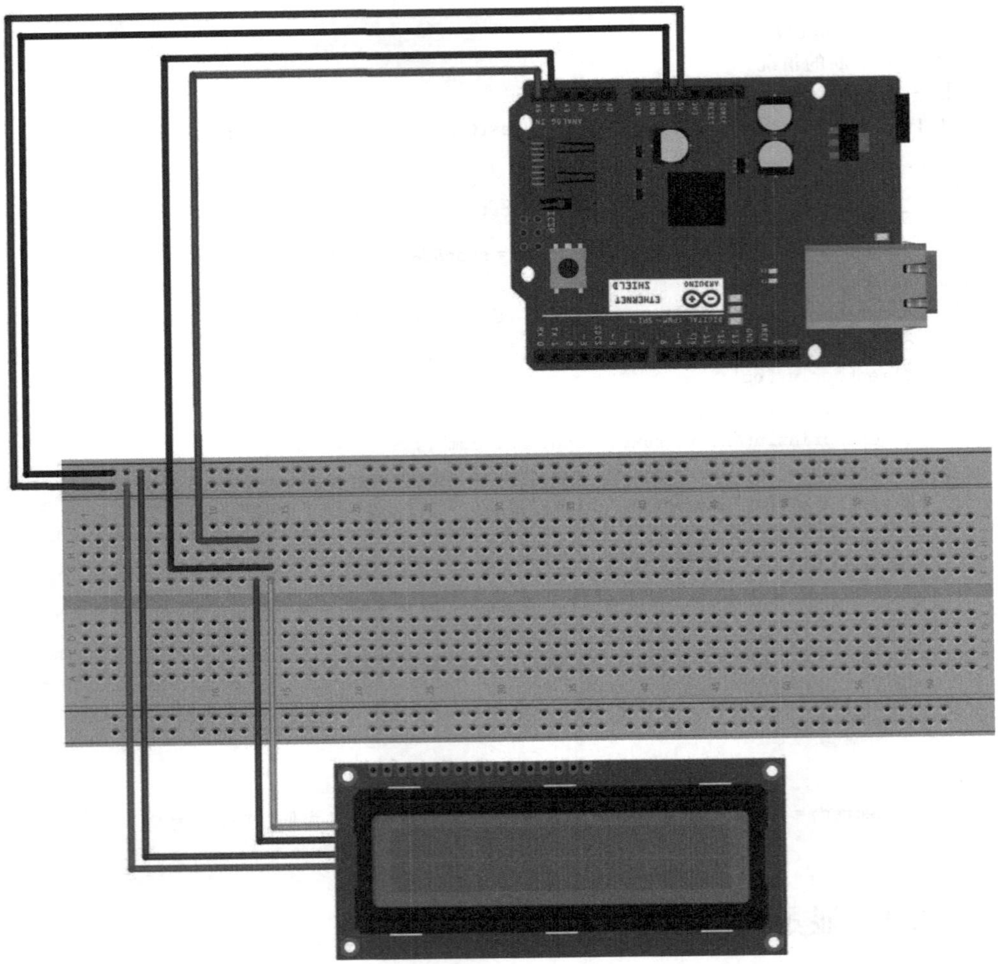

图 15-5　LCD1602 液晶显示屏与 Arduino 开发板连接图

```
double bp = 0;
void setup(){
  lcd.init();                                  //初始化 LCD
  lcd.backlight();                             //打开背光
}
void loop(){
lcd.setCursor(0,0);                            //定义光标位置
   lcd.print("Heartrate: ");                   //显示英文及标点
   lcd.print(Hea);
   lcd.setCursor(0,1);
   lcd.print("bpm: ");
   lcd.print(bp);
   lcd.print(" % ;)");                         //显示心率和血氧数据
```

```
    lcd.init();
    lcd.backlight();
    lcd.setCursor(0,0);
    lcd.print("Answer: ");
    lcd.print(hee);
    lcd.print(" % 4 = ?");
    lcd.setCursor(0,1);
    lcd.print("Push the Button!");                    //闹铃响时显示计算题
    lcd.init();
    lcd.backlight();
    lcd.setCursor(0,0);
    lcd.print("Warning!");
    lcd.setCursor(0,1);
    lcd.print("Rua!!!Wake up!");                      //闹铃响时显示警告
}
```

15.2.4　声音输出模块

1. 功能介绍

本项目中无源蜂鸣器直接与Arduino开发板相连，数据库传输的指令通过Arduino开发板作用于蜂鸣器来控制其鸣响，实现闹钟功能，通过按键开关可将蜂鸣器关闭。实际使用时，使用者需要在蜂鸣器鸣响后完成一道简单的计算题，选择正确的按键开关，按下松开为暂时关闭，长按2s则为彻底关闭，连线如图15-6所示。

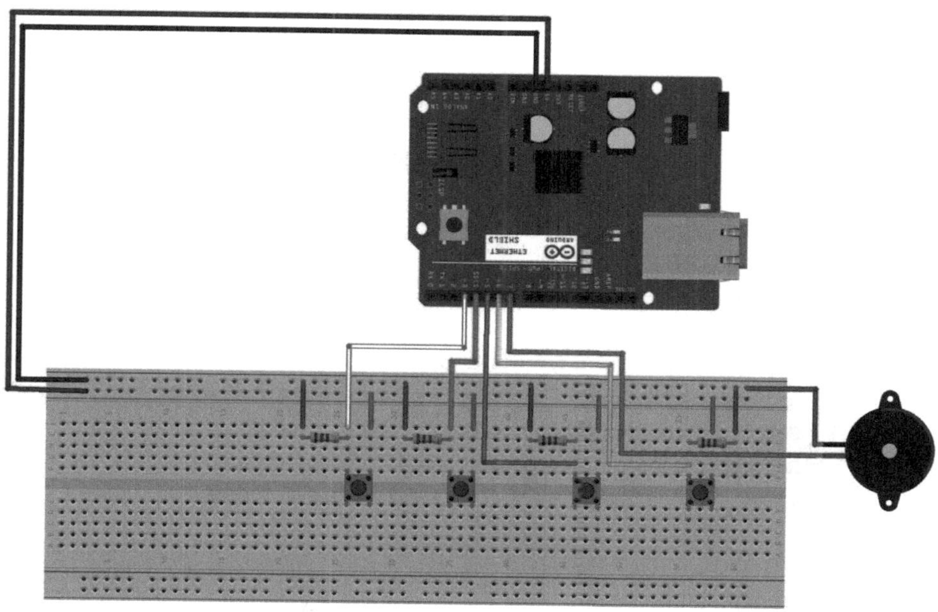

图15-6　无源蜂鸣器、按键开关与Arduino开发板连线图

2. 相关代码

```
#define button1 6                    //按键开关 1 用引脚 6
#define button2 5                    //按键开关 2 用引脚 5
#define button3 4                    //按键开关 3 用引脚 4
#define button4 3                    //按键开关 4 用引脚 3
#define tonepin 7                    //蜂鸣器用引脚 7
#define Do_l 131
#define Re_l 147
#define Mi_l 165
#define Fa_l 175
#define Sol_l 196
#define La_l 221
#define Si_l 248
#define Do 262
#define Re 294
#define Mi 330
#define Fa 349
#define Sol 392
#define La 440
#define Si 494
#define Do_h 523
#define Re_h 587
#define Mi_h 659
#define Fa_h 698
#define Sol_h 784
#define La_h 880
#define Si_h 988
int buttonState = 0;                 //当前按键状态
int length;
int scale[] = {Sol,Mi,Sol,Mi,Sol,Mi,Do,
               Re,Fa,Mi,Re,Sol,
               Sol,Mi,Sol,Mi,Sol,Mi,Do,
               Re,Fa,Mi,Re,Do,
               Re,Re,Fa,Fa,Mi,Do,Sol,
               Re,Fa,Mi,Re,Sol,
               Sol,Mi,Sol,Mi,Sol,Mi,Do,
               Re,Fa,Mi,Re,Do
               };                    //歌曲《我是一个粉刷匠》
  float durt[] =
{
  0.5,0.5,0.5,0.5,0.5,0.5,1,
  0.5,0.5,0.5,0.5,1 + 1,
  0.5,0.5,0.5,0.5,0.5,0.5,1,
```

```
    0.5,0.5,0.5,0.5,1+1,
    0.5,0.5,0.5,0.5,0.5,0.5,1,
    0.5,0.5,0.5,0.5,1+1,
    0.5,0.5,0.5,0.5,0.5,0.5,1,
    0.5,0.5,0.5,0.5,1,
};                                         //音长
char state = '0';                          //蜂鸣器开关
void setup(){
  pinMode(button, INPUT);
  pinMode(tonepin,OUTPUT);
  length = sizeof(scale)/sizeof(scale[0]);
}
void loop(void){
  if(state == '1'){
  for(int x = 0;x < length;x++)
  {
    buttonState = digitalRead(button);
    tone(tonepin,scale[x]);
    delay(500 * durt[x]);
    noTone(tonepin);
    if(buttonState == HIGH)
    {
      break;                               //按键关闭蜂鸣器(暂时)
  }
  }//蜂鸣器播放音乐
delay(2000);                      //持续按下 2s 可改变 state 状态,否则下次循环仍会鸣响
if (buttonState == HIGH) {
      if(state == '1')
        {state = '0';}
      else
        {state = '1';}
    };
}
```

15.2.5 远程监控模块

1. 功能介绍

本项目采用新浪云平台构建应用(ruarua.applinzi.com),并建立数据库用于数据中转,其中,数据库用于储存控制蜂鸣器的 state 值及 Arduino 开发板上传的心率血氧数据。使用者通过微信公众号发送请求,读写数据库中的各项数值,实现监控功能。新浪云应用如图 15-7 所示,数据库存储蜂鸣器工作状态如图 15-8 所示,数据库存储心率血氧数值如图 15-9 所示,微信端发送请求与回复如图 15-10 所示。

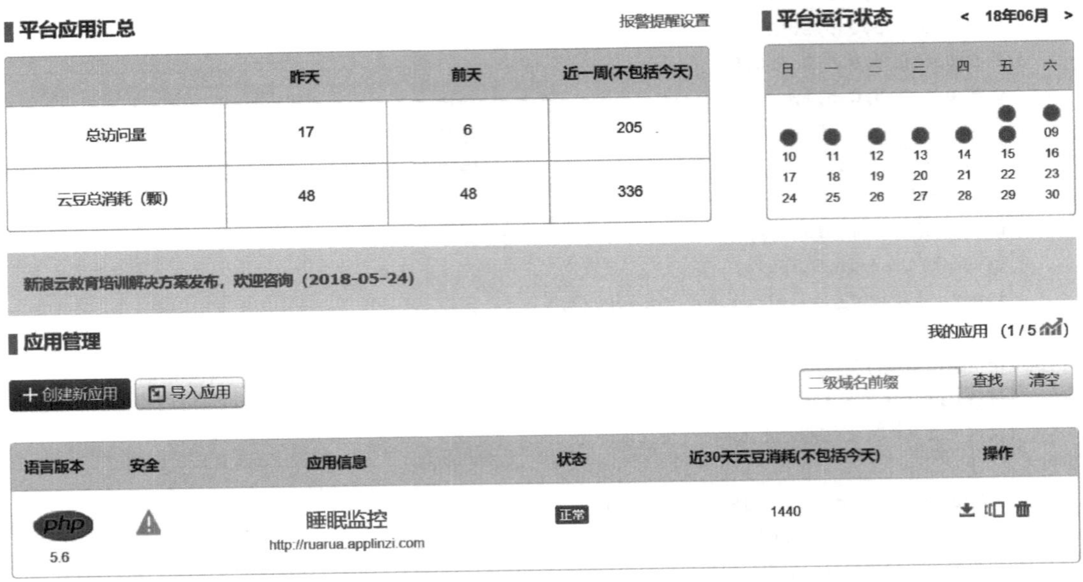

图 15-7　新浪云应用

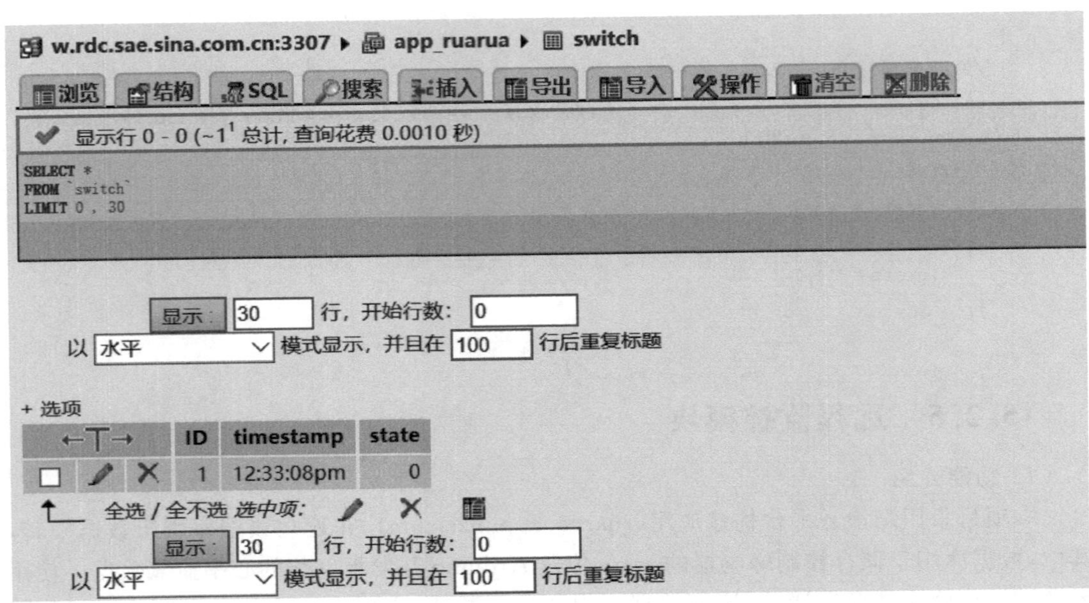

图 15-8　数据库存储蜂鸣器工作状态

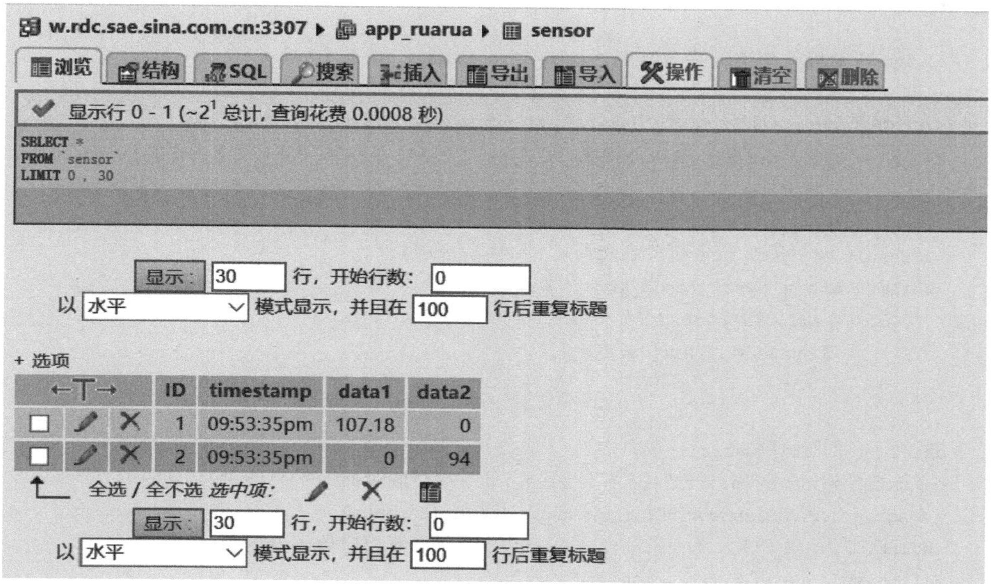

图 15-9　数据库存储心率血氧数值

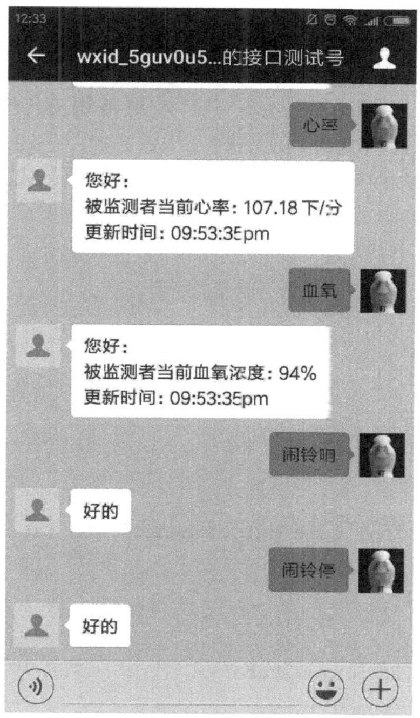

图 15-10　微信端发送请求与回复

2. 相关代码

```
//Arduino 开发板与新浪云平台互联
<?php
if (( $ _GET['data1']|| $ _GET['data2']) && ( $ _GET['token'] == "sean")) {
    $ con = mysql_connect(SAE_MYSQL_HOST_M.':'.SAE_MYSQL_PORT,SAE_MYSQL_USER,SAE_MYSQL_
PASS);
    mysql_select_db("app_ruarua", $ con);
    $ result = mysql_query("SELECT * FROM switch");
    while( $ arr = mysql_fetch_array( $ result)){
        if ( $ arr['ID'] == 1) {
            $ state = $ arr['state'];
        }
    }
{ $ data2 = $ _GET['data2'];
    $ dati2 = date("h:i:sa");                   //获取时间
    $ sql = "UPDATE sensor SET timestamp = '$ dati2',data2 = '$ data2'
    WHERE ID = '2'";}                           //更新相应传感器的值
    if(!mysql_query( $ sql, $ con)){
     die('Error: '. mysql_error());             //如果出错,显示错误
    }
    { $ data1 = $ _GET['data1'];
     $ dati1 = date("h:i:sa");                  //获取时间
     $ sql = "UPDATE sensor SET timestamp = '$ dati1',data1 = '$ data1'
    WHERE ID = '1'";}                           //更新相应传感器的值
    if(!mysql_query( $ sql, $ con)){
     die('Error: '. mysql_error());             //如果出错,显示错误
    }
    mysql_close( $ con);
    Echo "{". $ state."}";
}else{
    Echo "Permission Denied";
}
?>
//云平台与微信端互联
<?php
function echo_server_log( $ log){file_put_contents("log.txt", $ log, FILE_APPEND);
}
define ( "TOKEN", "penguin" );
function checkSignature() {
        $ signature = $ _GET ['signature'];
        $ nonce = $ _GET ['nonce'];
        $ timestamp = $ _GET ['timestamp'];
        $ tmpArr = array ( $ nonce, $ timestamp, TOKEN );
        sort ( $ tmpArr );
```

```
        $tmpStr = implode( $tmpArr );
        $tmpStr = sha1( $tmpStr );
        if ( $tmpStr == $signature) {
                return true;
        }else{
                return false;
        }
}
if(false == checkSignature()) {
        exit(0);
}
$echostr = $_GET['echostr'];
if($echostr) {
        echo $echostr;
        exit(0);
}
function getPostData() {
        $data = $GLOBALS['HTTP_RAW_POST_DATA'];
        return $data;
}
$PostData = getPostData();
if(!$PostData){
        echo_server_log("wrong input! PostData is NULL");
        echo "wrong input!";
        exit(0);
}
$xmlObj = simplexml_load_string($PostData, 'SimpleXMLElement', LIBXML_NOCDATA);
if(!$xmlObj) {
        echo_server_log("wrong input! xmlObj is NULL\n");
        echo "wrong input!";
        exit(0);
}
$fromUserName = $xmlObj->FromUserName;
$toUserName = $xmlObj->ToUserName;
$msgType = $xmlObj->MsgType;
if($msgType == 'voice') {
        $content = $xmlObj->Recognition;
}else if($msgType == 'text'){
        $content = $xmlObj->Content;
}else{
        $retMsg = '只支持文本和语音消息';
}
if (strstr($content, "闹铃响"))
{
        $con = mysql_connect(SAE_MYSQL_HOST_M.':'.SAE_MYSQL_PORT,SAE_MYSQL_USER,SAE_MYSQL
```

```
_PASS);
        $dati = date("h:i:sa");
        mysql_select_db("app_ruarua", $con);
        $sql = "UPDATE switch SET timestamp = '$dati',state = '1'
        WHERE ID = '1'";
        if(!mysql_query($sql, $con)){
            die('Error: ' . mysql_error());
        }else{
                mysql_close($con);
                $retMsg = "好的";
        }
}else if (strstr($content, "闹铃停")) {
        $con = mysql_connect(SAE_MYSQL_HOST_M.':'.SAE_MYSQL_PORT,SAE_MYSQL_USER,SAE_MYSQL
_PASS);
        $dati = date("h:i:sa");
        mysql_select_db("app_ruarua", $con);
        $sql = "UPDATE switch SET timestamp = '$dati',state = '0'
        WHERE ID = '1'";
        if(!mysql_query($sql, $con)){
            die('Error: ' . mysql_error());
        }else{
                mysql_close($con);
                $retMsg = "好的";
        }
}else if (strstr($content, "心率")) {
    $con = mysql_connect(SAE_MYSQL_HOST_M.':'.SAE_MYSQL_PORT,SAE_MYSQL_USER,SAE_MYSQL_
PASS);
    mysql_select_db("app_ruarua", $con);
    $result = mysql_query("SELECT * FROM sensor");
    while($arr = mysql_fetch_array($result)){
     if ($arr['ID'] == 1) {
     $tempr = $arr['data1'];
         $timestamp = $arr['timestamp'];
     }
    }
    mysql_close($con);
    $retMsg = "您好:"."\n"."被监测者当前心率:".$tempr."下/分"."\n"."更新时间:
".$timestamp."";
}else if (strstr($content, "血氧")) {
    $con = mysql_connect(SAE_MYSQL_HOST_M.':'.SAE_MYSQL_PORT,SAE_MYSQL_USER,SAE_MYSQL_
PASS);
    mysql_select_db("app_ruarua", $con);
    $result = mysql_query("SELECT * FROM sensor");
    while($arr = mysql_fetch_array($result)){
     if ($arr['ID'] == 2) {
```

```
    $ tempr =  $ arr['data2'];
        $ timestamp = $ arr['timestamp'];
    }
   }
   mysql_close( $ con);
   $ retMsg  =  "您好: "."\n"."被监测者当前血氧浓度: ". $ tempr." % "."\n"."更新时间:
". $ timestamp."";
}else{
       $ retMsg  =  "暂时不支持该命令";
}
$ retTmp  =  "< xml >
                 < ToUserName ><! [CDATA[ % s]]></ToUserName >
                 < FromUserName ><! [CDATA[ % s]]></FromUserName >
                 < CreateTime > % s </CreateTime >
                 < MsgType ><! [CDATA[text]]></MsgType >
                 < Content ><! [CDATA[ % s]]></Content >
                 < FuncFlag > 0 </FuncFlag >
                 </xml >";
$ resultStr  =  sprintf( $ retTmp,  $ fromUserName,  $ toUserName,  time(),  $ retMsg);
echo  $ resultStr;
?>
```

15.3　产品展示

产品整体外观如图 15-11 所示。

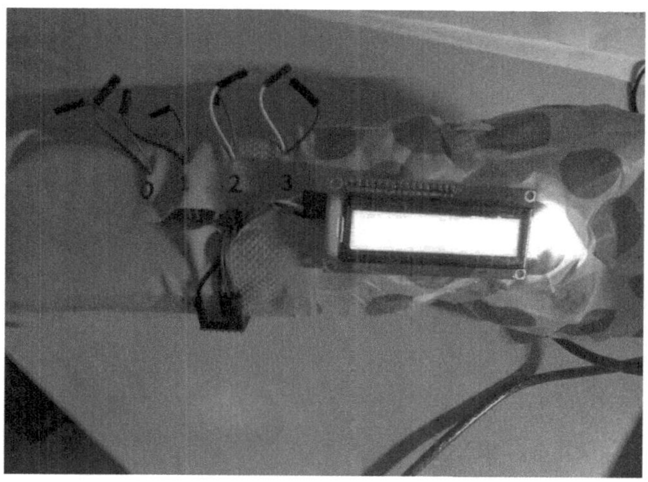

图 15-11　产品整体外观图

15.4 元件清单

完成本项目所用到的元件及其数量如表 15-2 所示。

表 15-2 元件清单

元件/测试仪表	数量
Arduino UNO 开发板	1 个
MAX30100 心率血氧传感器	1 个
导线	若干
10 千欧电阻	6 个
面包板	1 个
W5100 网络扩展板	1 个
导线	若干
无源蜂鸣器	1 个
按键开关	4 个

第16章 温湿度监测项目设计[①]

本项目基于 Arduino 开发平台，并使用 ESP8266 模块，将监测到的环境中温湿度变化以及当前显示的时间实时传输到手机端。

16.1 功能及总体设计

本项目可以对室内温湿度、发生火灾的感应和报警进行实时监测，监测结果有两种呈现方式，一种是实时显示在 LED 屏幕上，另一种是利用 WiFi 模块将监测数据传输到云端，通过手机呈现。

要实现上述功能需将作品分成四部分进行设计，即温湿度监测模块、火焰监测报警模块、时钟模块和 ESP8266 模块。各模块与 Arduino 开发板连接，其中，火焰传感器和温湿度传感器用于环境监测，时钟模块用于监测时间。报警部分选择源蜂鸣器，显示模块选用 LED 显示屏，正确连接电路，使用 C++ 编写程序实现各功能，同时使用 ESP8266 模块配合 Arduino 开发板实现数据传输。

1. 整体框架图

整体框架如图 16-1 所示。

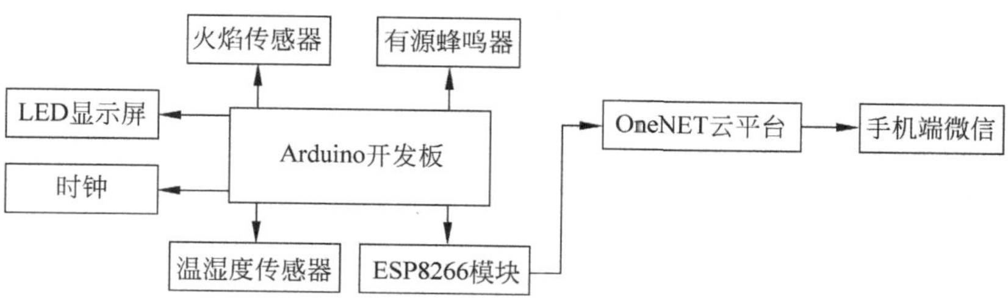

图 16-1 整体框架图

① 本章根据陈天嘉、冯佳禄的项目设计整理而成。

2. 系统流程图

系统流程如图 16-2 所示。

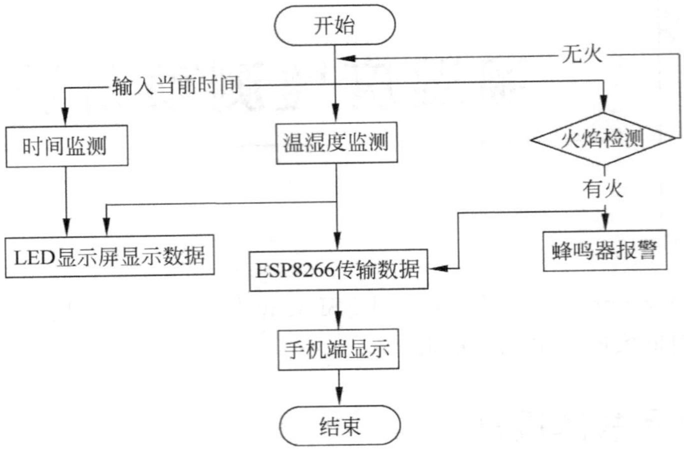

图 16-2 系统流程图

系统启动后，温湿度检测和火焰检测开始工作，如果火焰传感器触发，则通过蜂鸣器报警；温湿度和时间数据在 LED 显示屏上进行显示。同时，通过 ESP8266 模块将数据上传给云平台，手机端通过微信显示相关的信息。

3. 总电路图

总电路如图 16-3 所示，引脚连接如表 16-1 所示。

表 16-1 引脚连接表

元件及引脚名		Arduino 开发板引脚
ESP8266	UTXD	8
	CH_PD	3V3
	VCC	3V3
	URXD	9
	GND	GND
火焰传感器	DO	A0
温湿度传感器	OUT	4
时钟模块	RST	5
	DAT	6
	CLK	7
有源蜂鸣器	I/O	13
LED 显示屏	SDA	SDA
	SCL	SCL

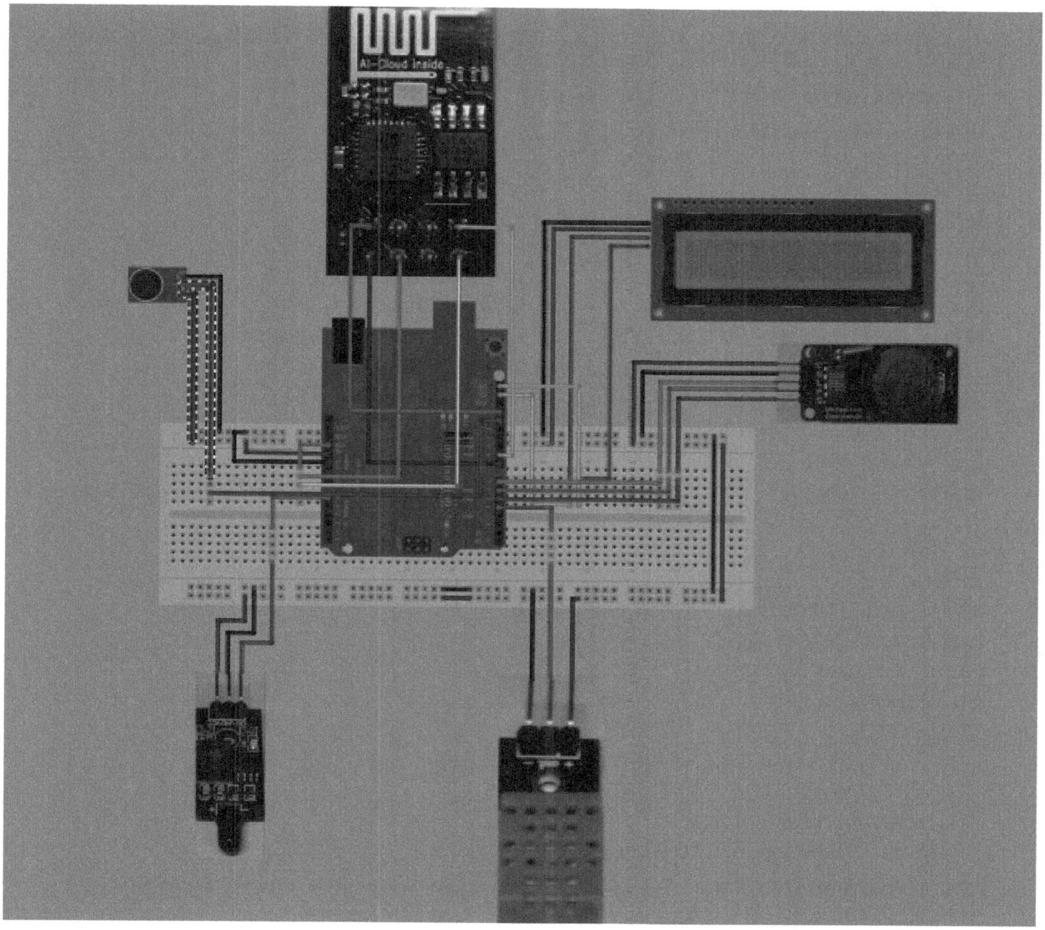

图 16-3　总电路图

16.2　模块介绍

本项目主要包括温湿度监测模块、火焰监测报警模块、时钟模块和 ESP8266 模块，下面分别给出各模块的功能介绍及相关代码。

16.2.1　温湿度监测模块

本部分内容包括温湿度传感器的功能介绍及相关代码。

1. 功能介绍

温湿度传感器是一种检测装置，能够感受周围温度、湿度，并将其按一定规律变换成信号或其他形式的信息输出，以满足信息的传输、处理、存储、显示、记录和控制等要求。

2. 相关代码

```
#include <dht11.h>
#include <Wire.h>
#include <LiquidCrystal_I2C.h>
LiquidCrystal_I2C lcd(0x20,16,2); //设置 LCD 的地址为 0x20,可设置 2 行,每行 16 个字符
dht11 DHT;
#define DHT11_PIN 4
void setup(){
  lcd.init();                                    //LCD 初始化设置
  lcd.backlight();                               //打开 LCD 背光
  Serial.begin(9600);                            //设置串口波特率为 9600
  //串口输出"Type, status, Humidity(%), Temperature(C)"
  Serial.println("Type,\tstatus,\tHumidity(%),\tTemperature(C)");
  lcd.print("Humidity(%): ");                    //LCD 屏显示" Humidity(%):"
  lcd.setCursor(0, 1);                           //光标移到第 2 行,第一个字符
  lcd.print("Temp(C): ");                        //LCD 屏显示"Temp(C):"
}
void loop(){
  int chk;                                       //存储 DHT11 传感器的数据
  Serial.print("DHT11, \t");
  //读取 DHT11 传感器的数据
  chk = DHT.read(DHT11_PIN);
  switch(chk){
    caseDHTLIB_OK:
              Serial.print("OK,\t");
              break;
    caseDHTLIB_ERROR_CHECKSUM:
              Serial.print("Checksum error,\t");
              break;
    caseDHTLIB_ERROR_TIMEOUT:
              Serial.print("Time out error,\t");
              break;
    default:
              Serial.print("Unknown error,\t");
              break;
  }
 //串口显示温湿度值
 Serial.print(DHT.humidity,1);
 Serial.print(",\t");
 Serial.println(DHT.temperature,1);
 //LCD 显示温湿度值
 lcd.setCursor(12, 0);
 lcd.print(DHT.humidity,1);
 lcd.setCursor(8, 1);
 lcd.print(DHT.temperature,1);
 delay(1000);
 }
```

16.2.2 ESP8266 模块

本部分内容包括 ESP8266 模块的功能介绍及相关代码。

1. 功能介绍

将温湿度监测模块、火焰监测报警模块监测到的数据上传到 OneNET 云平台，通过 OneNET 云平台与手机端关联，可以在手机上查看监测到的数据。元件包括 ESP8266 模块、Arduino 开发板和导线若干。

2. 相关代码

```
#include <SoftwareSerial.h>
#define DeviceId "29982897"//修改为自己设备的 ID
#define apikey "Aj9NRt = pYZlyZub4M = uLgsJctdI = "//修改为自己设备的 api - key
SoftwareSerial mySerial(8, 9); //RX - 8 接 ESP8266 的 TX, TX - 9 接 ESP8266 的 RX
void setup() {
    Serial.begin(9600);
    while (!Serial) {
    }
    mySerial.begin(4800);
    delay(5000);
    while(mySerial.available() > 0)
      mySerial.read();
    while(Serial.available() > 0)
      Serial.read();
    delay(1000);
    sendcmd("AT + CIPSTART = \"TCP\",\"183.230.40.33\",80,6000\r\n");
    sendcmd("AT + CIPMODE = 1\r\n");
    randomSeed(analogRead(A0));
  }
  float i;                                //上传的数据
  void loop() {
    i = random(500);
    char * value;
    char buff[10];
    value = dtostrf(i, 3, 2, buff);
    uploaddata("temperature",value);      //随机数测试
    uploaddata("Location","{\"lon\":116.2950369010,\"lat\":40.1548081709}");
    //测试经纬度
    delay(3000);
  }
  void sendcmd(char * cmd)
  {
    mySerial.write(cmd);
    delay(100);
    if (mySerial.available()) {
    delay(100);
```

```
    Serial.write(mySerial.read());
  }
}
void uploaddata(char * dsid,char * data)//dsid 为数据流 ID 名称,data 为上传的数据串
{
  char jsonstring[100];
  char end_c[2];
  end_c[0] = 0x1a;
  end_c[1] = '\0';
sprintf(jsonstring,"{\"datastreams\":[{\"id\":\"%s\",\"datapoints\":[{\"value\":%s}]}]}",dsid,data);
  sendcmd("AT+CIPSEND\r\n");
  sendcmd("POST /devices/");
  sendcmd(DeviceId);
  sendcmd("/datapoints HTTP/1.1\r\n");
  sendcmd("api-key:");
  sendcmd(apikey);
  sendcmd("\r\n");
  sendcmd("Host:api.heclouds.com\r\n");
  sendcmd("Content-Length:");
  mySerial.print(strlen(jsonstring));
  sendcmd("\r\n\r\n");
  sendcmd(jsonstring);
  mySerial.write(end_c);
}
```

16.2.3 时钟模块

本部分内容包括时钟模块的功能介绍及相关代码。

1. 功能介绍

DS1302 时钟模块实际上是具有涓细电流充电能力的低功耗时钟芯片,可以对年、月、日、周、时、分、秒进行计时,且具有闰年补偿等多种功能。本部分利用时间模块、Arduino 开发板、LED 显示屏和导线若干,实现在 LED 上显示当前时间的功能。

2. 相关代码

```
#include <LiquidCrystal.h>
#include <stdio.h>
#include <string.h>
#include <DS1302.h>
LiquidCrystal lcd(12, 11, 10, 9, 6, 5);
int i,c;
/*引脚连接
CE(DS1302 5) → Arduino 5
IO(DS1302 6) → Arduino 6
SCLK(DS1302 7) → Arduino 7
*/
```

```
uint8_t CE_PIN   = 2;
uint8_t SCLK_PIN = 3;
uint8_t IO_PIN   = 4;
/* 日期变量缓存 */
char buf[50];
char buf1[20];
char day[10];
/* 串口数据缓存 */
String comdata = "";
int numdata[7] = {0}, j = 0, mark = 0;
/* 创建 DS1302 对象 */
DS1302 rtc(CE_PIN, IO_PIN, SCLK_PIN);
void print_time()
{
    /* 从 DS1302 获取当前时间 */
    Time t = rtc.time();
    /* 将星期从数字转换为名称 */
    memset(day, 0, sizeof(day));
    switch (t.day)
    {
    case 1: strcpy(day, "Sunday"),c = 6; break;
    case 2: strcpy(day, "Monday"),c = 6; break;
    case 3: strcpy(day, "Tuesday"),c = 7; break;
    case 4: strcpy(day, "Wednesday"),c = 9; break;
    case 5: strcpy(day, "Thursday"),c = 8; break;
    case 6: strcpy(day, "Friday"),c = 6; break;
    case 7: strcpy(day, "Saturday"),c = 8; break;
    }
    /* 将日期代码格式化凑成 buf 等待输出 */
    snprintf(buf, sizeof(buf),"%s%04d-%02d-%02d %02d:%02d %02d", day, t.yr, t.
mon, t.date, t.hr, t.min, t.sec);
    /* 输出日期到串口 */
    Serial.println(buf);
}
void setup()
{
    lcd.begin(16, 2);
    //lcd.setCursor(0, 0);
    Serial.begin(9600);
    rtc.write_protect(false);
    rtc.halt(false);
}
void loop()
{
    /* 当串口有数据的时候,将数据拼接到变量 comdata */
    while (Serial.available() > 0)
```

```
    {
        comdata + = char(Serial.read());
        delay(2);
        mark = 1;
    }
    /* 以逗号分隔 comdata 的字符串,分隔结果转换成数字存储到 numdata[]数组 */
    if(mark = = 1)
    {
        Serial.print("You inputed : ");
        Serial.println(comdata);
        for(int i = 0; i < comdata.length() ; i++)
        {
            if(comdata[i] = = ',' || comdata[i] = = 0x10 || comdata[i] = = 0x13)
            {
                j++;
            }
            else
            {
                numdata[j] = numdata[j] * 10 + (comdata[i] - '0');
            }
        }
        /* 将转换好的 numdata 凑成时间格式,写入 DS1302 */
        Time t(numdata[0], numdata[1], numdata[2], numdata[3], numdata[4], numdata[5],
numdata[6]);
        rtc.time(t);
        mark = 0;j = 0;
        /* 清空 comdata 变量,以便等待下一次输入 */
        comdata = String("");
        /* 清空 numdata */
        for(int i = 0; i < 7 ; i++) numdata[i] = 0;
    }
    /* 打印当前时间 */
  print_time();
  lcd.setCursor(0, 0);                         //显示星期
  lcd.clear();
  for(i = 0;i < c;i++)
  {
    lcd.print(buf[i]);
  }
  //delay(100);
  lcd.setCursor(0, 1);
  for(i = c;i < c + 16;i++)                    //年月日时分
  {
    lcd.print(buf[i]);
  }
  lcd.setCursor(13, 0);
  for(i = c + 16;i < c + 19;i++)               //秒
```

```
    {
      lcd.print(buf[i]);
    }
      delay(1000);
}
```

16.2.4 火焰监测报警模块

本部分内容包括火焰监测报警模块的功能介绍及相关代码。

1. 功能介绍

远红外火焰传感器能够探测到波长在700～1000纳米范围内的红外光，探测角度为60°，其中红外光波长在880纳米左右时，其灵敏度最高。远红外火焰探头将红外光的强弱变化转换为电流的变化，通过A/D转换器反映为0～255范围内数值的变化，当数值超出警戒值时，蜂鸣器报警。

2. 相关代码

```
float sinVal;
int toneVal;
void setup(){
  pinMode(8, OUTPUT);                    //蜂鸣器引脚设置
  Serial.begin(9600);                    //设置波特率为9600
    }
void loop(){
  int sensorValue = analogRead(0);       //火焰传感器连到模拟口,并从模拟口读值
  Serial.println(sensorValue);
  delay(1);
  if(sensorValue < 1023){ //如果数据小于1023,说明有火源,蜂鸣器鸣响
          for(int x = 0; x<180; x++){
            //将sin函数角度转换为弧度
            sinVal = (sin(x * (3.1412/180))),
            //用sin函数值产生声音的频率
            toneVal = 2000 + (int(sinVal * 1000));
            //输出到引脚8
            tone(8, toneVal);
            delay(2);
    }
  } else {                               //如果数据大于或等于1023,没有火源,关闭蜂鸣器
        noTone(8);                       //关闭蜂鸣器
  }
}
```

16.3 产品展示

产品整体外观如图16-4所示，手机端监测如图16-5所示。

图 16-4　产品整体外观图

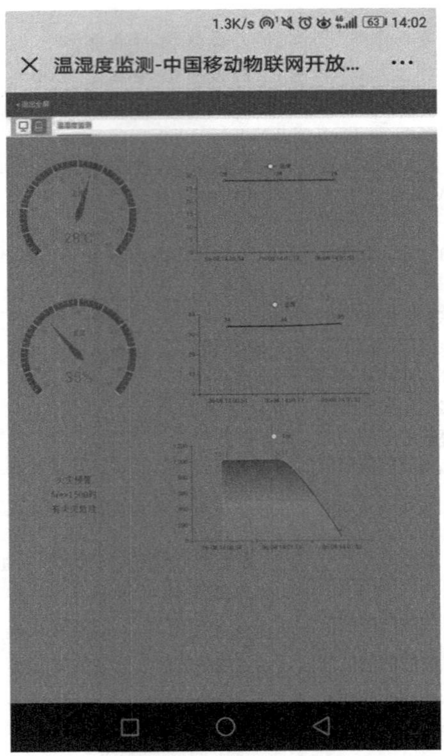

图 16-5　手机端监测图

16.4 元件清单

完成本项目所用到的元件及其数量如表 16-2 所示。

表 16-2　元件清单

元件/测试仪表	数量
LCD1602A LED 显示屏	1 个
Arduino UNO 开发板	1 个
ESP8266 模块	1 个
导线	若干
火焰传感器	1 个
有源蜂鸣器	1 个
DHT11 温湿度传感器	1 个
DS1302 时钟模块	1 个
CR2032 电池	1 个

第 17 章

智能植物管家项目设计①

本项目基于 Arduino 开发板设计一个简易植物管家，实现显示植物周边环境数据、自动浇水的功能，并将数据上传到云平台进行保存和分析，以供用户远程掌握植物的生长状况。

17.1 功能及总体设计

本项目通过 ESP8266 模块上传到云平台，支持远程客户端对系统的控制，使得获取的数据更具时效性。通过网络模块、云端平台和第三方开发环境的交互实现个性化的植物管理，在土壤湿度低于阈值的情况下，实现自动浇水的功能，同时可以直观显示环境数据和植物的实时情况。

要实现上述功能需将作品分为三部分进行设计，即数据采集及显示模块、自动浇水模块和网络云端模块。数据采集及显示模块采用 0.96 英寸 OLED 作为显示媒介，温湿度传感器 DHT22 采集温湿度数据，粉尘传感器 GP2Y1014AU 采集空气数据，通过串口通信传输数据至 Arduino 开发板并显示；自动浇水模块通过传感器探测土壤湿度并进行比较，通过水泵实现浇水功能；网络云端选用 ESP8266 模块配合 Arduino 开发板和 OneNET 云平台实现。

1. 整体框架图

整体框架如图 17-1 所示。

2. 系统流程图

系统流程如图 17-2 所示。

系统启动后，传感器采集各种数据，同时将数据通过 OLED 屏幕显示、ESP8266 发送给云平台。如果传感器采集的土壤湿度低于阈值，则通过水泵实现浇水功能。

3. 总电路图

总电路如图 17-3 所示，引脚连接如表 17-1 所示。其中，水泵的两端分别连接到继电器

---

① 本章根据钟小龙、王新宇的项目设计整理而成。

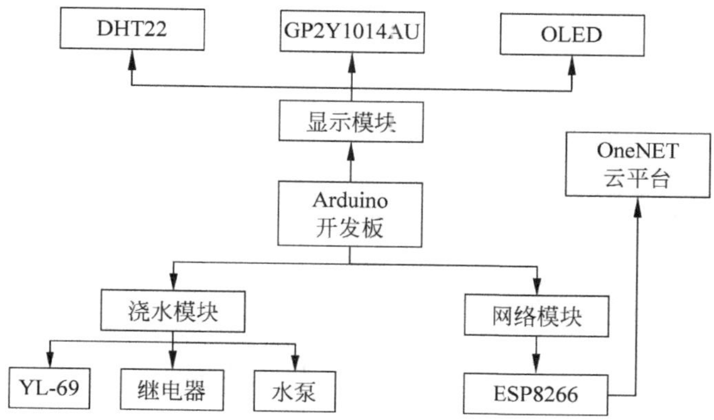

图 17-1　整体框架图

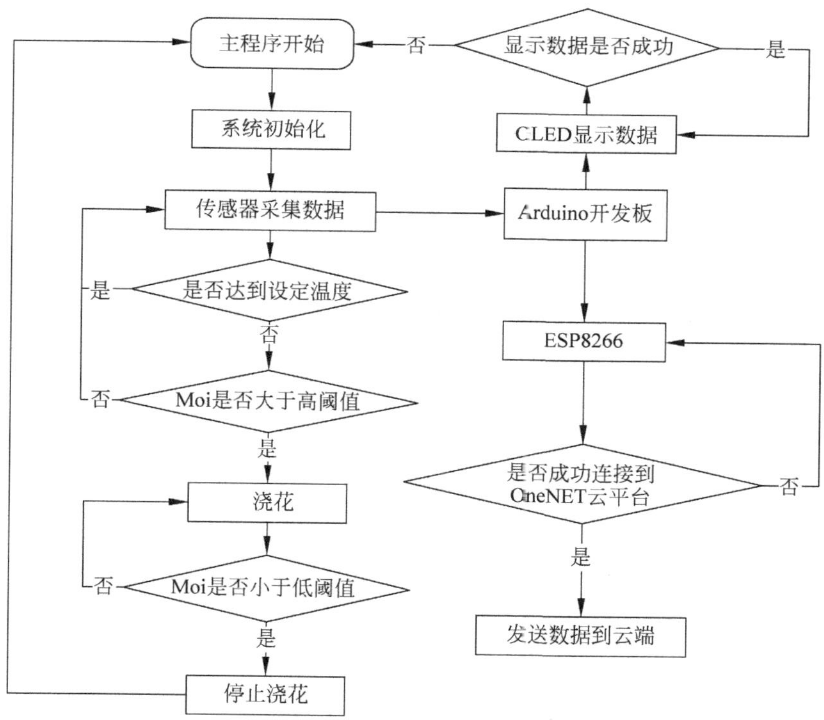

图 17-2　系统流程图

的常开接口和 Arduino 开发板的 GND，GP2Y1014AU 引脚 V-LED 和 LED-GND 之间接 220uF 电容，YL-69 和阈值比较器直接正负相连。

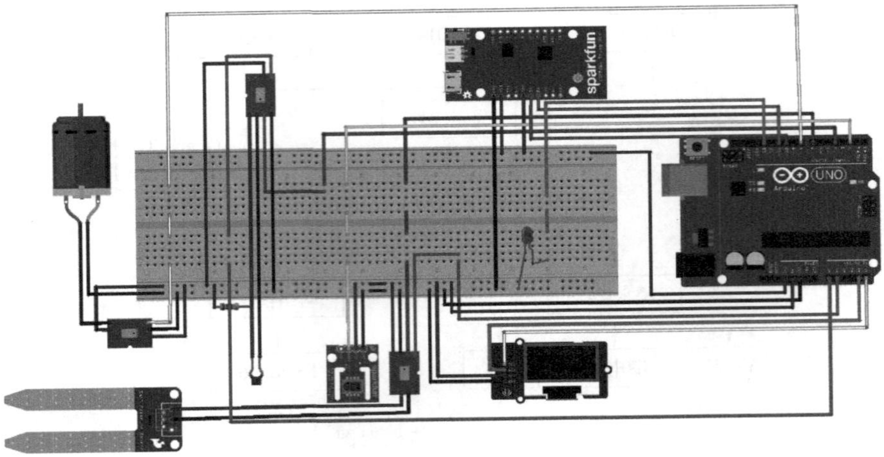

图 17-3　总电路图

表 17-1　引脚连接表

元件及引脚名		Arduino 开发板引脚
ESP8266	UTXD	10(RX)
	CH_PD	3.3V
	VCC	3.3V
	URXD	11(TX)
	RED-LED	13、GND
	GND	GND
DHT22	+	5V
	OUT	2
	—	GND
GP2Y1014AU	V-LED	接 150Ω 电阻后接 5V
	LED-GND	GND
	LED	4
	S-GND	GND
	V_O	A0
	VCC	5V
OLED	GND	GND
	VCC	5V
	SCL	A5
	SDA	A4
YL-69	AO	A1
	DO	7
	GND	GND
	VCC	5V

续表

元件及引脚名		Arduino 开发板引脚
继电器	DC+	5V
	DC−	GND
	IN	8

17.2　模块介绍

本项目主要包括数据采集及显示模块、自动浇水模块和网络云端模块，下面分别给出各模块的功能介绍及相关代码。

17.2.1　数据采集及显示模块

本部分内容包括数据采集及显示模块的功能介绍及相关代码。

1. 功能介绍

(1) DHT22 是一款含有已校准数字信号输出的复合数字温湿度传感器，可对空气温度和湿度进行精确的数据采集，采用单线制串行接口和 Arduino 开发板进行数据传输。

(2) GP2Y1014AU 通过内部的光学质量传感器，用红外线和光电晶体管感知粉尘，经过 Arduino 开发板的计算处理，可以将粉尘密度指数保存下来。

(3) OLED 显示屏采用独立的薄膜电晶体控制每个像素，通过点阵屏扫描技术，用计算后的二进制数组控制电平输入每个像素点，实现像素点的独立快速点亮和熄灭。

(4) DHT22 和 GP2Y1014AU 采集到原始数据并在 Arduino 开发板中进行分析处理后将其传输到 OLED，实现数据的实时显示，电路如图 17-4 所示。

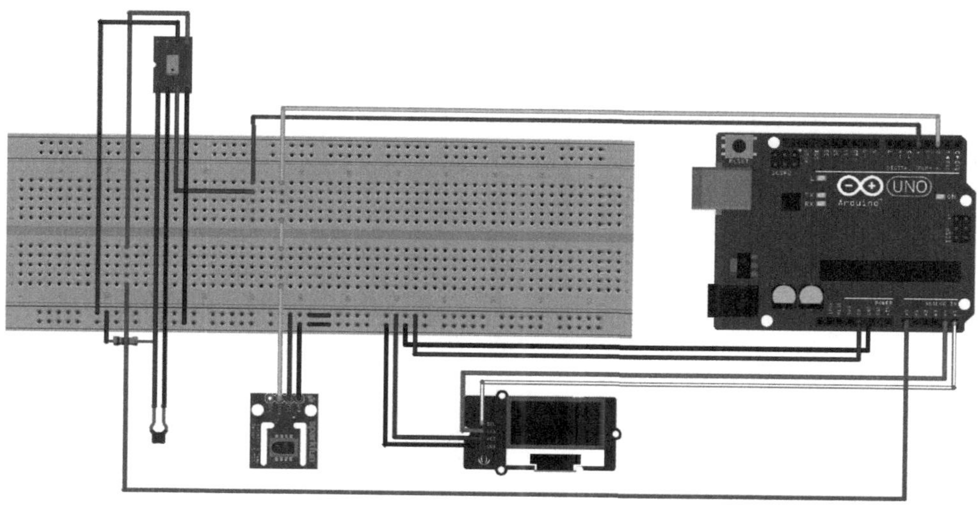

图 17-4　数据采集及显示模块电路图

2. 相关代码

```
#include <Wire.h>                                    //支持 I2C 通信的库文件
#include <SimpleDHT.h>                               //DHT22 数字传感器库文件
#include "U8glib.h"                                  //OLED 库文件
U8GLIB_SSD1306_128X64 u8g(U8G_I2C_OPT_NONE);         //OLED 的 I2C 类型定义
SimpleDHT22 dht22;
#define pinDHT22 2                                   //DHT22 的数据引脚连接 Arduino 开发板引脚 2
float temperature = 0;
float humidity = 0;
byte data[40] = {0};                                 //初始化 DHT22 采集数据
int measurePin = 0;                                  //粉尘传感器引脚 5 连接 Arduino 开发板引脚 A0
int ledPower = 4;
int samplingTime = 280;                              //LED 的等待开启时间
int deltaTime = 40;                                  //脉冲持续时间
int sleepTime = 9680;                                //休眠时间
float voMeasured = 0;
float calcVoltage = 0;
float API = 0;                                       //初始化输出电压、模拟口输出和 API
void draw(void)
{
  u8g.setFont(u8g_font_8x13);                        //使用 8 * 13 大小的字符
  u8g.setPrintPos(0, 10);                            //对应 x、y 轴值
  u8g.print("HUMI(RH%) :");
  u8g.setPrintPos(73,10);
  u8g.print(humidity);
  u8g.setPrintPos(0, 23);
  u8g.print("TEMP(*C):");
  u8g.setPrintPos(73, 23);
  u8g.print(temperature);
  u8g.print("API:");
  u8g.setPrintPos(0,33);
  u8g.print(API);
  u8g.setPrintPos(33, 33);                           //输出湿度、温度和 API
}
void setup()
{
  Serial.begin(9600);                                //设置波特率
  Wire.begin();                                      //使用串行数据传输模式
  pinMode(ledPower,OUTPUT);                          //定义粉尘传感器的 LED 输出模式
}
void loop()
{
  Serial.println("\n");
  Serial.println("Read sensor: ");
  int err = SimpleDHTErrSuccess;
if ((err = dht22.read2(pinDHT22, &temperature, &humidity, data)) != SimpleDHTErrSuccess)
```

```
{
  Serial.print("Read DHT22 failed, err = ");
  Serial.println(err);
  delay(2000);
  return;
}                                             //调用函数读取数据,并判断是否有效
Serial.print("Humidity: ");
Serial.print((float)humidity);
Serial.println("RH % ");
Serial.print("Temperature: ");
Serial.print((float)temperature);
Serial.println(" * C");
delay(1000);                                  //在串口中显示温湿度数据
digitalWrite(ledPower,LOW);                   //开启内部 LED
delayMicroseconds(samplingTime);              //延迟 280μs 等待时间
voMeasured = analogRead(measurePin);          //读取模拟值
delayMicroseconds(deltaTime);                 //延迟 40μs 等待时间
digitalWrite(ledPower,HIGH);                  //关闭 LED
delayMicroseconds(sleepTime);                 //传感器进入休眠状态
calcVoltage = voMeasured * (5.0/1024.0);      //将模拟值转换为电压值
API = (0.17 * calcVoltage - 0.1) * 1000;      //将电压值转换为粉尘密度输出单位
if (API < 0)
{
  API = 0.00;
}
Serial.print("API:");
Serial.print(API);
Serial.print(" ");
if(API >= 0.00&&API <= 35.00)
  Serial.println("优");
else if(API > 35.00&&API <= 70.00)
  Serial.println("良");
else if(API > 75.00&&API <= 110.00)
  Serial.println("轻度污染");
else if(API > 110.00&&API <= 150.00)
  Serial.println("中度污染");
else if(API > 150.00&&API <= 250.00)
  Serial.println("重度污染");
else
  Serial.println("严重污染");
delay(500);                                   //输出 API 和相应的空气质量等级
u8g.firstPage();
do
{
  draw();
} while( u8g.nextPage() );
delay(200);                                   //调用 draw 函数将数据显示在 OLED 上
```

```
}
//SimpleDHT.h 及 SimpleDHT.cpp 的具体实现代码
```

(1) SimpleDHT.h

```
#ifndef __SIMPLE_DHT_H
#define __SIMPLE_DHT_H
#include <Arduino.h>.
#define SimpleDHTErrSuccess 0                //数据读取成功等待时间
#define SimpleDHTErrStartLow 100             //传感器启动失败后低电平的持续时间
#define SimpleDHTErrStartHigh 101            //传感器启动失败后高电平的持续时间
#define SimpleDHTErrDataLow 102              //数据读取错误后低电平的持续时间
#define SimpleDHTErrDataRead 103             //数据读取错误再读取时间
#define SimpleDHTErrDataEOF 104              //数据有效电平到来等待时间
#define SimpleDHTErrDataChecksum 105         //数据读取错误检查时间
#define SimpleDHTErrZeroSamples 106          //温湿度为 0 时的等待时间
class SimpleDHT {
public:
    virtual int read(int pin, byte * ptemperature, byte * phumidity, byte pdata[40]);
    virtual int read2(int pin, float * ptemperature, float * phumidity, byte pdata[40]) = 0;
protected:
    virtual int confirm(int pin, int us, byte level);
    virtual byte bits2byte(byte data[8])
    virtual int sample(int pin, byte data[40]) = 0;
    virtual int parse(byte data[40], short * ptemperature, short * phumidity);
};
class SimpleDHT22 : public SimpleDHT {
public:
    virtual int read2(int pin, float * ptemperature, float * phumidity, byte pdata[40]);
protected:
    virtual int sample(int pin, byte data[40]);
};
```

(2) SimpleDHT.cpp

```
#endif
#include "SimpleDHT.h"
int SimpleDHT::read(int pin, byte * ptemperature, byte * phumidity, byte pdata[40]) {
    int ret = SimpleDHTErrSuccess;
    float temperature = 0;
    float humidity = 0;
    if ((ret = read2(pin, &temperature, &humidity, pdata)) != SimpleDHTErrSuccess) {
        return ret;
    }
    if (ptemperature) {
        * ptemperature = (byte)(int)temperature;
    }
    if (phumidity) {
```

```
        * phumidity = (byte)(int)humidity;
    }
    return ret;
}
int SimpleDHT::confirm(int pin, int us, byte level) {
    int cnt = us / 10;
    if ((us % 10) > 0) {
        cnt++;
    }
    bool ok = false;
    for (int i = 0; i < cnt; i++) {
        delayMicroseconds(10);
        if (digitalRead(pin) != level) {
            ok = true;
            break;
        }
    }
    if (!ok) {
        return -1;
    }
    return SimpleDHTErrSuccess;
}
byte SimpleDHT::bits2byte(byte data[8]) {
    byte v = 0;
    for (int i = 0; i < 8; i++) {
        v += data[i] << (7 - i);
    }
    return v;}
int SimpleDHT::parse(byte data[40], short * ptemperature, short * phumidity) {
    short humidity = bits2byte(data);
    short humidity2 = bits2byte(data + 8);
    short temperature = bits2byte(data + 16);
    short temperature2 = bits2byte(data + 24);
    byte check = bits2byte(data + 32);
    byte expect = (byte) humidity + (byte) humidity2 + (byte) temperature + (byte)
temperature2;
    if (check != expect) {
        return SimpleDHTErrDataChecksum;
    }
    * ptemperature = temperature << 8 | temperature2;
    * phumidity = humidity << 8 | humidity2;
    return SimpleDHTErrSuccess;
}
int SimpleDHT22::read2(int pin, float * ptemperature, float * phumidity, byte pdata[40]) {
    int ret = SimpleDHTErrSuccess;
    byte data[40] = {0};
    if ((ret = sample(pin, data)) != SimpleDHTErrSuccess) {
```

```
        return ret;
    }
    short temperature = 0;
    short humidity = 0;
    if ((ret = parse(data, &temperature, &humidity)) != SimpleDHTErrSuccess) {
        return ret;
    }
    if (pdata) {
        memcpy(pdata, data, 40);
    }
    if (ptemperature) {
        *ptemperature = (float)((temperature & 0x8000 ? -1 : 1) * (temperature & 0x7FFF))
/ 10.0;
    }
    if (phumidity) {
        *phumidity = (float)humidity / 10.0;
    }
    return ret;
}
int SimpleDHT22::sample(int pin, byte data[40]) {
    memset(data, 0, 40);
    pinMode(pin, OUTPUT);
    digitalWrite(pin, LOW);
    delayMicroseconds(1000);
    digitalWrite(pin, HIGH);
    pinMode(pin, INPUT);
    delayMicroseconds(40);
    if (confirm(pin, 90, LOW)) {
        return SimpleDHTErrStartLow;
    }
    if (confirm(pin, 90, HIGH)) {
        return SimpleDHTErrStartHigh;
    }
    for (int j = 0; j < 40; j++) {
        if (confirm(pin, 60, LOW)) {
            return SimpleDHTErrDataLow;
        }
        bool ok = false;
        int tick = 0;
        for (int i = 0; i < 8; i++, tick++) {
            if (digitalRead(pin) != HIGH) {
                ok = true;
                break;
            }
            delayMicroseconds(10);
        }
        if (!ok) {
```

```
            return SimpleDHTErrDataRead;
        }
        data[j] = (tick > 3? 1:0);
    }
    if (confirm(pin, 60, LOW)) {
        return SimpleDHTErrDataEOF;
    }
    return SimpleDHTErrSuccess;
}
```

17.2.2　浇水模块

1. 功能介绍

土壤湿度传感器 YL-56 通过阈值比较器将采集到的土壤湿度和设定好的两个高低阈值进行比较，当湿度值大于高阈值时，比较器的 DO 引脚输出高电平使得继电器断开，水泵不工作；当湿度值低于低阈值时，比较器的 DO 引脚输出低电平使得继电器吸合，水泵开始工作；另外，设置了环境温度过高时的预防措施，当环境温度高于设定耐受温度时，水泵停止浇水。元件包括 DHT22、Arduino 开发板、水泵、YL-56、继电器和导线若干，电路如图 17-5 所示。

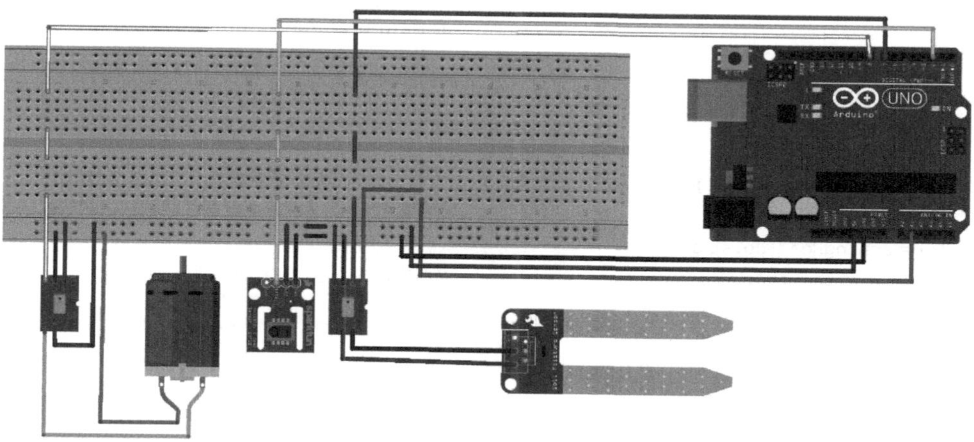

图 17-5　浇水模块电路图

2. 相关代码

```
#include <SimpleDHT.h>
SimpleDHT22 dht22;
#define pinDHT22 2
#define Moisture A1
#define DO 7
#define Waterpump 8
float temperature = 0;
```

```
float humidity = 0;
int Moi = 0;
int Sign = 0;
byte data[40] = {0};
void setup()
{
  Serial.begin(9600);                                   //设置波特率
  pinMode(Moisture, INPUT);                             //采集土壤湿度作为具体值输入
  pinMode(DO, INPUT);                                   //采集土壤湿度作为高低指标
  pinMode(Waterpump,OUTPUT);
}
void loop()
{
  Serial.println("\n");
  Serial.println("Read sensor: ");
  int err = SimpleDHTErrSuccess;
  if((err = dht22.read2(pinDHT22,&temperature,&humidity,data))!= SimpleDHTErrSuccess)
  {
    Serial.print("Read DHT22 failed, err = ");
    Serial.println(err);
    delay(2000);
    return;
  }                                                     //调用函数读取数据并进行判断是否有效
  u8g.firstPage();
  do
 {
    draw();
  } while( u8g.nextPage() );
  delay(200);                                           //调用 draw 函数将数据显示在 OLED 上
  Moi = analogRead(Moisture);
  Sign = digitalRead(DO);                               //读取土壤湿度传感器的数据
  if(temperature >= 40.00)
  {
    digitalWrite(Waterpump,LOW);
  }                                                     //进行温度判断,高于温度高阈值停止浇水
  else
  {
  if(Moi > 680&&Sign == 1)                              //进行湿度判断
    {
      digitalWrite(Waterpump,LOW);
     }                                                  //高于湿度高阈值控制水泵停止浇水
  else if(Moi < 300&&Sign == 0)
    {
      digitalWrite(Waterpump,HIGH);
    }                                                   //低于湿度低阈值开始浇水
  }
  Serial.print("Moisture = ");
```

```
    Serial.println(Moi);
    Serial.print("Signal = ");
    Serial.println(Sign);                         //串口显示土壤湿度值和继电器电平信号
    delay(1000);
  }
```

17.2.3 网络模块

1. 功能介绍

ESP8266 将 DHT22 采集到的温度和湿度值转换成 JSON 格式后，通过建立 TCP 透传协议将打包后的数据流传输到 OneNET 云平台。在创建的应用中可以看到实时温湿度变化趋势，通过触发器设置的温度达到预警值时，向用户绑定的邮箱发送预警邮件。元件包括 ESP8266 模块、Arduino 开发板、红色 LED 和导线若干，电路如图 17-6 所示。

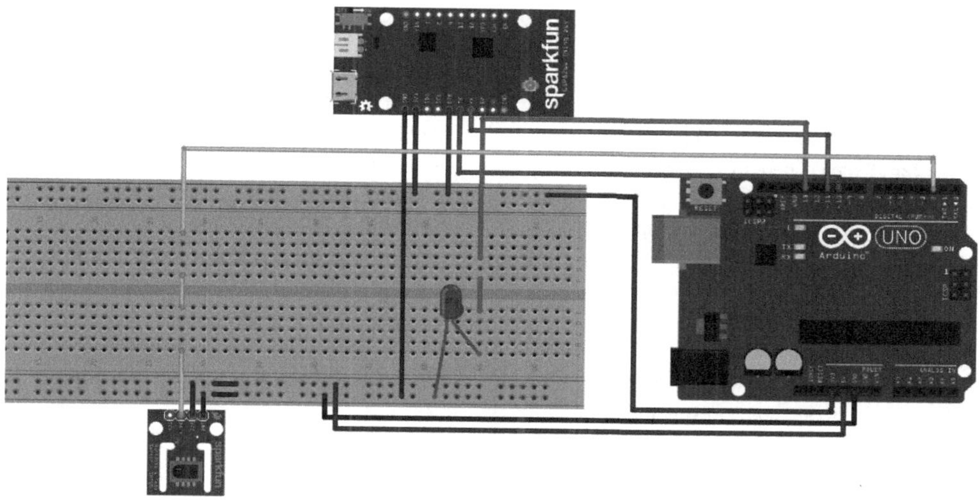

图 17-6 网络模块电路图

2. 相关代码

```
#include <SimpleDHT.h>                        //DHT22 数字传感器库文件
#include <TimerOne.h>                         //计时器库文件
#include <HttpPacket.h>                       //HTTP 抓包库文件
#include <ArduinoJson.h>                      //JSON 格式转换库文件
#include <SoftwareSerial.h>                   //WiFi 软串口库文件
#include <avr/pgmspace.h>                     //定义数据分配到 ROM 的库文件
SimpleDHT22 dht22;
#define pinDHT22 2
HttpPacketHead packet;
#define DebugSerial Serial                    //定义 Debug 串口
SoftwareSerial ESP8266Serail(10, 11);         //配置数字口 10、11 为软串口，分别对应 RX、TX
```

```
#define Success 1U
#define Failure 0U
char L = 13;                                        //测试 ESP8266 是否正常通信的 LED 指示灯引脚
unsigned long Time_Cont = 0;                        //定时计数器
const unsigned int esp8266RxBufferLength = 600;
char esp8266RxBuffer[esp8266RxBufferLength];
unsigned int ii = 0;
const char OneNetServer[] PROGMEM = "api.heclouds.com";   //OneNET 云平台 IP
const char ssid[] PROGMEM = "AuraMIXdopE";          //路由器用户名
const char password[] PROGMEM = "19891213";         //路由器密码
const char device_id[] PROGMEM = "32143490";        //云平台产品设备 ID
const char API_KEY[] PROGMEM = "wjsYl4FSYpd5=MWDswpEycVLRJg=";
//云平台产品 API_KEY
const char sensor_id1[] PROGMEM = "Temperature"; //传感器数据流 - 温度
const char sensor_id2[] PROGMEM = "Humidity";   //传感器数据流 - 湿度
void setup()
{
  pinMode(L, OUTPUT);                               //定义 LED 指示灯的信号输出
  digitalWrite(L, LOW);                             //初始化 LED 指示灯信号为低电平
  DebugSerial.begin(9600);                          //设定 Debug 串口波特率
  ESP8266Serail.begin(115200);                      //设定数据传输串口波特率
  initEsp8266();                                    //初始化 ESP8266
  DebugSerial.println(F("setup end!"));             //串口显示成功启动信号
}
void loop()
{
  Serial.println(F("\n"));
  Serial.println(F("Read sensor: "));
  int err = SimpleDHTErrSuccess;
  if ((err = dht22.read2(pinDHT22, &temperature, &humidity, data))
!= SimpleDHTErrSuccess)
  {
    Serial.print(F("Read DHT22 failed, err="));
    Serial.println(err);
    delay(2000);
    return;
  }                                                 //调用函数读取数据并进行判断是否有效
 Serial.print(F("Humidity: "));
  Serial.print((float)humidity);
  Serial.println(F("RH%"));
  Serial.print(F("Temperature: "));
  Serial.print((float)temperature);
  Serial.println(F("*C"));
  delay(1000);                                      //在串口中显示温湿度数据
  }                                                 //进行温度判断,高于温度高阈值停止浇水
  else
  {
```

```
  if(Moi > 680&&Sign == 1)                          //进行湿度判断
    {
      digitalWrite(Waterpump,LOW);
     }                                               //高于湿度高阈值控制水泵停止浇水
  else if(Moi < 300&&Sign == 0)
    {
      digitalWrite(Waterpump,HIGH);
    }                                                //低于湿度低阈值开始浇水
  }
  Serial.print(F("Moisture = "));
  Serial.println(Moi);
  Serial.print(F("Signal = "));
  Serial.println(Sign);                              //串口显示土壤湿度值和继电器电平信号
  delay(1000);
  ESP8266Serail.println();
  ESP8266Serail.println();                           //发送数据到 OneNET
  postDataToOneNet(API_KEY,device_id,sensor_id1,temperature);
  delay(100);
  postDataToOneNet(API_KEY,device_id,sensor_id2,humidity);
  delay(5000);
}
void postDataToOneNet(char * API_VALUE_temp,char * device_id_temp,
char * sensor_id_temp,double thisData)
{
    //合成 POST 请求
    StaticJsonBuffer < 200 > jsonBuffer;
    JsonObject& value = jsonBuffer.createObject();
    value["value"] = thisData;
    JsonObject& id_datapoints = jsonBuffer.createObject();
    id_datapoints["id"] = sensor_id_temp;
    JsonArray& datapoints = id_datapoints.createNestedArray("datapoints");
    datapoints.add(value);
    JsonObject& myJson = jsonBuffer.createObject();
    JsonArray& datastreams = myJson.createNestedArray("datastreams");
    datastreams.add(id_datapoints);
    char p[200];
    int num = myJson.printTo(p, sizeof(p));
    packet.setHostAddress(OneNetServer);
    packet.setDevId(device_id_temp);                 //设定设备 ID
    packet.setAccessKey(API_VALUE_temp);             //设定 API_KEY
    //packet.setDataStreamId("< datastream_id >"); //数据流 ID
    //packet.setTriggerId("< trigger_id >");
    //packet.setBinIdx("< bin_index >");
    //创建有关添加数据点的 http 信息
    packet.createCmdPacket(POST, TYPE_DATAPOINT, p);
    //if (strlen(packet.content))
    //Serial.print(packet.content);
```

```
    //Serial.print(p);
    int httpLength = strlen(packet.content) + num;
    //连接服务器
    char cmd[400];
    memset(cmd, 0, 400);                              //清空 cmd
    strcpy(cmd, "AT + CIPSTART = \"TCP\",\"");
    strcat(cmd, OneNetServer);
    strcat(cmd, "\",80\r\n");
    if (sendCommand(cmd, "CONNECT", 7, 10000, 5) == Success);
    else ESP8266_ERROR(1);
    //发送数据
    memset(cmd, 0, 400);                              //清空 cmd
    sprintf(cmd, "AT + CIPSEND = %d\r\n", httpLength);
    if (sendCommand(cmd, ">", 1, 3000, 1) == Success);
    else ESP8266_ERROR(2);
    memset(cmd, 0, 400);                              //清空 cmd
    strcpy(cmd, packet.content);
    strcat(cmd, p);
    if (sendCommand(cmd, "\"succ\"}", 7, 3000, 3) == Success);
    else ESP8266_ERROR(3);
    if (sendCommand("AT + CIPCLOSE\r\n", "CLOSED", 6, 3000, 1) == Success);
    else ESP8266_ERROR(4);
}
void initEsp8266()
{
    //确定 WiFi 模块通信正常
    if (sendCommand("AT\r\n", "OK", 2, 3000, 10) == Success);
    else ESP8266_ERROR(5);
    //重启模块
    if (sendCommand("AT + RST\r\n", "ready", 5, 10000, 10) == Success);
    else ESP8266_ERROR(6);
    //设置 ESP8266 为 Station 和 AP 共存模式
    if (sendCommand("AT + CWMODE = 1\r\n", "OK", 2, 3000, 10) == Success);
    else ESP8266_ERROR(7);
    //测试客户端模式
    char cmd[50];
    strcpy(cmd, "AT + CWJAP = \"");
    strcat(cmd, ssid);
    strcat(cmd, "\",\"");
    strcat(cmd, password);
    strcat(cmd, "\"\r\n");
    //查询 IP
    if (sendCommand(cmd, "OK", 2, 20000, 10) == Success);
    else ESP8266_ERROR(8);
    //设置单链接
    if (sendCommand("AT + CIPMUX = 0\r\n", "OK", 2, 3000, 10) == Success);
    else ESP8266_ERROR(9);
```

```
    //设置 TCP 透传模式
    if (sendCommand("AT + CIFSR\r\n", "OK", 2, 20000, 10) == Success);
    else ESP8266_ERROR(10);
}
void( * resetFunc) (void) = 0;                    //重启命令
void ESP8266_ERROR(int num)                       //检查数据传输是否成功
{
    DebugSerial.print(F("ERROR"));
    DebugSerial.println(num);
    while (1)
    {
        digitalWrite(L, HIGH);
        delay(300);
        digitalWrite(L, LOW);
        delay(300);
        if (sendCommand("AT\r\n", "OK", 2, 100, 10) == Success)
        {
            DebugSerial.print(F("\r\nRESET!!!!!!\r\n"));
            resetFunc();
        }
    }
}
unsigned int sendCommand(char * Command, char * Response, unsigned int Res_Length, unsigned
long Timeout, unsigned char Retry)
{
    clrEsp8266RxBuffer();
    for (unsigned char n = 0; n < Retry; n++)
    {
        //检查 AT 指令是否成功发送
        DebugSerial.print(F("\r\nsend AT Command:\r\n-- -- -- -- --\r\n"));
        DebugSerial.write(Command);
        ESP8266Serail.write(Command);
        //启用计时器进行数据传输的速度设置
        Time_Cont = 0;
        while (Time_Cont < Timeout)
        {
            esp8266ReadBuffer();
            if ((mystrstr(esp8266RxBuffer, Response, ii, Res_Length)) != NULL)
            {
                DebugSerial.print(F("\r\nreceive AT Command:\r\n== == == == ==\r\n"));
                DebugSerial.print(esp8266RxBuffer); //输出接收到的信息
                clrEsp8266RxBuffer();
                return Success;
            }
        }
        Time_Cont = 0;
    }
```

```
        //成功接收到数据后在串口显示
        //DebugSerial.print(F("\r\nreceive AT Command:\r\n== == == == ==\r\n"));
        //DebugSerial.print(esp8266RxBuffer);
        clrEsp8266RxBuffer();
        return Failure;
    }
unsigned char mystrstr(char * s, char * t, unsigned int Length_s, unsigned int Length_t)
{   char x = 0; char * p; p = t;
    int i = 0, j = 0;
    for (; i < Length_s; s++, i++)
    {
        while ( * t ==  * s)
        {   s++; t++; i++; j++;
            if (j >= Length_t) return 1;
        }
        s -= j;
        t = p; j = 0;
    }
    return NULL;
}
void Timer1_handler(void)
{
    Time_Cont++;
}
void esp8266ReadBuffer() {
    while (ESP8266Serail.available())
    {
        esp8266RxBuffer[ii++] = ESP8266Serail.read();
        if (ii == esp8266RxBufferLength)clrEsp8266RxBuffer();
    }
}
void clrEsp8266RxBuffer(void)
{
    memset(esp8266RxBuffer, 0, esp8266RxBufferLength);  //清空
    ii = 0;
}
```

17.3 产品展示

产品整体外观如图 17-7 所示，中间为 OLED 显示屏部分，能实时显示温湿度数据、空气指数和空气质量等级，左边是继电器，连接着水泵，右边的盒子里放置着温湿度传感器和阈值比较器，显示屏下方是粉尘传感器，上方为 Arduino 开发板，ESP8266 和指示用 LED 与其相连。

图 17-7　产品整体外观图

17.4　元件清单

完成本项目所用到的元件及其数量如表 17-2 所示。

表 17-2　元件清单

元件/测试仪表	数量
面包板	1 个
ESP8266-01	1 个
DHT22 温湿度传感器	1 个
10kΩ 电阻	1 个
RED-LED	1 个
导线	若干
Arduino UNO 开发板	1 个
GP2Y1014AU 粉尘传感器	1 个
0.96 英寸 OLED 显示屏	1 个
150Ω 电阻	1 个
220uF 电容	1 个
YL-69 土壤湿度传感器	1 个
阈值电压比较器	1 个
继电器	1 个
水泵	1 个
橡胶管	1 个

第 18 章

智能浇花装置项目设计[①]

本项目通过土壤湿度模块检测值控制整个装置的开关，使用 ESP8266 模块将数据传输至云平台，附带低水位报警功能，可实现智能浇花。

18.1 功能及总体设计

本项目通过土壤湿度检测模块控制水泵的开关，并将数据通过 WiFi 模块传至云平台，水位传感器模块用于检测剩余水量，在水位过低时通过 LED 发出补水警告，LCD 显示屏用于显示土壤湿度和水位高度的实时监测值。

要实现上述功能需将作品分成三部分进行设计，即土壤湿度的检测与控制、智能浇水与报警和数据传输。土壤湿度的检测通过传感器模块实现；智能浇水与报警功能通过水泵、水位传感器模块和 LED 实现；数据传输通过 ESP8266 模块实现，同时 LCD 屏幕也会显示实时数据值。

1. 整体框架图

整体框架如图 18-1 所示。

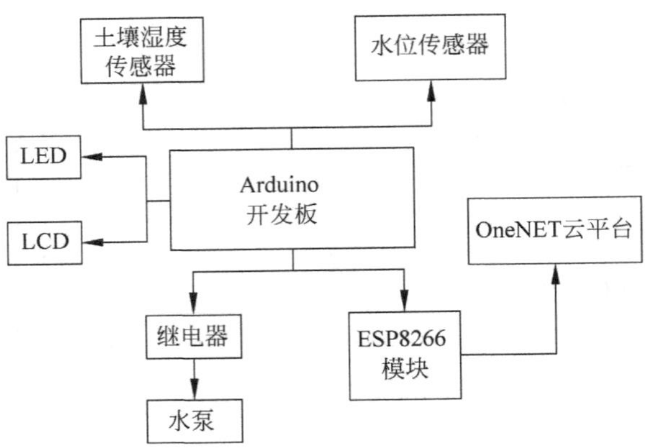

图 18-1 整体框架图

① 本章根据王琪滢、常司琪的项目设计整理而成。

2. 系统流程图

系统流程如图 18-2 所示。

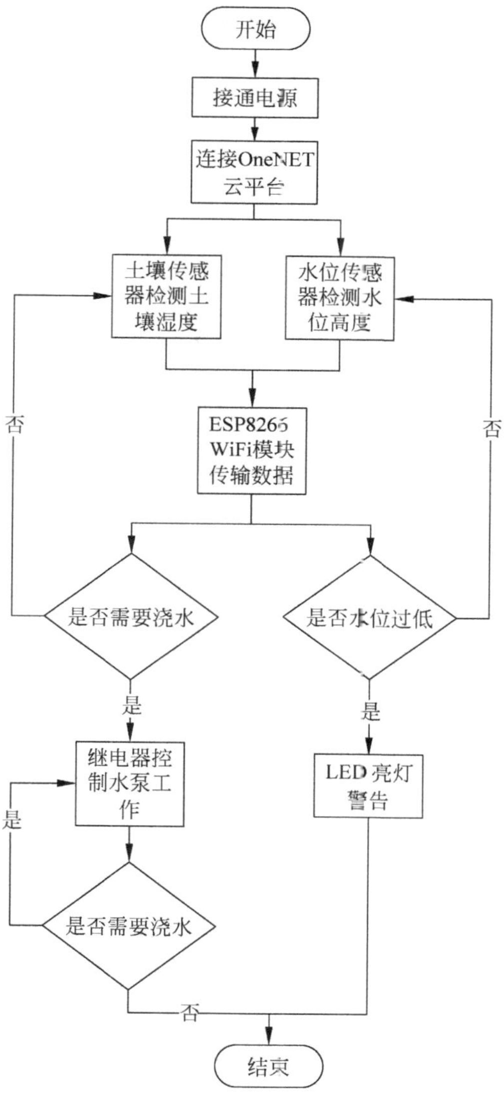

图 18-2 系统流程图

土壤湿度和水位高度的检测值会实时传输至云平台，当土壤湿度的检测值低于标准值开始浇水，水位过低发出补水警告；当高于标准值关闭继电器和水泵，继电器工作时每隔 3s 断开一次，以类似滴灌的方式实现绿色节能节水。

3. 总电路图

系统总电路如图 18-3 所示，引脚连接如表 18-1 所示。

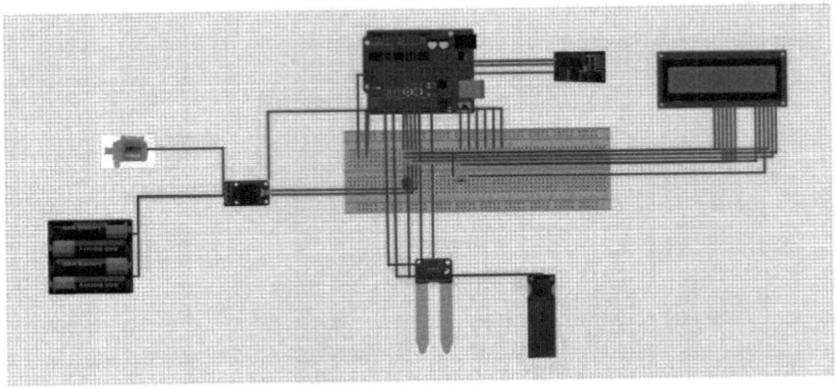

图 18-3　总电路图

表 18-1　引脚连接表

元件及引脚名		Arduino 开发板引脚
继电器	G	GND
	V	5V
	S	6
土壤湿度传感器	G	GND
	V	5V
	A0	A2
	D0	4
水位传感器	+	5V
	—	GND
	S	A0
发光二极管	+	9
	—	GND
ESP8266	UTXD	2
	CH_PD	3V3
	VCC	3V3
	URXD	3
	GND	GND
LCD	1	GND
	2	5V
	3	5
	4	7
	5	8
	6	10
	7	11
	8	GND
	9	12
	10	GND
	11	5V
	12	GND

18.2　模块介绍

本项目主要包括土壤湿度检测模块、数据传输与显示模块和智能浇水与报警模块，下面分别给出各模块的功能介绍及相关代码。

18.2.1　土壤湿度检测模块

本部分内容包括土壤湿度传感器模块的功能介绍及相关代码。

1. 功能介绍

土壤湿度传感器可以根据土壤中水分含量的多少判定湿度大小，其探头埋在土壤中靠近植物根部的位置，土壤中水分含量不同，输出模拟量就不同，将模拟量与标准值对比，构成判断是否浇水的条件。元件包括土壤湿度传感器模块、Arduino 开发板、面包板和导线若干，电路连接如图 18-4 所示。

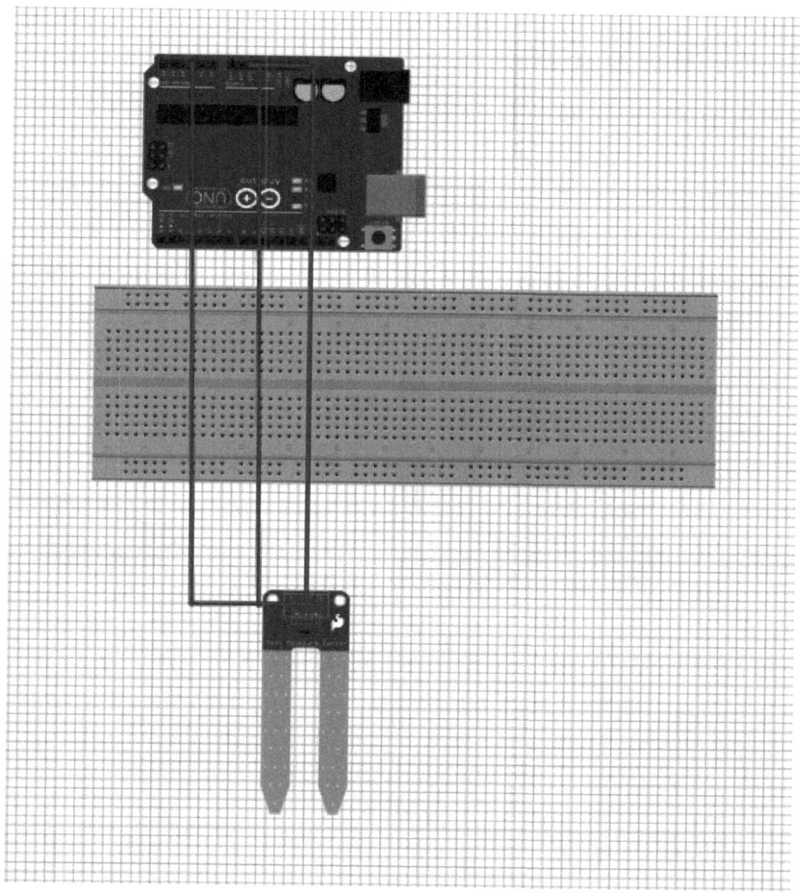

图 18-4　土壤传感器与 Arduino 开发板连线图

2. 相关代码

```
//土壤湿度检测模块
#define PIN_AO 2                                //土壤湿度传感器接线
#define PIN_DO 4
void setup() {
  Serial.begin(115200);
  pinMode(PIN_AO, INPUT);                       //土壤
  pinMode(PIN_DO, INPUT);
  delay(1000);
}
void loop() {
Serial.print("PIN_AO = ");
  Serial.print(analogRead(PIN_AO));             //值越大说明土壤湿度越小
  Serial.print(", PIN_DO = ");
  Serial.println(digitalRead(PIN_DO));
  delay(500);
}
```

18.2.2 传输与显示模块

本部分内容包括 ESP8266 模块和 LCD 模块的功能介绍及相关代码。

1. 功能介绍

本部分将土壤湿度传感器和水位传感器检测到的数据值通过 ESP8266 模块传输到 Arduino 开发板的 RX 软串口，编译程序后，开发板软串口收到指定字符，并等待开关被按下开发板执行输出模块。元件包括 ESP8266 模块、Arduino 开发板和导线若干，电路如图 18-5 所示；两项数据可通过 LCD 显示屏进行显示，电路如图 18-6 所示。

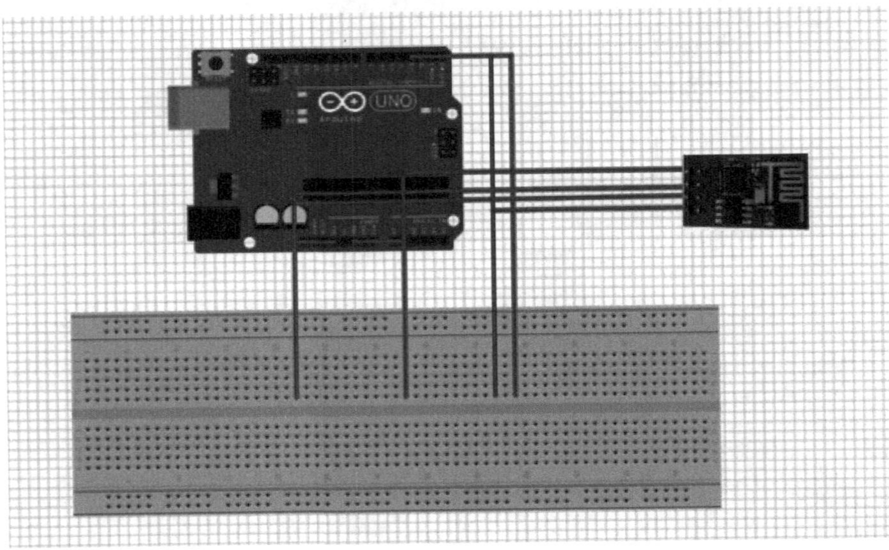

图 18-5　ESP8266 模块与 Arduino 开发板连线图

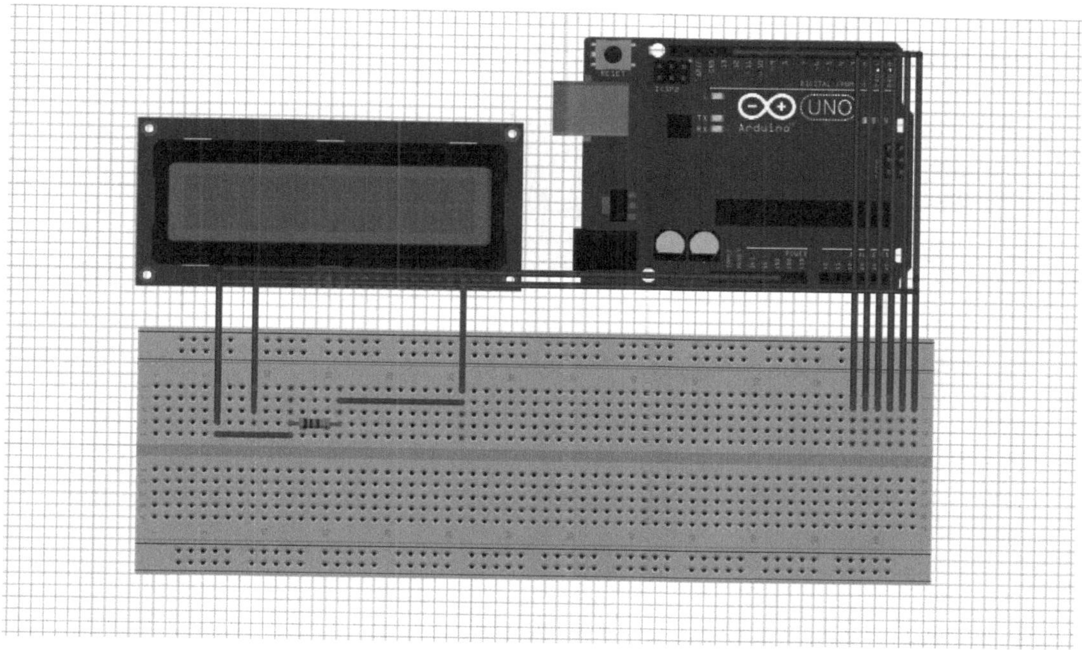

图 18-6　LCD 与 Arduino 开发板连线图

本项目使用 OneNET 平台接入网络，OneNET 作为一个开放免费的公共物联网接入平台，目的是服务所有的爱好者和开发者，下面介绍 OneNET 平台的使用方法。

(1) 第一步：登录 https://open.iot.10086.cn/，进入页面如图 18-7 所示，注册账号并激活。

图 18-7　登录成功界面

(2) 第二步：创建产品。单击图 18-7 右上角的“开发者中心”，进入如图 18-8 所示的创建产品页面，填写要创建的相关信息。

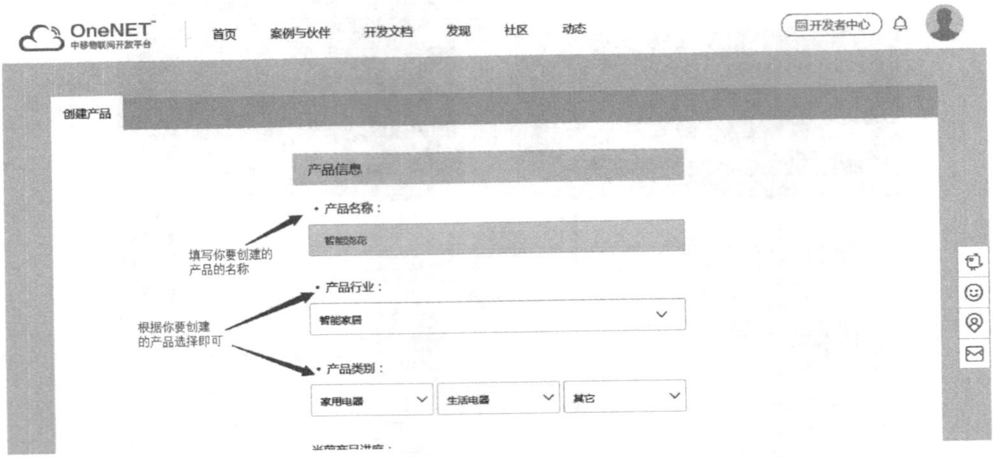

图 18-8 创建产品界面

根据项目具体情况设置技术参数，如图 18-9 所示。

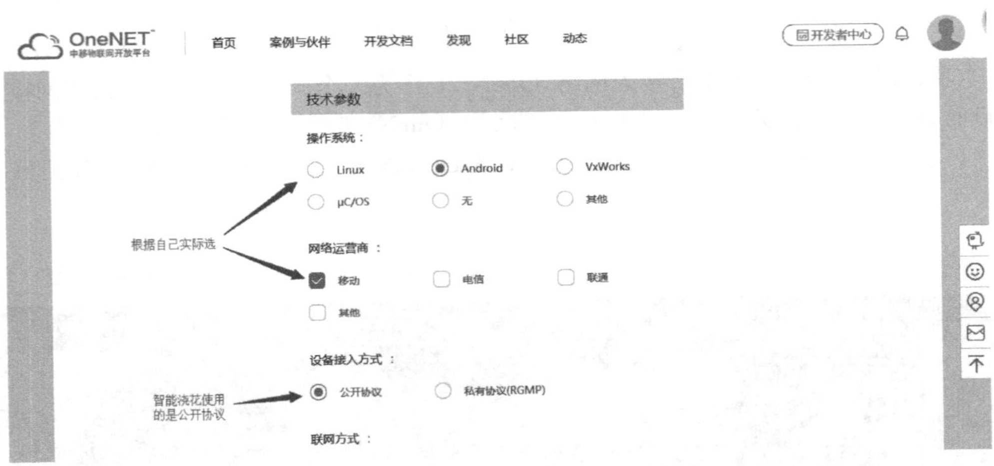

图 18-9 技术参数设置界面

(3) 第三步：添加设备。出现如图 18-10 所示的创建产品成功窗口后，单击“立即添加设备”。

在如图 18-11 所示的接入设备界面内填写具体信息后单击“接入设备”，即完成此操作。

(4) 第四步：添加数据点。在最左侧工具栏中选择“设置数据流”，如图 18-12 所示。

在弹窗中填写所需的数据流名称、单位名称及单位符号，填写完毕后单击“添加”按钮，如图 18-13 所示。

图 18-10　产品设置成功界面

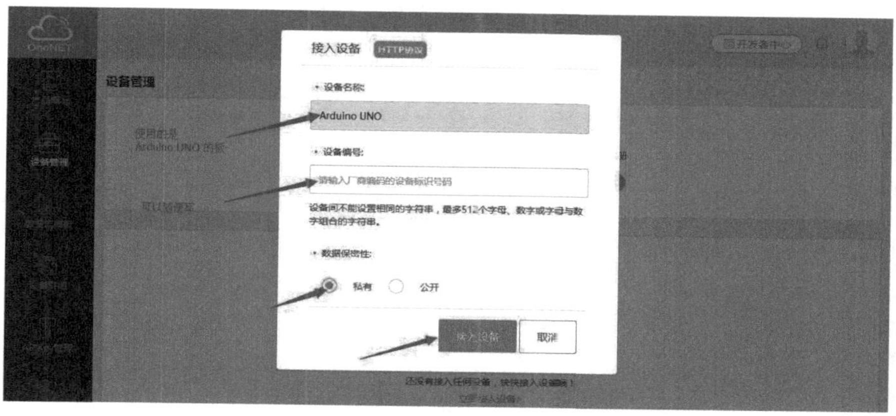

图 18-11　接入设备界面

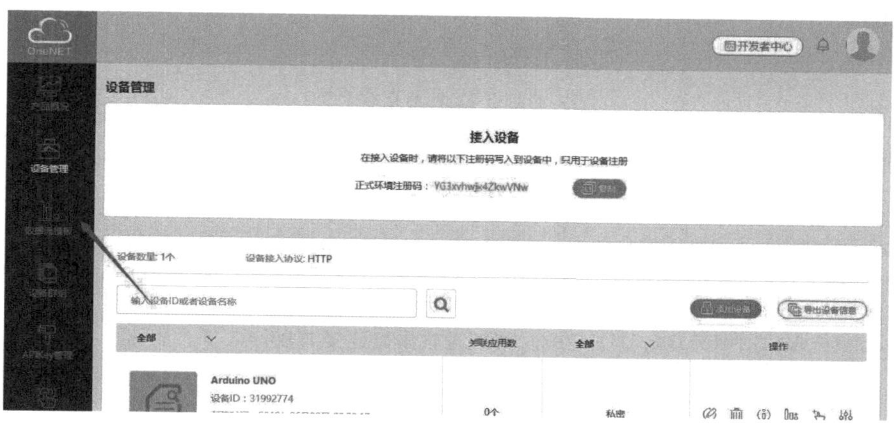

图 18-12　设置数据流界面

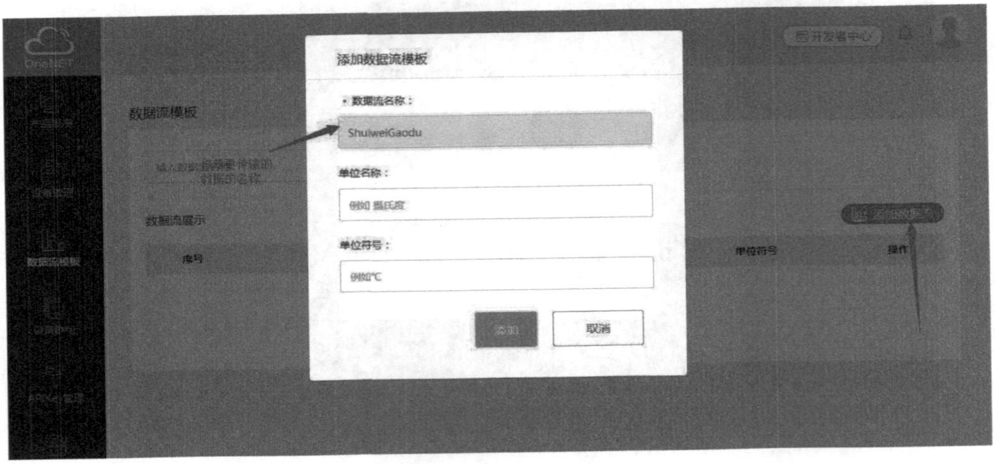

图 18-13 数据流模板填写界面

上传代码连接热点成功后，可以在如图 18-14 所示界面中查看设备传输的数据。

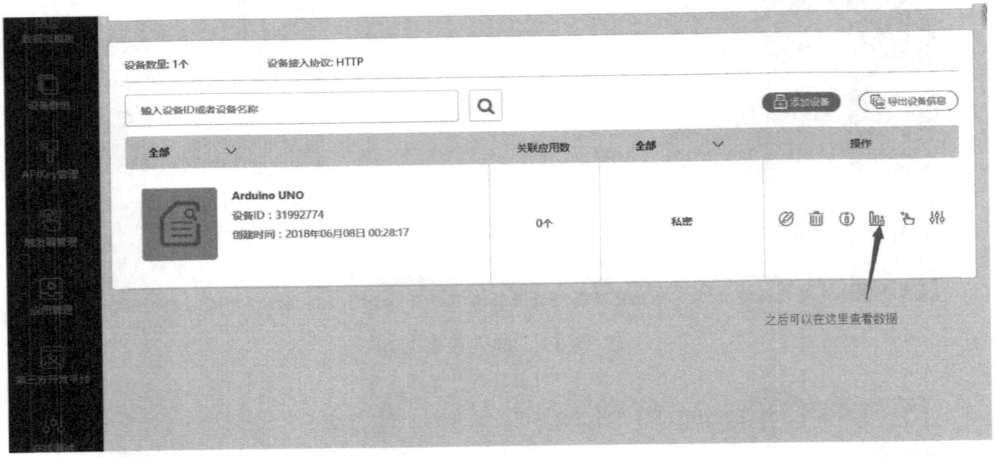

图 18-14 数据流查看界面

2. 相关代码

```
//ESP8266 模块
#include <SoftwareSerial.h>
String Tem = "{\"datastreams\":[{\"id\":\"sys_time\",\"datapoints\":\r\n[{\"value\":
20}]}]}\r\n\r\n";
SoftwareSerial mySerial(2, 3); //RX, TX 通过软串口连接 ESP8266
void echo(){
  delay(50);
  while (mySerial.available()) {
  Serial.write(mySerial.read());
```

```
    }
  }
  void post(){
    mySerial.println("AT + CIPMODE = 1");
    echo();
    mySerial.println("AT + CIPSTART = \"TCP\",\"183.230.40.33 \",80");
    //连接服务器的 80 端口
    delay(1000);
    echo();
    mySerial.println("AT + CIPSEND"); //进入 TCP 透传模式,接下来所有消息都会发送给服务器
    echo();
    mySerial.print("POST /devices/31327323/datapoints"); //开始发送 post 请求
    mySerial.print(" HTTP/1.1\r\nHost: api.heclouds.com \r\napi - key: iptjx =
paKpVspQ1lbqB0UumcFTE = \r\nConnection:true\r\nContent - Length:"); //post 请求的报文格式
    mySerial.print(Tem.length());                    //需要计算 post 请求的数据长度
    mySerial.print("\r\n\r\n");
    mySerial.println(Tem);                           //结束 post 请求
    Serial.println(mySerial.read());
    delay(3000);
    echo();
    mySerial.print("++ + ");                         //退出 TCP 透传模式,用 println 会出错
    Serial.print("\r\n");
    delay(2000);
  }
  void setup() {
    Serial.begin(115200);
    while (!Serial) {
    } mySerial.begin(115200);
    mySerial.println("AT + RST");                    //初始化重启一次 ESP8266
    delay(1500);
    echo();
    mySerial.println("AT");
    echo();
    delay(500);
    mySerial.println("AT + CWMODE = 3");             //设置 WiFi 模式
    echo();
    mySerial.println("AT + CWJAP = \"WQY\",\"15810815659\""); //连接 WiFi
    echo();
    delay(10000);
  }
  void loop() {
    if (mySerial.available())
    {
      Serial.write(mySerial.read());
    }
    if (Serial.available())
    {
```

```
    mySerial.write(Serial.read());
  }
  post();
}
/ * 1.设置模块的工作模式为 AP 模式 AT + CWMODE = 2
2.复位 AT + RST
3.发送 AT + CIPMUX = 0 启动单连接
4.AT + CIPSTART = "TCP","192.168.4.2",8080
根据 TCP 协议连接计算机的 IP 地址及端口号 * /
//LCD 模块
#include <LiquidCrystal.h>
LiquidCrystal lcd(12,11,10,8,7,5);                //定义 LCD 脚位
double num,data;
void setup()
{
  pinMode(LED, OUTPUT);                           //设置 LED 为输出状态
  lcd.begin(16,2);                                //设置 LCD 显示的数目为 16 格 2 行
  lcd.print("Watering System");
  delay(1000);
}
void loop()
{
  TurangShidu = analogRead(PIN_A0);
  ShuiweiGaodu = data; lcd.clear();
  lcd.print("Watering System");
  lcd.setCursor(0,1);                             //光标设置(从 0 开始数起,line 0 显示第一
                                                  //行,line 1 显示第二行)
  lcd.print("S:");                                //开机后屏幕显示时间
  lcd.setCursor(2,1);
  lcd.print(analogRead(PIN_A0));
  lcd.setCursor(7,1);
  lcd.print("H:");
  lcd.setCursor(9,1);
  lcd.print(data);
  lcd.setCursor(12,1);
}
```

18.2.3 智能浇水及报警模块

本部分内容包括水位传感器模块、继电器、水泵、LED 的功能介绍及相关代码。

1. 功能介绍

继电器的开关受土壤湿度传感器检测值的控制，在土壤湿度过低时继电器开关打开，控制水泵给植物浇水，当土壤湿度足够时自动关闭，电路如图 18-15 所示。水位传感器用于检测水位高度，当水箱中水位过低时 LED 亮起，发出补水警告，防止植物无水可浇，电路如图 18-16 所示。

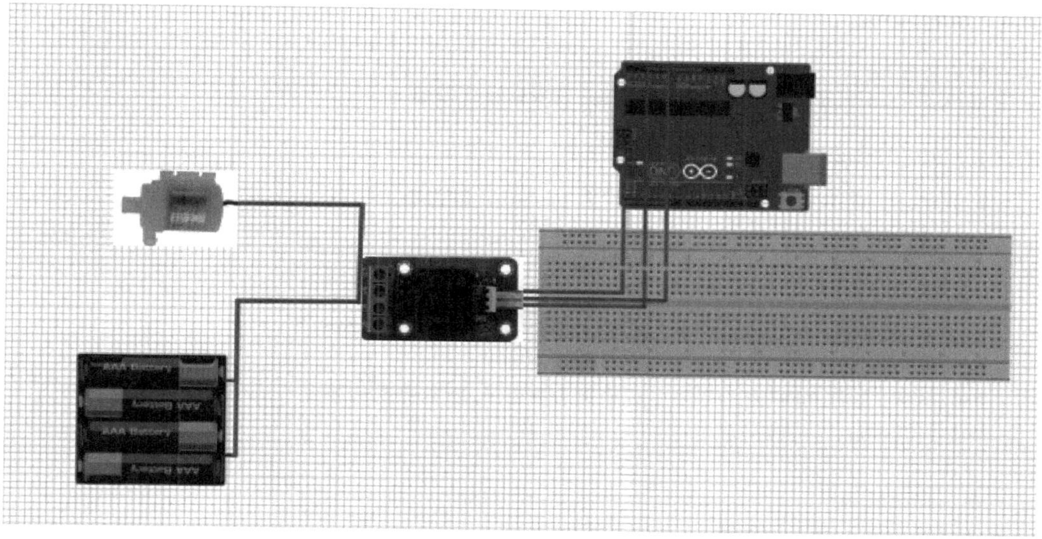

图 18-15 继电器与 Arduino 开发板连线图

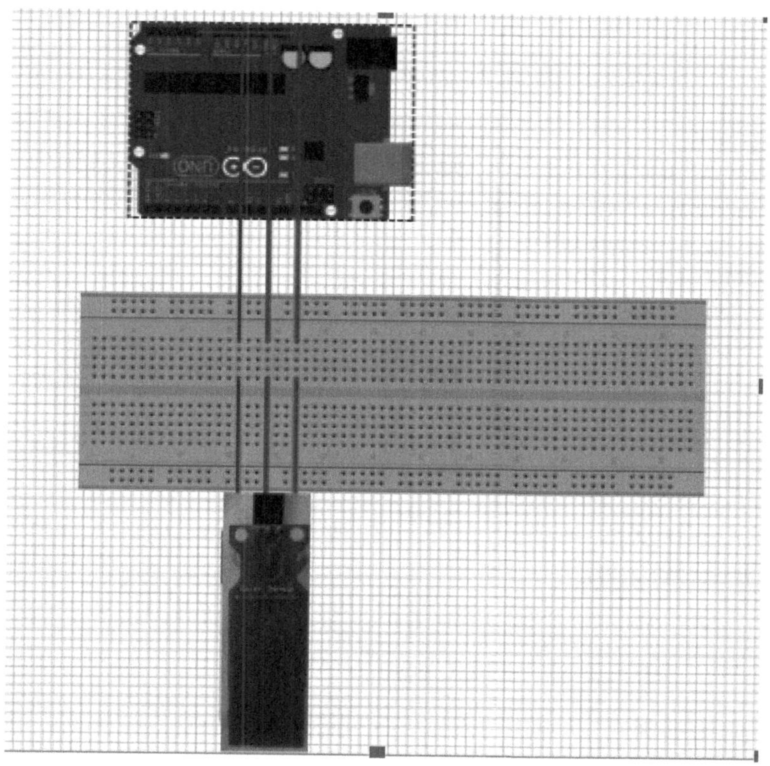

图 18-16 水位传感器与 Arduino 开发板连线图

2. 相关代码

```
//继电器模块
#define pinRelay 6                //继电器模块接线引脚 6
void setup() {
  Serial.begin(115200);
  pinMode(pinRelay, OUTPUT);      //设置 pinRelay 脚为输出状态
  delay(1000);
}
void loop() {
  digitalWrite(pinRelay,HIGH);    //输出 HIGH 电平,继电器模块断开
  delay(3000);                    //等待 3000ms
  digitalWrite(pinRelay,LOW);     //输出 LOW 电平,继电器模块闭合
  delay(3000);
}
//水位检测模块
#define LED 9//绿灯接引脚 9(水位报警)
void setup() {
Serial.begin(115200);
pinMode(LED, OUTPUT);             //设置 LED 为输出状态
delay(1000);
}
void loop() {
  double num,data;
  num = (long)analogRead(A0);
  data = (num/650) * 4;
  Serial.print("the depth is:");
  Serial.print(data);
  Serial.println("cm");           //最深能测 4cm
  delay(1000); double high = 1.00;
  if(data < high)                 //当传感器检测到水位< 1.00cm,绿色 LED 亮起
  {
   digitalWrite(LED,HIGH);
  }
  else
  {
   digitalWrite(LED,LOW);
  }
}
```

18.3 产品展示

产品整体外观如图 18-17 所示，内部结构如图 18-18 所示。

图 18-17 产品整体外观图

图 18-18 产品内部结构图

18.4 元件清单

完成本项目所用到的元件及其数量如表 18-2 所示。

表 18-2 元件清单

元件/测试仪表	数量
土壤湿度传感器	1 个
Arduino UNO 开发板	1 个
ESP8266 模块	1 个
LCD 显示屏	1 个
1.47 千欧电阻	1 个
LED	1 个
继电器	1 个
水泵	1 个
导线	若干
水位传感器	1 个

第 19 章

空调温度自动调节项目设计[①]

本项目基于 Arduino 开发板实现了空调温度的自动化调节，通过 OLED 可以实时显示、预设及改变室内温度。

19.1 功能及总体设计

本项目可以根据房间温度自动调节空调，从而尽量降低电量的消耗，通过周期性改变设定的温度，使空调长时间工作在合适的温度值，从而消耗更少的电量。

要实现上述功能需将作品分成三部分进行设计，即解码模块、显示模块和发射模块。解码模块使用 TSOP1738 解码来自空调遥控器的信号；显示模块可以显示室内温湿度及空调温度，使用 DHT11 传感器读取温湿度，并用 OLED 显示其取值；发射模块基于 Arduino 开发板设计算法设置空调温度，利用红外发射器将红外信号发送给空调执行，最终实现空调自动化调节的目的。

1. 整体框架图

整体框架如图 19-1 所示。

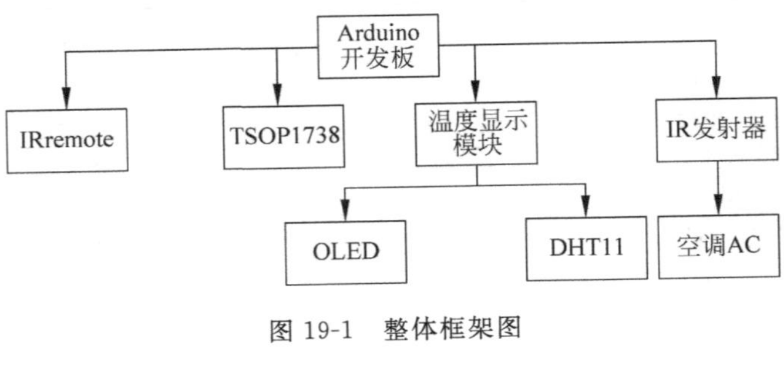

图 19-1　整体框架图

2. 系统流程图

系统流程如图 19-2 所示。

---

① 本项目根据张富同、罗宽座的项目设计整理而成。

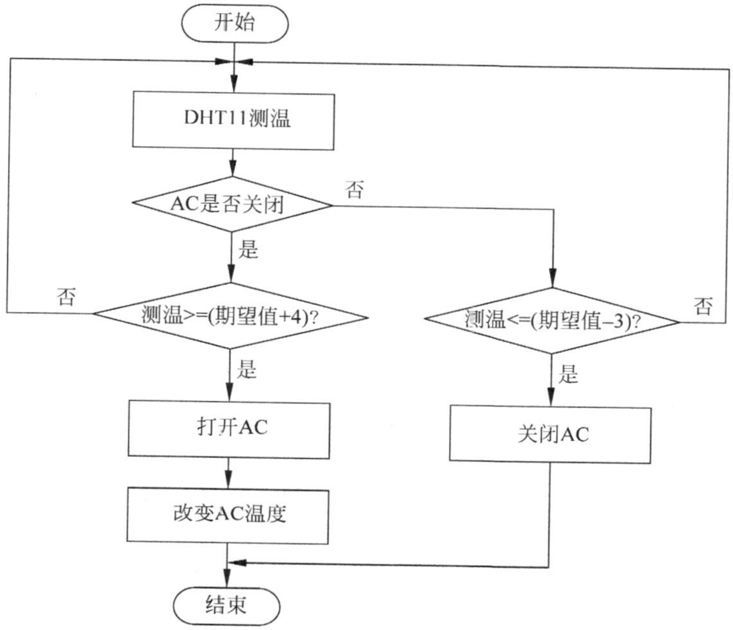

图 19-2　系统流程图

为了简化代码，设定了一个温度的期望值，即 Deisred_temp＝27。通过调查研究人体最适合的外界温度，设置了以下调节空调温度的操作：当测量温度大于或等于(期望值＋4)，打开空调；当测量温度小于或等于(期望值－3)，关闭空调；在二者之间的温度分别依据最适温度对应不同的设定值，具体参考总代码。

3. 总电路图

总电路如图 19-3 所示，引脚连接如表 19-1 所示。

表 19-1　引脚连接表

元件及引脚名	Arduino 开发板引脚
OLED-VCC	5V
OLED-GND	GND
OLED-D0	4
OLED-D1	3
OLED-RES	7
OLED-DC	5
OLED-CS	6
DHT11-VCC	5V
DHT11-GND	GND
DHT11-Dout	13

续表

元件及引脚名	Arduino 开发板引脚
TSOP-VCC	5V
TSOP-GND	GND
IR_LED-阳极	9
IR_LED-阴极	GND

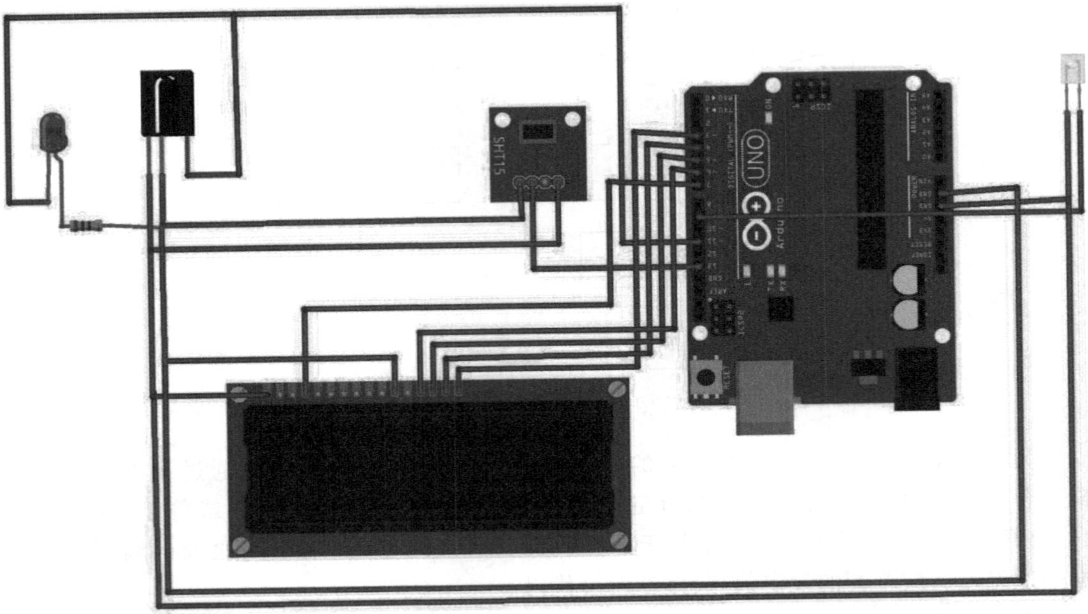

图 19-3　总电路图

19.2　模块介绍

本项目主要包括主程序模块、解码模块、显示模块和发射模块，下面分别给出各模块的功能介绍及相关代码。

19.2.1　主程序模块

本部分内容包括主程序模块的功能介绍及相关代码。

1. 功能介绍

主程序模块使用 TSOP1738 解码来自空调遥控器的各个温度所代表的代码，将其保存至程序并用数组名称代替，之后对温湿度传感器读取的代码进行比较，并把温度设置成合适的数值代码。

2. 相关代码

```
#include<IRremote.h>            //库文件
#include<SPI.h>
#include<Wire.h>
#include<Adafruit_GFX.h>
#include<Adafruit_SSD1306.h>
#include<Adafruit_Sensor.h>
#include"DHT.h"
#include<avr/pgmspace.h>        //调用动态内存
#define OLED_D1 3
#define OLED_D0 4
#define OLED_DC 5
#define OLED_CS 6
#define OLED_RES 7
Adafruit_SSD1306 display(OLED_D1,OLED_D0,OLED_DC,OLED_RES,OLED_CS);
#define SSD1306_LCDHEIGHT 64
#define DHTPIN 13               //传感器输出连接到引脚 13
#define DHTTYPE DHT11
DHT dht(DHTPIN,DHTTYPE);        //名为 dht 的传感器对象
#define Desired_temperature 27  //设定期望值为 27
//解码遥控器信号
const unsigned char ACoff[] PROGMEM = {4350,4350, 550,1600, 550,550, 550,1600, 550,1600,
500,550, 550,550, 550,1600, 500,550, 550,500, 600,1600, 550,500, 550,550, 550,1600, 550,
1600, 550,500, 550,1600, 550,550, 550,1600, 500,1650, 550,1600, 550,1600, 500,550, 550,
1600, 550,1600, 550,1600, 550,550, 550,500, 550,550, 500,550, 550,1600, 550,500, 600,500,
550,1600, 550,1600, 550,1600, 550,550, 550,500, 550,550, 550,500, 550,550, 550,500, 550,
550, 550,500, 550,1600, 550,1600, 550,1600, 550,1600, 550,1600, 550};
const unsigned int ACon[] PROGMEM = {4400,4350, 500,1650, 550,550, 500,1650, 500,1650, 500,
550, 550,550, 500,1650, 500,550, 550,550, 500,1650, 500,550, 550,550, 500,1650, 500,1650,
500,550, 550,1600, 550,550, 500,1650, 500,550, 550,1600, 550,1600, 500,1650, 550,1600,
500,1650, 550,1600, 550,500, 550,1650, 500,550, 550,550, 500,550, 550,550, 500,550, 550,
550, 500,550, 550,550, 500,550, 550,550, 500,550, 550,550, 500,550, 550,1600, 500,1650,
550,1600, 550,1600, 550,1600, 500,1650, 500,1650, 550,1600, 500};
const unsigned int Temp23[] PROGMEM = {4450,4300, 550,1600, 500,600, 500,1650, 500,1650,
500,550, 550,550, 500,1650, 500,550, 550,550, 500,1550, 500,550, 550,550, 500,1650, 500,
1650, 500,550, 550,1600, 550,550, 500,1600, 550,550, 550,1600, 550,1600, 550,1600, 500,
1650, 550,1600, 550,1600, 550,500, 550,1650, 500,550, 550,500, 550,550, 550,500, 550,550,
550,500, 550,1600, 550,550, 550,1600, 500,550, 550,550, 550,500, 550,550, 550,1600, 500,
550, 550,1600, 550,550, 550,1600, 550,1600, 550,1600, 500,1650, 550};
const unsigned int Temp24[] PROGMEM = {4400,4350, 500,1650, 550,500, 550,1650, 500,1650,
500,550, 550,500, 550,1650, 500,550, 500,550, 550,1650, 500,550, 550,500, 550,1600, 550,
1650, 500,550, 550,1600, 550,500, 550,1650, 500,550, 550,1600, 550,1600, 500,1650, 550,
1600, 500,1650, 550,1600, 550,500, 550,1600, 550,550, 550,500, 550,550, 550,500, 550,550,
550,500, 550,1600, 550,550, 550,500, 550,550, 550,500, 550,550, 550,500, 550,1600, 550,
```

```
550, 550,1600, 500,1650, 550,1600, 550,1600, 500,1650, 550,1600, 500};
const unsigned int Temp25[ ] PROGMEM = {4400,4350, 550,1600, 550,550, 550,1600, 500,1650,
500,550, 550,550, 550,1600, 550,500, 550,550, 550,1600, 500,550, 550,550, 550,1600, 500,
1650, 550,500, 550,1600, 550,500, 600,1600, 550,500, 550,1600, 550,1600, 550,1600, 550,
1600, 550,1600, 550,1600, 550,550, 550,1600, 550,500, 550,550, 550,500, 550,550, 500,550,
550,1600, 550,1600, 550,550, 550,500, 550,550, 550,500, 550,550, 550,500, 550,550, 550,
500, 550,1600, 550,1600, 550,1600, 550,1600, 550,1600, 550,1600, 500};
const unsigned int Temp26[ ] PROGMEM = {4400,4350, 550,1600, 500,550, 550,1600, 550,1600,
550,550, 550,500, 550,1600, 550,550, 550,500, 550,1600, 550,550, 550,500, 550,1600, 550,
1600, 550,550, 550,1600, 550,500, 550,1600, 550,550, 550,1600, 550,1600, 500,1650, 550,
1600, 550,1600, 500,1650, 550,500, 550,1600, 550,550, 550,500, 550,550, 550,500, 550,550,
500,1650, 500,1650, 550,500, 550,1600, 550,550, 500,550, 550,550, 550,500, 550,550, 500,
550, 550,1600, 500,600, 500,1650, 500,1650, 500,1650, 500,1650, 500};
const unsigned int Temp27[ ] PROGMEM = {4400,4350, 550,1600, 550,500, 550,1600, 550,1600,
550,550, 550,500, 550,1600, 550,550, 550,500, 550,1600, 550,550, 550,500, 550,1600, 550,
1600, 550,550, 550,1600, 550,500, 550,1600, 550,550, 550,1600, 500,1650, 550,1550, 550,
1650, 550,1600, 550,1600, 500,550, 550,1600, 550,550, 550,500, 550,550, 550,500, 550,550,
550,1600, 500,550, 550,550, 550,1550, 600,500, 550,550, 550,500, 550,550, 550,500, 550,
1600, 550,1600, 550,550, 500,1650, 500,1650, 500,1650, 500,1650, 500};
const unsigned int Temp28[ ] PROGMEM = {4400,4350, 550,1600, 500,550, 550,1600, 550,1600,
550,550, 550,500, 550,1600, 550,550, 550,500, 550,1600, 550,550, 550,500, 550,1600, 550,
1600, 550,500, 600,1600, 500,550, 550,1600, 550,550, 550,1600, 500,1650, 550,1600, 500,
1650, 550,1600, 500,1650, 550,500, 550,1600, 550,550, 550,500, 550,550, 550,500, 550,550,
550,1600, 550,500, 550,550, 550,500, 550,550, 550,500, 550,550, 550,500, 550,500, 600,
1600, 500,1650, 550,1600, 500,1650, 550,1600, 550,1600, 500,1650, 500};
const unsigned int Temp29[ ] PROGMEM = {4400,4350, 500,1650, 500,550, 550,1600, 550,1600,
550,550, 500,550, 550,1600, 550,550, 500,550, 550,1600, 550,550, 500,550, 550,1600, 550,
1600, 550,550, 500,1650, 500,550, 550,1600, 550,550, 550,1550, 550,1650, 500,1650, 500,
1650, 500,1650, 500,1650, 500,550, 550,1600, 550,550, 550,500, 550,550, 550,500, 550,550,
550,1600, 550,500, 550,1600, 550,550, 550,500, 550,550, 550,500, 550,550, 550,500, 550,
1600, 550,550, 550,1600, 500,1650, 550,1600, 550,1600, 500,1650, 550 };
const unsigned int Temp30[ ] PROGMEM = {4400,4350, 500,1650, 500,550, 550,1600, 550,1600,
550,550, 500,550, 550,1600, 550,550, 500,550, 550,1600, 550,550, 500,550, 550,1600, 550,
1600, 550,550, 500,1650, 500,550, 550,1600, 550,550, 500,1650, 500,1650, 500,1650, 500,
1650, 500,1650, 500,1650, 500,550, 550,1600, 550,550, 500,550, 550,550, 500,550, 550,550,
500,1650, 500,550, 550,1600, 550,1600, 550,550, 500,550, 550,550, 500,550, 550,550, 500,
1650, 500,550, 550,550, 500,1650, 500,1650, 500,1650, 500,1650, 500};
//改变遥控器
IRsend irsend;
int Measured_temp;
int Measured_Humi;
int AC_Temp;
char temp_error = 2;
int Pev_value;
boolean AC = false;
```

```
int khz = 38;                          //NEC 协议的 38kHz 载波频率
void setup()
{
Serial.begin(9600);
display.begin(SSD1306_SWITCHCAPVCC);
display.clearDisplay();
}
void loop() {
dht.read11(DHT11_PIN);                 //读取温度和湿度
  Measured_temp = dht.readTemperature() + temp_error;
  Measured_Humi = dht.readHumidity();
  //文本显示测试
  display.setTextSize(1);
  display.setTextColor(WHITE);
  display.setCursor(0,0);
  display.print("Temperature:");
  display.print(Measured_temp);
  display.println("C");
  display.setCursor(0,10);
  display.print("Humidity:");
  display.print(Measured_Humi);
  display.println(" % ");
  display.setCursor(0,20);
  display.print("AC Temp:");
  display.print(AC_Temp);
  display.println("C");
  display.display();
  delay(500);
  display.clearDisplay();
  if((Measured_temp <= (Desired_temperature - 3))&&AC == true)
  //如果 AC 打开并且测量温度小于或等于期望值
  {
  irsend.sendSony(ACoff,sizeof(ACoff)/sizeof(ACoff[0],khz));
  delay(2000);                         //发送信号关闭 AC
  AC_Temp = 0;
  AC = false;
}
if((Measured_temp >= Desired_temperature + 4&&AC == false))
//如果 AC 关闭并且测量温度大于或等于期望温度
{
irsend.sendSony(ACon,sizeof(ACon)/sizeof(ACon[0],khz));
delay(2000);                           //发送信号打开 AC
delay(2000);
irsend.sendRaw(Temp27,sizeof(Temp27)/sizeof(Temp27[0]),khz); //发送信号设置为 27℃
AC_Temp = 27;
```

```
AC = true;
}
if(Measured_temp!= Pev_value)
//只有当测量的电压值改变时温度才改变
{
  if(Measured_temp == Desired_temperature + 3)
  //如果 AC 处于 ON 状态并且测得的温度高于所需值
  {
   irsend.sendSony(Temp24,sizeof(Temp24)/sizeof(Temp24[0],khz));
   delay(2000);                      //发送信号设置为 24℃
   AC_Temp = 24;
   }
   if(Measured_temp == Desired_temperature + 2)
  //如果 AC 处于 ON 状态并且测得的温度高于所需值
  {
   irsend.sendSony(Temp25,sizeof(Temp25)/sizeof(Temp25[0],khz));
   delay(2000);                      //发送信号设置为 25℃
   AC_Temp = 25;
  }
  if(Measured_temp == Desired_temperature + 1)
  //如果 AC 处于 ON 状态并且测得的温度高于所需值
  {
   irsend.sendSony(Temp26,sizeof(Temp26)/sizeof(Temp26[0],khz));
   delay(2000);                      //发送信号设置为 26℃
   AC_Temp = 26;
   }
   if(Measured_temp == 27)
  //如果 AC 处于 ON 状态并且测得的温度是所需的值
  {
   irsend.sendSony(Temp27,sizeof(Temp27)/sizeof(Temp27[0],khz));
   //发送信号设置为 27℃
   AC_Temp = 27;
   }
   if(Measured_temp == Desired_temperature - 1)
    //如果 AC 处于 ON 状态并且测得的温度低于所需值
  {
   irsend.sendSony(Temp28,sizeof(Temp28)/sizeof(Temp28[0],khz));
   delay(2000);                      //发送信号设置为 28℃
   AC_Temp = 28;
   }
   if(Measured_temp == Desired_temperature - 2)
  //如果 AC 处于 ON 状态并且测得的温度低于所需值
  {
   irsend.sendSony(Temp29,sizeof(Temp29)/sizeof(Temp29[0],khz));
   delay(2000);                      //发送信号设置为 29℃
   AC_Temp = 29;
   }
```

```
    if(Measured_temp == Desired_temperature - 3)
   //如果 AC 处于 ON 状态并且测得的温度低于所需值
   {
    irsend.sendSony(Temp30,sizeof(Temp30)/sizeof(Temp30[0],khz));
    delay(2000);                    //发送信号设置为 30℃
    AC_Temp = 30;
    }
}
Pev_value = Measured_temp;
}
```

19.2.2 TSOP 解码模块

本部分内容包括 TSOP 解码模块的功能介绍及相关代码。

1. 功能介绍

本部分使用 Arduino 开发板结合红外接收器 TSCP1738 实现对遥控器信号的解码,从而获取空调遥控器在不同操作时的相关代码。

2. 相关原理

通用红外遥控系统由发射和接收两部分组成,应用编/解码专用集成电路芯片进行控制,如图 19-4 所示。发射部分包括键盘矩阵、编码调制、LED 红外发送器;接收部分包括光、电转换放大器、解调、解码电路。

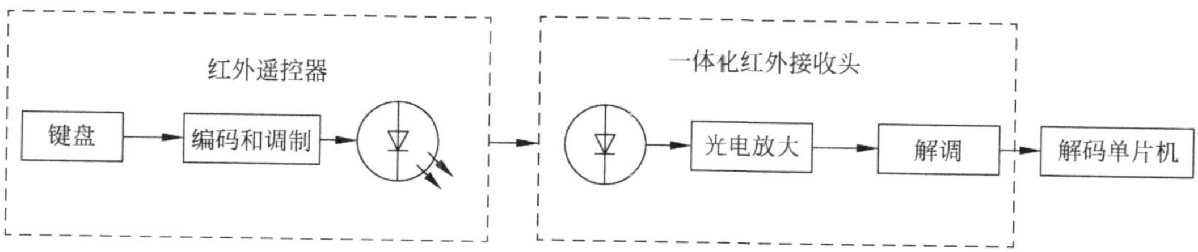

图 19-4 红外线通信原理图

接收电路是集成红外线接收和放大的一体化红外接收器模块,能够完成从红外线接收到输出与 TTL 电平信号兼容的所有工作,适用于红外线遥控和红外线数据传输。接收器做成的红外接收模块有 3 个引脚、信号线、VCC、GND,Arduino 开发板可以和其他单片机连接通信。电路如图 19-5 所示,引脚连接如表 19-2 所示。

表 19-2 引脚连接表

TSOP1738 引脚	Arduino 开发板引脚
Vs	5V
GND	GND
OUT	11

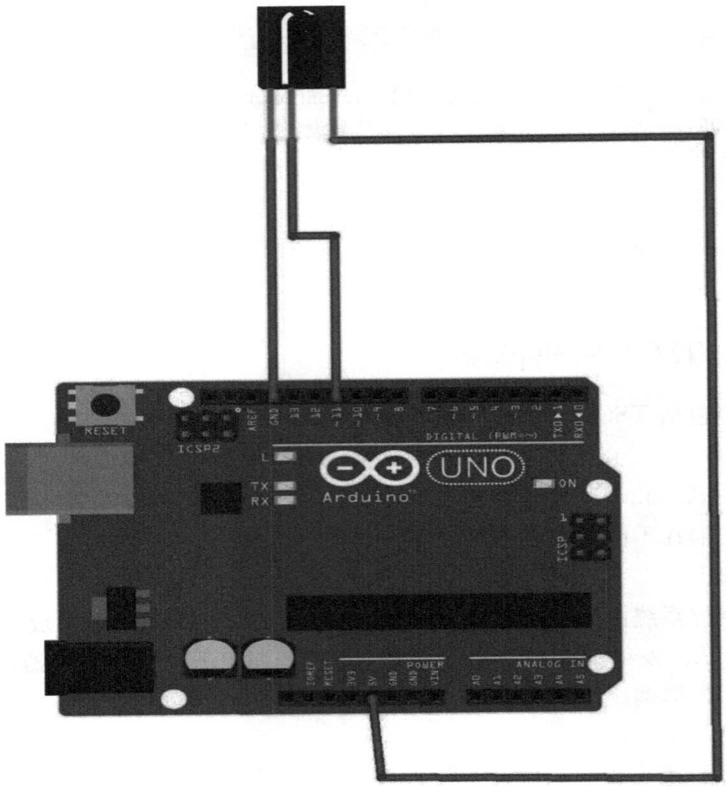

图 19-5　电路图

3. 相关代码

```
#include <IRremote.h>
//Arduino 引脚连接到 IR 接收器(TSOP1738)
int recvPin = 11;
IRrecv irrecv(recvPin);
//配置 Arduino 开发板
void setup ( )
{
  Serial.begin(9600);                //状态信息将以 9600 波特发送到 PC
  irrecv.enableIRIn();               //启动接收器
}
//显示 IR 代码
void ircode (decode_results *results)
{
  //松下电器类型的地址
  if (results->decode_type == PANASONIC) {
    Serial.print(results->address, HEX);
```

```
    Serial.print(":");
  }
  //打印代码
  Serial.print(results->value, HEX);
}
//显示编码类型
void encoding (decode_results *results)
{
  switch (results->decode_type) {
    default:
case UNKNOWN:
Serial.print("UNKNOWN");
break ;
case NEC:
Serial.print("NEC");
break ;
case SONY:
Serial.print("SONY");
break ;
case RC5:
Serial.print("RC5");
break ;
case RC6:
Serial.print("RC6");
break ;
case DISH:
Serial.print("DISH");
break ;
case SHARP:
Serial.print("SHARP");
break ;
case JVC:
Serial.print("JVC");
break ;
case SANYO:
Serial.print("SANYO");
break ;
case MITSUBISHI:
Serial.print("MITSUBISHI");
break ;
case SAMSUNG:
Serial.print("SAMSUNG");
break ;
case LG:
Serial.print("LG");
break ;
case WHYNTER:
```

```
Serial.print("WHYNTER");
break ;
case AIWA_RC_T501:
Serial.print("AIWA_RC_T501");
break ;
case PANASONIC:
Serial.print("PANASONIC");
break ;
case DENON:
Serial.print("Denon");
break ;
  }
}
//decode_results 结构
void dumpInfo (decode_results * results)
{
  //检查缓冲区是否溢出
  if (results->overflow) {
    Serial.println("IR code too long. Edit IRremoteInt.h and increase RAWBUF");
    return;
  }
  //显示编码标准
  Serial.print("Encoding : ");
  encoding(results);
  Serial.println("");
  //显示代码和长度
  Serial.print("Code : ");
  ircode(results);
  Serial.print(" (");
  Serial.print(results->bits, DEC);
  Serial.println(" bits)");
}
//decode_results 结构
void dumpRaw (decode_results * results)
{
  //打印原始数据
  Serial.print("Timing[");
  Serial.print(results->rawlen-1, DEC);
  Serial.println("]: ");
  for (int i = 1; i<results->rawlen; i++) {
    unsigned long x = results->rawbuf[i] * USECPERTICK;
    if (!(i & 1)) { //偶数
      Serial.print("-");
      if (x<1000) Serial.print(" ") ;
      if (x<100) Serial.print(" ") ;
      Serial.print(x, DEC);
    } else { //奇数
```

```
      Serial.print(" ");
      Serial.print(" + ");
      if (x < 1000) Serial.print(" ") ;
      if (x < 100) Serial.print(" ") ;
      Serial.print(x, DEC);
      if (i < results -> rawlen - 1) Serial.print(", "); //','最后一个不需要
    }
    if (!(i % 8)) Serial.println("");
  }
  Serial.println("");
}
//转储为 decode_results 结构
void dumpCode (decode_results * results)
{
  //开始声明
  Serial.print("unsigned int ");                    //变量类型
  Serial.print("rawData[");                         //数组名称
  Serial.print(results -> rawlen - 1, DEC);         //数组大小
  Serial.print("] = {");                            //开始声明
  //数据
  for (int i = 1; i < results -> rawlen; i++) {
    Serial.print(results -> rawbuf[i] * USECPERTICK, DEC);
    if ( i < results -> rawlen - 1 ) Serial.print(",");  //','最后一个不需要
    if (!(i & 1)) Serial.print(" ");
  }
  //结束声明
  Serial.print("};");
  Serial.print(" //");
  encoding(results);
  Serial.print(" ");
  ircode(results);
  Serial.println("");
  if (results -> decode_type != UNKNOWN) {
    if (results -> decode_type == PANASONIC) {
      Serial.print("unsigned int addr = 0x");
      Serial.print(results -> address, HEX);
      Serial.println(";");
    }
    Serial.print("unsigned int data = 0x");
    Serial.print(results -> value, HEX);
    Serial.println(";");
  }
}
void loop ( )
{
  decode_results results;                           //在某处存储结果
  if (irrecv.decode(&results)) {                    //获取 IR 代码
```

```
    dumpInfo(&results);                    ///输出结果
dumpRaw(&results);                         //以 RAW 格式输出结果
dumpCode(&results);                        ///输出结果作为源代码
    Serial.println("");                    //条目之间的空白行
irrecv.resume();                           //准备下一个值
  }
}
```

4．解码结果

以下分别是空调在开(ON)、关(OFF)和温度为 24～30℃所对应的遥控器信号编码。

1）开(ON)

```
unsigned int rawData[99] = {4400,4350, 500,1650, 550,550, 500,1650, 500,1650, 500,550, 550,550, 500,1650, 500,550, 550,550, 500,1650, 500,550, 550,550, 500,1650, 500,1650, 500, 550, 550,1600, 550,550, 500,1650, 500,550, 550,1600, 550,1600, 500,1650, 550,1600, 500, 1650, 550,1600, 550,500, 550,1650, 500,550, 550,550, 500,550, 550,550, 500,550, 550,550, 500,550, 550,550, 500,550, 550,550, 500,550, 550,550, 500,550, 550,1600, 500,1650, 550, 1600, 550,1600, 550,1600, 500,1650, 500,1650, 550,1600, 500}; //SAMSUNG B24D5FA0
unsigned int data = 0xB24D5FA0;
```

2）关(OFF)

```
unsigned int rawData[99] = {4350,4350, 550,1600, 550,550, 550,1600, 550,1600, 500,550, 550,550, 550,1600, 500,550, 550,500, 600,1600, 550,500, 550,550, 550,1600, 550,1600, 550, 500, 550,1600, 550,550, 550,1600, 500,1650, 550,1600, 550,1600, 500,550, 550,1600, 550, 1600, 550,1600, 550,550, 550,500, 550,550, 500,550, 550,1600, 550,500, 600,500, 550,1600, 550,1600, 550,1600, 550,550, 550,500, 550,550, 550,500, 550,550, 550,500, 550,550, 550, 500, 550,1600, 550,1600, 550,1600, 550,1600, 550,1600, 550}; //SAMSUNG B24D7B84
unsigned int data = 0xB24D7B84;
```

3）30℃

```
unsigned int rawData[99] = {4400,4350, 500,1650, 500,550, 550,1600, 550,1600, 550,550, 500,550, 550,1600, 550,550, 500,550, 550,1600, 550,550, 500,550, 550,1600, 550,1600, 550, 550, 500,1650, 500,550, 550,1600, 550,550, 500,1650, 500,1650, 500,1650, 500,1650, 500, 1650, 500,1650, 500,550, 550,1600, 550,550, 500,550, 550,550, 500,550, 550,550, 500,1650, 500,550, 550,1600, 550,1600, 550,550, 500,550, 550,550, 500,550, 550,550, 500,1650, 500, 550, 550,550, 500,1650, 500,1650, 500,1650, 500,1650, 500}; //SAMSUNG B24D5FA0
unsigned int data = 0xB24D5FA0;
```

4）29℃

```
unsigned int rawData[99] = {4400,4350, 500,1650, 500,550, 550,1600, 550,1600, 550,550, 500,550, 550,1600, 550,550, 500,550, 550,1600, 550,550, 500,550, 550,1600, 550,1600, 550, 550, 500,1650, 500,550, 550,1600, 550,550, 550,1550, 550,1650, 500,1650, 500,1650, 500, 1650, 500,1650, 500,550, 550,1600, 550,550, 550,500, 550,550, 550,500, 550,550, 550,1600, 550,500, 550,1600, 550,550, 550,500, 550,550, 550,500, 550,550, 550,500, 550,1600, 550, 550, 550,1600, 500,1650, 550,1600, 550,1600, 500,1650, 550}; //SAMSUNG B24D5FA0
```

```
unsigned int data = 0xB24D5FA0;
```

5) 28℃

```
unsigned int rawData[99] = {4400,4350, 550,1600, 500,550, 550,1600, 550,1600, 550,550,
550,500, 550,1600, 550,550, 550,500, 550,1600, 550,550, 550,500, 550,1600, 550,1600, 550,
500, 600,1600, 500,550, 550,1600, 550,550, 550,1600, 500,1650, 550,1600, 500,1650, 550,
1600, 500,1650, 550,500, 550,1600, 550,550, 550,500, 550,550, 550,500, 550,550, 550,1600,
550,500, 550,550, 550,500, 550,550, 550,500, 550,550, 550,500, 550,500, 600,1600, 500,
1650, 550,1600, 500,1650, 550,1600, 550,1600, 500,1550, 500}; //SAMSUNG B24D5FA0
unsigned int data = 0xB24D5FA0;
```

6) 27℃

```
unsigned int rawData[99] = {4400,4350, 550,1600, 550,500, 550,1600, 550,1600, 550,550,
550,500, 550,1600, 550,550, 550,500, 550,1600, 550,550, 550,500, 550,1600, 550,1600, 550,
550, 550,1600, 550,500, 550,1600, 550,550, 550,1600, 500,1650, 550,1550, 550,1650, 550,
1600, 550,1600, 500,550, 550,1600, 550,550, 550,500, 550,550, 550,500, 550,550, 550,1600,
500,550, 550,550, 550,1550, 600,500, 550,550, 550,500, 550,550, 550,500, 550,1600, 550,
1600, 550,550, 500,1650, 500,1650, 500,1650, 500,1650, 500}; //SAMSUNG B24D5FA0
unsigned int data = 0xB24D5FA0;
```

7) 26℃

```
unsigned int rawData[99] = {4400,4350, 550,1600, 500,550, 550,1600, 550,1600, 550,550,
550,500, 550,1600, 550,550, 550,500, 550,1600, 550,550, 550,500, 550,1600, 550,1600, 550,
550, 550,1600, 550,500, 550,1600, 550,550, 550,1600, 550,1600, 500,1650, 550,1600, 550,
1600, 500,1650, 550,500, 550,1600, 550,550, 550,500, 550,550, 550,500, 550,550, 500,1650,
500,1650, 550,500, 550,1600, 550,550, 500,550, 550,550, 550,500, 550,550, 500,550, 550,
1600, 500,600, 500,1650, 500,1650, 500,1650, 500,1650, 500}; //SAMSUNG B24D5FA0
unsigned int data = 0xB24D5FA0;
```

8) 25℃

```
unsigned int rawData[99] = {4400,4350, 550,1600, 550,550, 550,1600, 500,1650, 500,550,
550,550, 550,1600, 550,500, 550,550, 550,1600, 500,550, 550,550, 550,1600, 500,1650, 550,
500, 550,1600, 550,500, 600,1600, 550,500, 550,1600, 550,1600, 550,1600, 550,1600, 550,
1600, 550,1600, 550,550, 550,1600, 550,500, 550,550, 550,500, 550,550, 500,550, 550,1600,
550,1600, 550,550, 550,500, 550,550, 550,500, 550,550, 550,500, 550,550, 550,500, 550,
1600, 550,1600, 550,1600, 550,1600, 550,1600, 550,1600, 500}; //SAMSUNG B24D5FA0
unsigned int data = 0xB24D5FA0;
```

9) 24℃

```
unsigned int rawData[99] = {4400,4350, 500,1650, 550,500, 550,1650, 500,1650, 500,550,
550,500, 550,1650, 500,550, 500,550, 550,1650, 500,550, 550,500, 550,1600, 550,1650, 500,
550, 550,1600, 550,500, 550,1650, 500,550, 550,1600, 550,1600, 500,1650, 550,1600, 500,
1650, 550,1600, 550,500, 550,1600, 550,550, 550,500, 550,550, 550,500, 550,550, 550,500,
550,1600, 550,550, 550,500, 550,550, 550,500, 550,550, 550,500, 550,1600, 550,550, 550,
```

```
1600, 500,1650, 550,1600, 550,1600, 500,1650, 550,1600, 500}; //SAMSUNG B24D5FA0
unsigned int data = 0xB24D5FA0;
```

19.2.3 显示模块

本部分内容包括温度传感器和显示模块的功能介绍及相关代码。

1. DHT11 在实验中的使用

本部分内容包括温度传感器的功能介绍及相关代码。

1) 功能介绍

通过温湿度传感器 DHT11 读取数据后，使用 OLED 显示屏实时显示室温以及空调温度，电路如图 19-6 所示。

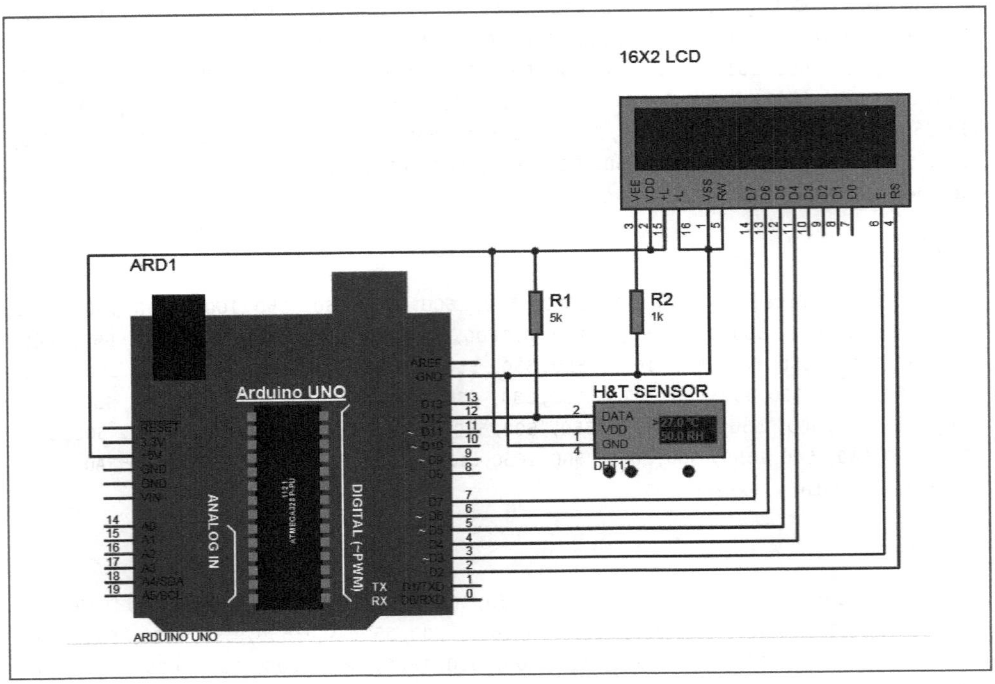

图 19-6 显示模块电路图

2) 相关代码

```
#include <dht.h>
#include <LiquidCrystal.h>
LiquidCrystal lcd(2, 3, 4, 5, 6, 7);
#define dht_dpin 12
dht DHT;
byte degree[8] =
              {
```

```
                0b00011,
                0b00011,
                0b00000,
                0b00000,
                0b00000,
                0b00000,
                0b00000,
                0b00000
              };
void setup()
{
lcd.begin(16, 2);
lcd.createChar(1, degree);
lcd.clear();
lcd.print(" Humidity ");
lcd.setCursor(0,1);
lcd.print(" Measurement ");
delay(2000);
lcd.clear();
lcd.print("Circuit Digest ");
delay(2000);
}
void loop()
{
  DHT.read11(dht_dpin);
  lcd.setCursor(0,0);
  lcd.print("Humidity: ");
  lcd.print(DHT.humidity);                        //在 LCD 上打印湿度
  lcd.print(" % ");
  lcd.setCursor(0,1);
  lcd.print("Temperature:");
  lcd.print(DHT.temperature);                     //在 LCD 上打印温度
  lcd.write(1);
  lcd.print("C");
  delay(500);
}
```

2. OLED 显示屏在实验中的使用

本部分内容包括显示屏的功能介绍、原理、基本使用及相关代码

1）功能介绍

将温湿度传感器 DHT11 读取的数据进行显示并发送给 Arduino 开发板。

2）原理及使用

原理：选择使用单色 7 针 SSD1306 0.96OLED 显示屏的原因是，它可以在三种不同的通信协议上工作，例如 SPI 三线模式、SPI 四线模式和 I^2C 模式。下面介绍如何在 SPI 四线模式下使用模块，它是最快的通信模式，并且是默认模式。

基本使用步骤：第一步，使用 Adafruit 库和 GFX 库来处理 OLED 模块，按照步骤测试运行 OLED 显示器。第二步：下载两个 Zip 文件，并添加到 Arduino 开发板中，依次单击 Sketch→Include Library→"添加 Zip 库"，然后选择刚下载的库，由于一次只能选择一个，因此需要重复该步骤。第三步：通过选择"文件"→"示例"→Adafruit SSD1306→SSD1306_128 * 64_SPI. ino 启动示例程序。第四步：在第 64 行顶部的示例程序中，添加"# define SSD1306_LCDHEIGHT 64"行。第五步：上传程序，看到 OLED 显示屏以默认的 Adafruit 示例代码启动。

本示例程序展示了可能在 OLED 屏幕上显示所有可能的图形，足以创建位图、绘制线/圆/矩形、播放像素、显示带有不同字体和大小的字符和字符串。

为了显示图像，位图数据必须以 PROMGMEM 指令的形式存储在程序中。简而言之，我们必须指示 OLED 显示器如何处理每个像素，方法是传递一个或多个来自 n 个阵列的值，即该数组将包含图像的位图数据，在 Web 工具的帮助下，图像转换为位图值并将其加载到上述数组中。具体步骤为：加载图像并调整设置即可获得对图像的首选预览，然后单击"生成代码"复制代码并将其粘贴到数组中，上传程序。

3）相关代码

```
#include <SPI.h>
#include <Wire.h>
#include <Adafruit_GFX.h>
#include <Adafruit_SSD1306.h>
//如果使用软件 SPI(默认情况):
#define OLED_MOSI 9
#define OLED_CLK 10
#define OLED_DC 11
#define OLED_CS 12
#define OLED_RESET 13
Adafruit_SSD1306 display(OLED_MOSI, OLED_CLK, OLED_DC, OLED_RESET, OLED_CS);
/* 取消注释以使用硬件 SPI
#define OLED_DC 6
#define OLED_CS 7
#define OLED_RESET 8
Adafruit_SSD1306 display(OLED_DC, OLED_RESET, OLED_CS);
*/
#define NUMFLAKES 10
#define XPOS 0
#define YPOS 1
#define DELTAY 2
#define LOGO16_GLCD_HEIGHT 16
#define LOGO16_GLCD_WIDTH 16
static const unsigned char PROGMEM logo16_glcd_bmp[] =
{ B00000000, B11000000,
  B00000001, B11000000,
  B00000001, B11000000,
```

```
  B00000011, B11100000,
  B11110011, B11100000,
  B11111110, B11111000,
  B01111110, B11111111,
  B00110011, B10011111,
  B00011111, B11111100,
  B00001101, B01110000,
  B00011011, B10100000,
  B00111111, B11100000,
  B00111111, B11110000,
  B01111100, B11110000,
  B01110000, B01110000,
  B00000000, B00110000 };
#define SSD1306_LCDHEIGHT 64
#if (SSD1306_LCDHEIGHT != 64)
#error("Height incorrect, please fix Adafruit_SSD1306.h!");
#endif
void setup() {
  Serial.begin(9600);
  //默认情况下,将在内部从 3.3V 生成高电平
  display.begin(SSD1306_SWITCHCAPVCC);
  //初始化完成
  //在硬件上显示图像缓冲区
  //由于缓冲区是通过 Adafruit 闪屏初始化的
  //在内部,显示 splashscreen
  display.display();
  delay(2000);
  //清除缓冲区
  display.clearDisplay();
  //绘制一个像素
  display.drawPixel(10, 10, WHITE);
  //在硬件上显示缓冲区
  //注意: 在任何绘图命令后,必须调用显示,使它们在显示硬件上可见
  display.display();
  delay(2000);
  display.clearDisplay();
  //绘制很多线条
  testdrawline();
  display.display();
  delay(2000);
  display.clearDisplay();
  //绘制矩形
  testdrawrect();
  display.display();
  delay(2000);
  display.clearDisplay();
//绘制多个矩形
```

```
testfillrect();
display.display();
delay(2000);
display.clearDisplay();
//绘制多圈
testdrawcircle();
display.display();
delay(2000);
display.clearDisplay();
//绘制一个白色圆圈,半径为 10 像素
display.fillCircle(display.width()/2, display.height()/2, 10, WHITE);
display.display();
delay(2000);
display.clearDisplay();
testdrawroundrect();
delay(2000);
display.clearDisplay();
testfillroundrect();
delay(2000);
display.clearDisplay();
testdrawtriangle();
delay(2000);
display.clearDisplay();
testfilltriangle();
delay(2000);
display.clearDisplay();
//绘制字体中的前 12 个字符
testdrawchar();
display.display();
delay(2000);
display.clearDisplay();
//绘制滚动文字
testscrolltext();
delay(2000);
display.clearDisplay();
//文本显示测试
display.setTextSize(1);
display.setTextColor(WHITE);
display.setCursor(0,0);
display.println("Hello, world!");
display.setTextColor(BLACK, WHITE); //"倒置"文本
display.println(3.141592);
display.setTextSize(2);
display.setTextColor(WHITE);
display.print("0x"); display.println(0xDEADBEEF, HEX);
display.display();
delay(2000);
```

```
  display.clearDisplay();
  //微型位图显示
  display.drawBitmap(30, 16, logo16_glcd_bmp, 16, 16, 1);
  display.display();
  //反转显示
  display.invertDisplay(true);
  delay(1000);
  display.invertDisplay(false);
  delay(1000);
  display.clearDisplay();
  //绘制位图图标和"动画"动作
  testdrawbitmap(logo16_glcd_bmp, LOGO16_GLCD_HEIGHT, LOGO16_GLCD_WIDTH);
}
void loop() {
}
void testdrawbitmap(const uint8_t *bitmap, uint8_t w, uint8_t h) {
  uint8_t icons[NUMFLAKES][3]; //初始化
  for (uint8_t f = 0; f < NUMFLAKES; f++) {
    icons[f][XPOS] = random(display.width());
    icons[f][YPOS] = 0;
    icons[f][DELTAY] = random(5) + 1;
    Serial.print("x: ");
    Serial.print(icons[f][XPOS], DEC);
    Serial.print(" y: ");
    Serial.print(icons[f][YPOS], DEC);
    Serial.print(" dy: ");
    Serial.println(icons[f][DELTAY], DEC);
  }
  while (1) {
    //绘制每个图标
    for (uint8_t f = 0; f < NUMFLAKES; f++) {
      display.drawBitmap(icons[f][XPOS], icons[f][YPOS], bitmap, w, h, WHITE);
    }
    display.display();
    delay(200);
    //然后擦除并移动它
    for (uint8_t f = 0; f < NUMFLAKES; f++) {
      display.drawBitmap(icons[f][XPOS], icons[f][YPOS], bitmap, w, h, BLACK);
      //移动
      icons[f][YPOS] += icons[f][DELTAY];
      //如果它消失了,重新开始
      if (icons[f][YPOS] > display.height()) {
        icons[f][XPOS] = random(display.width());
        icons[f][YPOS] = 0;
        icons[f][DELTAY] = random(5) + 1;
      }
    }
```

```
    }
}
void testdrawchar(void) {
  display.setTextSize(1);
  display.setTextColor(WHITE);
  display.setCursor(0,0);
  for (uint8_t i = 0; i < 168; i++) {
    if (i == '\n') continue;
    display.write(i);
    if ((i > 0) && (i % 21 == 0))
      display.println();
  }
  display.display();
}
void testdrawcircle(void) {
  for (int16_t i = 0; i < display.height(); i += 2) {
    display.drawCircle(display.width()/2, display.height()/2, i, WHITE);
    display.display();
  }
}
void testfillrect(void) {
  uint8_t color = 1;
  for (int16_t i = 0; i < display.height()/2; i += 3) {
    //替代颜色
    display.fillRect(i, i, display.width() - i * 2, display.height() - i * 2, color % 2);
    display.display();
    color++;
  }
}
void testdrawtriangle(void) {
  for (int16_t i = 0; i < min(display.width(),display.height())/2; i += 5) {
    display.drawTriangle(display.width()/2, display.height()/2 - i,
                         display.width()/2 - i, display.height()/2 + i,
                         display.width()/2 + i, display.height()/2 + i, WHITE);
    display.display();
  }
}
void testfilltriangle(void) {
  uint8_t color = WHITE;
  for (int16_t i = min(display.width(),display.height())/2; i > 0; i -= 5) {
    display.fillTriangle(display.width()/2, display.height()/2 - i,
                         display.width()/2 - i, display.height()/2 + i,
                         display.width()/2 + i, display.height()/2 + i, WHITE);
    if (color == WHITE) color = BLACK;
    else color = WHITE;
    display.display();
  }
```

```
}
void testdrawroundrect(void) {
  for (int16_t i = 0; i < display.height()/2 - 2; i += 2) {
    display.drawRoundRect(i, i, display.width() - 2 * i, display.height() - 2 * i, display.
height()/4, WHITE);
    display.display();
  }
}
void testfillroundrect(void) {
  uint8_t color = WHITE;
  for (int16_t i = 0; i < display.height()/2 - 2; i += 2) {
    display.fillRoundRect(i, i, display.width() - 2 * i, display.height() - 2 * i, display.
height()/4, color);
    if (color == WHITE) color = BLACK;
    else color = WHITE;
    display.display();
  }
}
void testdrawrect(void) {
  for (int16_t i = 0; i < display.height()/2; i += 2) {
    display.drawRect(i, i, display.width() - 2 * i, display.height() - 2 * i, WHITE);
    display.display();
  }
}
void testdrawline() {
  for (int16_t i = 0; i < display.width(); i += 4) {
    display.drawLine(0, 0, i, display.height() - 1, WHITE);
    display.display();
  }
  for (int16_t i = 0; i < display.height(); i += 4) {
    display.drawLine(0, 0, display.width() - 1, i, WHITE);
    display.display();
  }
  delay(250);
  display.clearDisplay();
  for (int16_t i = 0; i < display.width(); i += 4) {
    display.drawLine(0, display.height() - 1, i, 0, WHITE);
    display.display();
  }
  for (int16_t i = display.height() - 1; i >= 0; i -= 4) {
    display.drawLine(0, display.height() - 1, display.width() - 1, i, WHITE);
    display.display();
  }
  delay(250);
  display.clearDisplay();
  for (int16_t i = display.width() - 1; i >= 0; i -= 4) {
    display.drawLine(display.width() - 1, display.height() - 1, i, 0, WHITE);
```

```
    display.display();
  }
  for (int16_t i = display.height() - 1; i >= 0; i -= 4) {
    display.drawLine(display.width() - 1, display.height() - 1, 0, i, WHITE);
    display.display();
  }
  delay(250);
  display.clearDisplay();
  for (int16_t i = 0; i < display.height(); i += 4) {
    display.drawLine(display.width() - 1, 0, 0, i, WHITE);
    display.display();
  }
  for (int16_t i = 0; i < display.width(); i += 4) {
    display.drawLine(display.width() - 1, 0, i, display.height() - 1, WHITE);
    display.display();
  }
  delay(250);
}
void testscrolltext(void) {
  display.setTextSize(2);
  display.setTextColor(WHITE);
  display.setCursor(10,0);
  display.clearDisplay();
  display.println("scroll");
  display.display();
  display.startscrollright(0x00, 0x0F);
  delay(2000);
  display.stopscroll();
  delay(1000);
  display.startscrollleft(0x00, 0x0F);
  delay(2000);
  display.stopscroll();
  delay(1000);
  display.startscrolldiagright(0x00, 0x07);
  delay(2000);
  display.startscrolldiagleft(0x00, 0x07);
  delay(2000);
  display.stopscroll();
}
```

19.2.4 发射模块

本部分内容包括发射模块的功能介绍及相关代码。

1. 功能介绍

在发射模块中，首先解码得到空调遥控器的信号，再通过 IR 发射器模拟并发送给空调，从而调节空调温度至设定值，电路如图 19-7 所示。

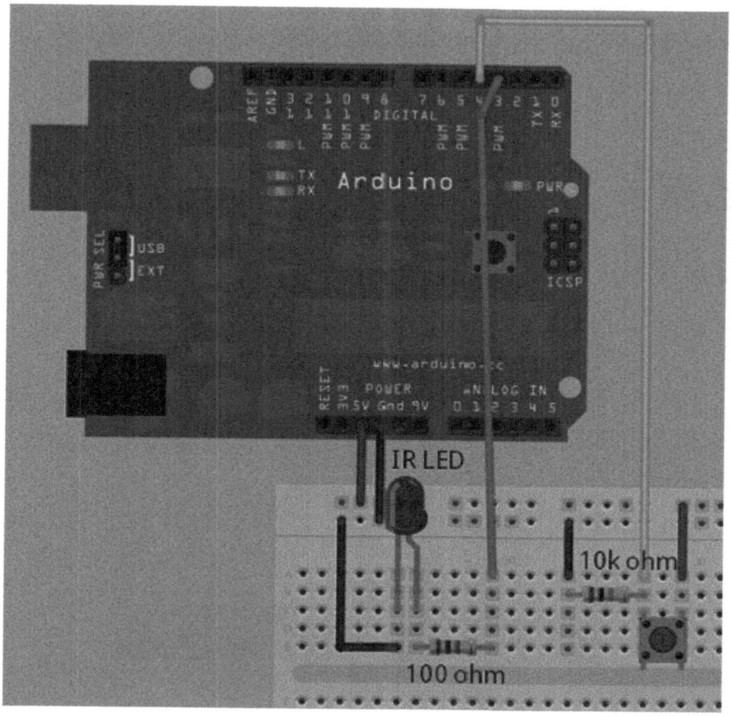

图 19-7 发射模块电路图

2. 相关代码

```
# include < IRremote.h >      //引用 IRremote 库文件
const int buttonPin = 4;      //按键接在引脚 4
int buttonState = 0;          //按键状态
IRsend irsend;                //定义 IRsend 物件来发射空调遥控器红外信号
void setup()
{
pinMode(buttonPin, INPUT);    //把 buttonPin 设置成 INPUT
}
void loop()
{
//读取按键状态
buttonState = digitalRead(buttonPin);
//检查按键是否被按下,按下 ButtonState 为 HIGH
If(buttonState == HIGH){
//发射红外信号
irsend.sendNEC(4400,4350, 500,1650, 500,550, 550,1600, 550,1600, 550,550, 500,550, 550,
1600, 550,550, 500,550, 550,1600, 550,550, 500,550, 550,1600, 550,1600, 550,550, 500,1650,
500,550, 550,1600, 550,550, 500,1650, 500,1650, 500,1650, 500,1650, 500,1650, 500,1650,
500,550, 550,1600, 550,550, 500,550, 550,550, 500,550, 550,550, 500,1650, 500,550, 550,
```

```
1600, 550,1600, 550,550, 500,550, 550,550, 500,550, 550,550, 500,1650, 500,550, 550,550,
500,1650, 500,1650, 500,1650, 500,1650, 500);
}
}
```

19.3 产品展示

产品展示如图 19-8 所示。

图 19-8 产品展示

19.4 元件清单

完成本项目所用到的元件及其数量如表 19-3 所示。

表 19-3 元件清单

元件/测试仪表	数量
Arduino UNO 开发板	1 个
TSOP1738	1 个
DHT11	1 个
OLED 显示屏	1 个
IR LED 发射器	1 个
面包板	2 个
导线	若干
100Ω 电阻	1 个
彩色 LED	1 个

参考文献

[1] 李永华，高英，陈青云．Arduino 软硬件协同设计实战指南[M]．北京：清华大学出版社，2015.

[2] 刘玉田，徐勇进．用 Arduino 进行创造[M]．2 版．北京：清华大学出版社，2014.

[3] 赵英杰．完美图解 Arduino 互动设计入门[M]．北京：科学出版社，2014.

[4] Evans Martin，Noble Joshua，Hochenbaum Jordan．Arduino 实战[M]．况琪，译．北京：人民邮电出版社，2014.

[5] Boxall John．动手玩转 Arduino[M]．翁恺，译．北京：人民邮电出版社，2014.

[6] 刘培植．数字电路与逻辑设计[M]．2 版．北京：北京邮电大学出版社，2013.

[7] Monk Simon．Arduino 编程从零开始[M]．刘椮楠，译．北京：科学出版社，2013.

[8] McRoberts Michael．Arduino 从基础到实践[M]．杨继志，郭敬，译．北京：电子工业出版社，2013.

[9] 黄文恺，伍冯洁，陈虹．Arduino 开发实战指南[M]．北京：机械工业出版社，2014.

[10] 唐文彦．传感器[M]．北京：机械工业出版社，2006.

[11] 沈金鑫．Arduino 与 LabVIEW 开发实践[M]．北京：机械工业出版社，2014.

[12] 程晨．Arduino 电子设计实战指南[M]．北京：机械工业出版社，2013.

[13] 沙占友．集成传感器应用[M]．北京：中国电力出版社，2005.

[14] 李军，李冰海．检测技术及仪表[M]．北京：中国轻工业出版社，2008.

[15] 宋楠，韩广义．Arduino 开发从零开始学——学电子的都玩这个[M]．北京：清华大学出版社，2014.

[16] 刘敏，刘泽军，宋庆国．基于 Arduino 的简易亮光报警器的设计与实现[J]．电子世界，2012(21)：122-123.

图书资源支持

感谢您一直以来对清华大学出版社图书的支持和爱护。为了配合本书的使用，本书提供配套的资源，有需求的读者请扫描下方的“书圈”微信公众号二维码，在图书专区下载，也可以拨打电话或发送电子邮件咨询。

如果您在使用本书的过程中遇到了什么问题，或者有相关图书出版计划，也请您发邮件告诉我们，以便我们更好地为您服务。

我们的联系方式：

地　　址：北京市海淀区双清路学研大厦 A 座 701

邮　　编：100084

电　　话：010-83470236　010-83470237

资源下载：http://www.tup.com.cn

客服邮箱：tupjsj@vip.163.com

QQ：2301891038（请写明您的单位和姓名）

科技传播・新书资讯

电子电气科技荟

资料下载・样书申请

书圈

用微信扫一扫右边的二维码，即可关注清华大学出版社公众号。